建筑物、水体、铁路及主要井巷煤柱留设与压煤开采指南

（第 二 版）

煤 炭 科 学 研 究 总 院
中国煤炭学会煤矿开采损害技术鉴定委员会　**组织编写**

胡炳南　张华兴　申宝宏　**主编**

应急管理出版社
·北　京·

内 容 提 要

本书详细叙述了"三下"采煤领域地表移动变形计算及其参数求取方法、近水体采煤的安全煤（岩）柱厚度计算方法、水体下采煤矿井（采区）涌水量计算方法和各类保护煤柱留设方法与实例，介绍了采动坡体稳定性预测、煤矿开采沉陷区地基稳定性评价方法和压煤开采经济评价的计算方法，收录了建筑物、构筑物和技术装置的各类允许地表变形值以及大量的地表移动与覆岩破坏实测参数。

本书作为《建筑物、水体、铁路及主要井巷煤柱留设与压煤开采规范》执行的主要参考技术资料，可供矿山、建筑、铁路等企业及相关部门在"三下"煤柱留设与压煤开采设计中参考，也可供矿区城市规划设计、科研人员以及高等院校师生参考。

再 版 说 明

《建筑物、水体、铁路及主要井巷煤柱留设与压煤开采指南》（以下简称《指南》）作为与《建筑物、水体、铁路及主要井巷煤柱留设与压煤开采规范》配套的支撑技术图书，在规范全面宣贯、准确执行方面，发挥了重要作用。

第二版《指南》完善了采空区地基稳定性评估和建设场地适宜性分区内容，增加了光伏组件与光伏支架构筑物的允许和极限地表（地基）变形值，总结了多个覆岩离层注浆减沉工程案例技术参数和减沉效果等内容；补充了国家安全监管总局、国家煤矿安监局和国家文物局关于印发《建筑物、水体、铁路及主要井巷煤柱留设与压煤开采规范》涉及不可移动文物事项补充说明的通知，明确了国家文物煤柱留设与压煤开采要求；并对原《指南》中一些错误进行勘正，以期更好指导该领域科研设计和生产实践。

参加本书再版编写和审定的人员有胡炳南、张华兴、申宝宏、陈绍杰、郭文砚、白国良、韩科明、樊振丽、邓伟男、颜丙双、高明涛、张飞和张凯等。本书在再版编写过程中，得到了中煤科工生态环境有限公司等的大力支持，在此表示感谢。

编 者

2024 年 3 月

前　言

　　《建筑物、水体、铁路及主要井巷煤柱留设与压煤开采规范》已于 2017 年 5 月 18 日由国家安全监管总局、国家煤矿安监局、国家能源局和国家铁路局联合签署，以安监总煤装〔2017〕66 号文件印发，自 2017 年 7 月 1 日起执行。

　　为了配合《建筑物、水体、铁路及主要井巷煤柱留设与压煤开采规范》宣贯，也是应众多煤炭企业、煤炭设计单位和煤矿安监部门的广泛要求，国家煤矿安全监察局科技装备司委托煤炭科学研究总院和中国煤炭学会煤矿开采损害技术鉴定委员会组织编写了《建筑物、水体、铁路及主要井巷煤柱留设与压煤开采指南》。

　　本书内容包括：地表移动变形计算及其参数求取方法，近水体采煤的安全煤（岩）柱厚度计算方法，水体下采煤矿井（采区）涌水量计算方法，建筑物、水体、铁路及主要井巷保护煤柱留设方法与实例，采动坡体稳定性预测，建筑物、构筑物和技术装置的允许地表变形值，地表移动与覆岩破坏实测参数，煤矿开采沉陷区地基稳定性评价方法和压煤开采经济评价的计算方法等。本书特别保留了 2000 年版《建筑物、水体、铁路及主要井巷煤柱留设与压煤开采规程》附录中的资料性数据，并补充收录了近 20 年大量地表移动和覆岩破坏实测参数及公路与管线等构筑物的允许地表（地基）变形值等。

　　本书与《建筑物、水体、铁路及主要井巷煤柱留设与压煤开采规范》配套出版，主要从地表移动变形计算方法及相关参数选取方面进行了解释、说明和补充，细化了煤柱留设与压煤开采的设计计算方法，提供了大量参考实测数据。本书可作为《建筑物、水体、铁路及主要井巷煤柱留设与压煤开采规范》宣贯、全面准确执行的主要参考技术资料。

　　本书共分为9章，由胡炳南、张华兴、申宝宏担任主编。第1章由张华兴、戴华阳、滕永海、康建荣、郭广礼等编写；第2章由许延春、滕永海、康永华、刘伟韬等编写；第3章由许延春编写；第4章由刘文生编写；第5章由张俊英编写；第6章由胡炳南、郭惟嘉、徐乃忠等编写；第7章由胡炳南、谭勇强等编写；第8章由邓喀中、张华兴等编写；第9章由胡炳南编写。参加本书编写的人员还有刘修源、李凤明、李树志、周锦华、吴侃、姜岩、余学义、邹友峰、黄乐亭、高均海、高荣久、郭文兵、崔希民、谭志祥、张文泉、杨逾、刘贵、何滔、王乐杰、刘鹏亮、郭文砚、张风达、何花、任世华等。

　　本书在编写过程中，得到了中国煤炭学会、煤矿安监部门和煤炭企业的大力支持，在此一并表示衷心的感谢。

　　由于作者的水平所限，书中不妥之处，恳请读者批评指正。

编写者
2017 年 7 月 1 日

目　　　　录

1　地表移动变形计算及其参数求取方法 ………………………… 1

　　1.1　一般地表移动变形计算及其参数求取方法 ……………… 1

　　1.2　山区地表移动变形计算及其参数求取方法 ……………… 12

　　1.3　急倾斜煤层开采地表移动变形计算及其参数求取方法 … 15

　　1.4　条带开采地表移动变形计算及其参数求取方法 ………… 28

　　1.5　充填开采地表移动变形计算及其参数求取方法 ………… 31

2　近水体采煤的安全煤（岩）柱厚度计算方法 ………………… 33

　　2.1　水体下采煤的安全煤（岩）柱厚度计算方法 …………… 33

　　2.2　水体上采煤的安全煤（岩）柱留设参数计算方法 ……… 41

3　水体下采煤矿井（采区）涌水量计算方法 ………………… 51

　　3.1　典型计算模式 ……………………………………………… 51

　　3.2　计算原则 …………………………………………………… 52

　　3.3　计算方法 …………………………………………………… 53

　　3.4　典型实测结果 ……………………………………………… 53

4　建筑物、水体、铁路及主要井巷保护煤柱留设方法与实例 … 58

　　4.1　保护煤柱留设方法 ………………………………………… 58

　　4.2　保护煤柱留设实例 ………………………………………… 60

5　采动坡体稳定性预测 ………………………………………… 84

　　5.1　坡体稳定性预测公式 ……………………………………… 84

　　5.2　滑动角与滑动面的推断 …………………………………… 87

　　5.3　采动坡体稳定性计算有关力学参数的参考值 …………… 88

6　建筑物、构筑物和技术装置的允许地表变形值 ···················· 89

　　6.1　砖混结构建筑物的允许地表变形值 ························· 89

　　6.2　构筑物的允许和极限地表（地基）变形值 ·············· 89

　　6.3　技术装置的允许和极限地表（地基）变形值 ·········· 91

　　6.4　暖卫工程管网的允许和极限地表（地基）变形值 ······· 92

　　6.5　输电线路的允许地表（地基）变形值 ··················· 94

　　6.6　公路和高速公路的允许地表（路基）变形值 ·········· 95

　　6.7　油气管道的允许地表变形值 ····························· 95

　　6.8　光伏组件与光伏支架构筑物的允许和极限地表(地基)变形值 ······ 96

7　地表移动与覆岩破坏实测数据 ································· 98

　　7.1　地表移动参数与覆岩破坏示意图 ······················· 98

　　7.2　地表移动实测数据 ····································· 100

　　7.3　覆岩破坏实测数据 ····································· 175

8　采空区地基稳定性评估和建设场地适宜性分区 ··············· 184

　　8.1　地基稳定性评估 ······································· 184

　　8.2　建设场地适宜性分区 ··································· 187

9　压煤开采经济评价的计算方法 ································ 188

　　9.1　增量净收益的计算方法 ································· 188

　　9.2　增量净现值的计算方法 ································· 188

　　9.3　增量净收益与增量净现值计算表 ······················· 188

附1　专用名词解释 ··· 192

附2　建筑物、水体、铁路及主要井巷煤柱留设与压煤开采规范 ········· 197

附3　《建筑物、水体、铁路及主要井巷煤柱留设与压煤开采规范》涉及

　　　不可移动文物事项补充说明的通知 ··························· 239

参考文献 ··· 240

1　地表移动变形计算及其参数求取方法

1.1　一般地表移动变形计算及其参数求取方法

1.1.1　地表移动变形最大值计算

1. 地表最大下沉值计算

充分采动和非充分采动条件下地表最大下沉值按式（1-1）和式（1-2）计算：

充分采动条件下地表最大下沉值：

$$W_{\mathrm{cm}} = qM\mathrm{cos}\alpha \qquad (1-1)$$

非充分采动条件下地表最大下沉值：

$$W_{\mathrm{fm}} = qMn\mathrm{cos}\alpha \qquad (1-2)$$

式中　　W_{cm}——充分采动条件下地表最大下沉值，mm；

　　　　W_{fm}——非充分采动条件下地表最大下沉值，mm；

　　　　q——下沉系数；

　　　　M——煤层法向开采厚度，mm；

　　　　α——煤层倾角，（°）；

　　　　n——地表采动程度系数。$n = \sqrt{n_1 \cdot n_3}$，$n_1 = k_1 \dfrac{D_1}{H_0}$，$n_3 = k_3 \dfrac{D_3}{H_0}$，$n_1$和 n_3 大于 1 时取 1；

　　k_1、k_3——与覆岩岩性有关的系数，坚硬型覆岩的 k_1、$k_3 = 0.7$；中硬型覆岩的 k_1、$k_3 = 0.8$；软弱型覆岩的 k_1、$k_3 = 0.9$；

　　D_1、D_3——工作面倾向及走向长度，m；

　　　　H_0——工作面平均开采深度，m。

2. 地表最大水平移动值计算

充分采动条件下地表最大水平移动值按式（1-3）、式（1-4）和式（1-5）计算：

沿煤层走向方向的最大水平移动值：

$$U_{cm} = bW_{cm} \tag{1-3}$$

式中　U_{cm}——充分采动条件下最大水平移动值，mm；

　　　b——水平移动系数。

沿煤层倾斜方向的最大水平移动值：

$$U_{cm} = b(\alpha) \cdot W_{cm} \tag{1-4}$$

或者

$$U_{cm} = (b + 0.7P_{冲}) \cdot W_{cm} \tag{1-5}$$

式中　$b(\alpha)$——随煤层倾角 α 变化的水平移动系数；

　　　b——水平移动系数；

　　　$P_{冲}$——冲积层系数，计算式为：$P_{冲} = \tan\alpha - h/(H_0 - h)$　（$P_{冲} < 0$ 时取 0）；

　　　α——煤层倾角，（°）；

　　　h——冲积层厚度，m；

　　　H_0——工作面平均开采深度，m。

3. 地表最大倾斜值计算

充分采动下，地表最大倾斜值按式（1-6）计算：

$$i_{cm} = \frac{W_{cm}}{r} \tag{1-6}$$

式中　i_{cm}——充分采动条件下的地表最大倾斜值，mm/m；

　　　r——主要影响半径，m，计算方法为：$r = \frac{H}{\tan\beta}$，m；

　　　H——开采深度，m；

　　　$\tan\beta$——主要影响角正切。

4. 地表最大曲率值计算

充分采动下，最大曲率值按式（1-7）计算：

$$k_{cm} = \pm 1.52 \cdot \frac{W_{cm}}{r^2} \tag{1-7}$$

式中　k_{cm}——充分采动条件下的最大曲率值，$10^{-3}/m$。

5. 地表最大水平变形值计算

充分采动下，最大水平变形值按式（1-8）计算：

$$\varepsilon_{cm} = \pm 1.52 \cdot b \cdot \frac{W_{cm}}{r} \tag{1-8}$$

式中　ε_{cm}——充分采动条件下的最大水平变形值，mm/m。

1.1.2　水平或缓倾斜煤层矩形工作面面积分任意点地表移动变形计算

缓倾斜煤层矩形工作面面积分地表移动变形计算坐标系统如图 1-1 所示。

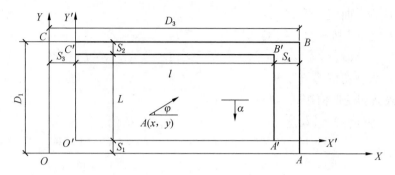

XOY—工作面实际坐标系；$X'O'Y'$—工作面计算坐标系；$A(x,y)$—地表 A 点的 x、y 坐标；φ—计算方向角；L—工作面倾向计算长度；l—工作面走向计算长度；D_1—工作面倾向实际长度；D_3—工作面走向实际长度；S_1—工作面下山拐点偏移距；S_2—工作面上山拐点偏移距；S_3—工作面走向左侧拐点偏移距；S_4—工作面走向右侧拐点偏移距；$OABCO$—工作面实际边界；$O'A'B'C'O'$—工作面计算边界

图 1-1　缓倾斜煤层矩形工作面面积分地表移动变形计算坐标系统图

1. 地表下沉值计算

地表下沉值按式（1-9）计算：

$$W(x,y) = [W_3(x) - W_4(x-l)] \cdot [W_1(y) - W_2(y-L)]/W_{cm} \qquad (1-9)$$

2. 地表水平移动值计算

地表水平移动值按式（1-10）和式（1-11）计算：

$$U_x(x,y) = [U_3(x) - U_4(x-l)] \cdot [W_1(y) - W_2(y-L)]/W_{cm} \qquad (1-10)$$

$$U_y(x,y) = [W_3(x) - W_4(x-l)] \cdot [U_1(y) - U_2(y-L)]/W_{cm} \qquad (1-11)$$

3. 地表倾斜值计算

地表倾斜值按式（1-12）和式（1-13）计算：

$$i_x(x,y) = [i_3(x) - i_4(x-l)] \cdot [W_1(y) - W_2(y-L)]/W_{cm} \qquad (1-12)$$

$$i_y(x,y) = [W_3(x) - W_4(x-l)] \cdot [i_1(y) - i_2(y-L)]/W_{cm} \qquad (1-13)$$

4. 地表曲率值计算

地表曲率值按式（1-14）和式（1-15）计算：

$$K_x(x,y) = [K_3(x) - K_4(x-l)] \cdot [W_1(y) - W_2(y-L)]/W_{cm} \qquad (1-14)$$

$$K_y(x,y) = [W_3(x) - W_4(x-l)] \cdot [K_1(y) - K_2(y-L)]/W_{cm} \qquad (1-15)$$

5. 地表水平变形值计算

地表水平变形值按式（1-16）和式（1-17）计算：

$$\varepsilon_x(x,y) = [\varepsilon_3(x) - \varepsilon_4(x-l)] \cdot [W_1(y) - W_2(y-L)]/W_{cm} \quad (1-16)$$

$$\varepsilon_y(x,y) = [W_3(x) - W_4(x-l)] \cdot [\varepsilon_1(y) - \varepsilon_2(y-L)]/W_{cm} \quad (1-17)$$

6. 地表扭曲值计算

地表扭曲值按式（1-18）计算：

$$S(x,y) = [i_3(x) - i_4(x-l)] \cdot [i_1(y) - i_2(y-L)]/W_{cm} \quad (1-18)$$

7. 地表剪切变形值计算

地表剪切变形值按式（1-19）计算：

$$\gamma(x,y) = [i_3(x) - i_4(x-l)] \cdot [U_1(y) - U_2(y-L)]/W_{cm} +$$
$$[U_3(x) - U_4(x-l)] \cdot [i_1(y) - i_2(y-L)]/W_{cm} \quad (1-19)$$

式中　　　　$W(x,y)$——地表任意点 (x,y) 下沉值，mm；

$U_x(x,y)$、$U_y(x,y)$——地表任意点 (x,y) 在 X、Y 方向的水平移动值，mm；

$i_x(x,y)$、$i_y(x,y)$——地表任意点 (x,y) 在 X、Y 方向的倾斜值，mm/m；

$K_x(x,y)$、$K_y(x,y)$——地表任意点 (x,y) 在 X、Y 方向的曲率值，10^{-3}/m；

$\varepsilon_x(x,y)$、$\varepsilon_y(x,y)$——地表任意点 (x,y) 在 X、Y 方向的水平变形值，mm/m；

$S_x(x,y)$、$S_y(x,y)$——地表任意点 (x,y) 在 X、Y 方向的扭曲值，10^{-3}/m；

$\gamma_x(x,y)$、$\gamma_y(x,y)$——地表任意点 (x,y) 在 X、Y 方向的剪切变形值，mm/m；

i_1、i_2、i_3、i_4——工作面下山、上山、走向左侧和右侧的半无限开采地表倾斜值，mm/m；

K_1、K_2、K_3、K_4——工作面下山、上山、走向左侧和右侧的半无限开采地表曲率值，10^{-3}/m；

ε_1、ε_2、ε_3、ε_4——工作面下山、上山、走向左侧和右侧的半无限开采地表水平变形值，mm/m；

L——工作面倾向计算长度，$L = (D_1 - S_1 - S_2) \cdot \dfrac{\sin(\theta_0 + \alpha)}{\sin\theta_0}$，m；

l——工作面走向计算长度，$l = D_3 - S_3 - S_4$，m；

D_1、D_3——工作面沿倾向和沿走向方向的实际长度，m；

S_1、S_2、S_3、S_4——工作面下山、上山、左侧和右侧的拐点偏移距，m；

W_1、W_2、W_3、W_4——工作面下山、上山、走向左侧和右侧半无限开采下沉值，用式 $W_i(x) = W_{cm} \int_x^\infty \frac{1}{r} e^{-\pi \frac{x^2}{r^2}} dx$ 计算；

U_1、U_2、U_3、U_4——工作面下山、上山、左侧和右侧的半无限开采水平

移动值，用式 $U_i(x) = U_{cm} \int_x^\infty e^{-\pi \frac{x^2}{r^2}} dx$ 计算。

1.1.3 水平或缓倾斜煤层任意形状工作面面积分任意点地表移动变形计算

1. 地表下沉值计算

地表下沉值按式（1-20）计算：

$$W(x,y) = W_{cm} \iint_D \frac{1}{r^2} e^{-\pi \frac{(\eta-x)^2 + (\xi-y)^2}{r^2}} d\eta d\xi \qquad (1-20)$$

2. 地表水平移动值计算

地表水平移动值按式（1-21）和式（1-22）计算：

$$U_x(x,y) = U_{cm} \iint_D \frac{2\pi(\eta-x)}{r^3} \cdot e^{-\pi \frac{(\eta-x)^2 + (\xi-y)^2}{r^2}} d\eta d\xi \qquad (1-21)$$

$$U_y(x,y) = U_{cm} \iint_D \frac{2\pi(\xi-y)}{r^3} \cdot e^{-\pi \frac{(\eta-x)^2 + (\xi-y)^2}{r^2}} d\eta d\xi + W(x,y) \cdot \cot\theta_0 \qquad (1-22)$$

3. 地表倾斜值计算

地表倾斜值按式（1-23）和式（1-24）计算：

$$i_x(x,y) = W_{cm} \iint_D \frac{2\pi(\eta-x)}{r^4} \cdot e^{-\pi \frac{(\eta-x)^2 + (\xi-y)^2}{r^2}} d\eta d\xi \qquad (1-23)$$

$$i_y(x,y) = W_{cm} \iint_D \frac{2\pi(\xi-y)}{r^4} \cdot e^{-\pi \frac{(\eta-x)^2 + (\xi-y)^2}{r^2}} d\eta d\xi \qquad (1-24)$$

4. 地表曲率值计算

地表曲率值按式（1-25）和式（1-26）计算：

$$K_x(x,y) = W_{cm} \iint_D \frac{2\pi}{r^4} \left[\frac{2\pi(\eta-x)^2}{r^2} - 1 \right] \cdot e^{-\pi \frac{(\eta-x)^2 + (\xi-y)^2}{r^2}} d\eta d\xi \qquad (1-25)$$

$$K_y(x,y) = W_{cm} \iint_D \frac{2\pi}{r^4} \left[\frac{2\pi(\xi-y)^2}{r^2} - 1 \right] \cdot e^{-\pi \frac{(\eta-x)^2 + (\xi-y)^2}{r^2}} d\eta d\xi \qquad (1-26)$$

5. 地表水平变形值计算

地表水平变形值按式（1-27）和式（1-28）计算：

$$\varepsilon_x(x,y) = U_{cm} \iint_D \frac{2\pi}{r^3} \left[\frac{2\pi(\eta-x)^2}{r^2} - 1 \right] \cdot e^{-\pi \frac{(\eta-x)^2 + (\xi-y)^2}{r^2}} d\eta d\xi \qquad (1-27)$$

$$\varepsilon_y(x,y) = U_{cm} \iint_D \frac{2\pi}{r^3} \left[\frac{2\pi(\xi-y)^2}{r^2} - 1 \right] \cdot e^{-\pi \frac{(\eta-x)^2 + (\xi-y)^2}{r^2}} d\eta d\xi + i_y(x,y) \cdot \cot\theta_0$$

$$(1-28)$$

式中　η、ξ——积分变量；

　　　　D——煤层开采区域；

　　　　θ_0——开采影响传播角，（°）。

1.1.4　倾斜煤层任意形状工作面线积分任意点地表移动变形计算

1. 地表下沉值计算

地表下沉值按式（1－29）计算：

$$W(x,y) = W_{cm} \sum_{i=1}^{n} \int_{L_i} \frac{1}{2r} \mathrm{erf}\left[\frac{\sqrt{\pi}\,x}{r}\right] \cdot \mathrm{e}^{-\pi\frac{(\xi-y)^2}{r^2}} \mathrm{d}\xi \qquad (1-29)$$

2. 地表水平移动值计算

地表水平移动值按式（1－30）和式（1－31）计算：

$$U_x(x,y) = U_{cm} \sum_{i=1}^{n} \int_{L_i} \frac{1}{r^2} \mathrm{e}^{-\pi\frac{x^2+(\xi-y)^2}{r^2}} \mathrm{d}\xi \qquad (1-30)$$

$$U_y(x,y) = U_{cm} \sum_{i=1}^{n} \int_{L_i} \frac{-\pi(\xi-y)}{r^2} \cdot \mathrm{erf}\left[\frac{\sqrt{\pi}\,x}{r}\right] \cdot \mathrm{e}^{-\pi\frac{(\xi-y)^2}{r^2}} \mathrm{d}\xi + W(x,y) \cdot \cot\theta_0$$

$$(1-31)$$

3. 地表倾斜值计算

地表倾斜值按式（1－32）和式（1－33）计算：

$$i_x(x,y) = W_{cm} \sum_{i=1}^{n} \int_{L_i} \frac{1}{r^2} \mathrm{e}^{-\pi\frac{x^2+(\xi-y)^2}{r^2}} \mathrm{d}\xi \qquad (1-32)$$

$$i_y(x,y) = W_{cm} \sum_{i=1}^{n} \int_{L_i} \frac{-\pi(\xi-y)}{r^2} \cdot \mathrm{erf}\left[\frac{\sqrt{\pi}\,x}{r}\right] \cdot \mathrm{e}^{-\pi\frac{(\xi-y)^2}{r^2}} \mathrm{d}\xi \qquad (1-33)$$

4. 地表曲率值计算

地表曲率值按式（1－34）和式（1－35）计算：

$$K_x(x,y) = W_{cm} \sum_{i=1}^{n} \int_{L_i} \frac{-2\pi}{r^2} \cdot \frac{x}{r} \cdot \mathrm{e}^{-\pi\frac{x^2+(\xi-y)^2}{r^2}} \mathrm{d}\xi \qquad (1-34)$$

$$K_y(x,y) = W_{cm} \sum_{i=1}^{n} \int_{L_i} \frac{\pi}{r^3}\left[\frac{2\pi(\xi-y)^2}{r^2}-1\right] \cdot \mathrm{erf}\left(\sqrt{\pi}\frac{x}{r}\right) \cdot \mathrm{e}^{-\pi\frac{(\xi-y)^2}{r^2}} \mathrm{d}\xi \qquad (1-35)$$

5. 地表水平变形值计算

地表水平变形值按式（1－36）和式（1－37）计算：

$$\varepsilon_x(x,y) = U_{cm} \sum_{i=1}^{n} \int_{L_i} \frac{-2\pi}{r^2} \cdot \frac{x}{r} \cdot \mathrm{e}^{-\pi\frac{(\eta-x)^2+(\xi-y)^2}{r^2}} \mathrm{d}\xi \qquad (1-36)$$

$$\varepsilon_y(x,y) = U_{cm} \sum_{i=1}^{n} \int_{L_i} -\frac{\pi}{r^2} \cdot \frac{\xi-y}{r} \cdot \mathrm{erf}\left(\sqrt{\pi}\frac{x}{r}\right) \cdot \mathrm{e}^{-\pi\frac{(\xi-y)^2}{r^2}} \mathrm{d}\xi + i_y(x,y) \cdot \cot\theta_0$$

$$(1-37)$$

式中　　r——等价计算工作面的主要影响半径，m；

　　　　L_i——等价计算工作面各边界的直线段，m。

1.1.5　地表移动变形参数求取方法

1. 依据实测数据求取计算参数

1）下沉系数求取方法

下沉系数按式（1-38）求取：

$$q = \frac{W_{cm}}{M\cos\alpha} \qquad (1-38)$$

2）水平移动系数求取方法

水平移动系数按式（1-39）求取：

$$b = \frac{U_{cm}}{W_{cm}} \qquad (1-39)$$

3）主要影响角正切求取方法

主要影响角正切按式（1-40）求取：

$$\tan\beta = \frac{H_z}{r_z} \qquad (1-40)$$

式中　　H_z——走向主断面采深，m；

　　　　r_z——走向主断面上主要影响半径，m。

r_z求取方法1：充分采动时，走向主断面上下沉值分别为 $0.16W_{cm}$ 和 $0.84W_{cm}$ 值的点间距为 $0.8r_z$，即 $l = 0.8r_z$，由此得 $r_z = l/0.8$。其中，l 为工作面走向计算长度，m。

r_z求取方法2：充分采动时，$r_z = \dfrac{W_{cm}}{i_{cm}}$。其中，$W_{cm}$ 为实测最大下沉值，mm；i_{cm} 为实测最大倾斜值，mm/m。

4）开采影响传播角求取方法

开采影响传播角按式（1-41）求取：

$$\theta_0 = \arctan\left(\frac{W_{cm}}{U_{wcm}}\right) \qquad (1-41)$$

式中　　U_{wcm}——倾斜主断面上最大下沉值点处的水平移动值，mm。

5）拐点偏移距求取方法

充分采动时，地表下沉盆地主断面上下沉值为 $0.5W_{cm}$、倾斜值最大和曲率为零的 3 个点的点位 x（或 y）的平均值 x_0（或 y_0）为拐点坐标。将 x_0（或 y_0）向煤层投影（走向断面按 90°、倾向断面按开采影响传播角投影），其投影点至采空区边界的距离为拐点偏移距。拐点偏距分下山边界拐点偏移距 S_1、上山边

界拐点偏移距 S_2、走向左边界拐点偏移距 S_3 和走向右边拐点偏移距 S_4。

　　上述参数也可采用最小二乘法原理或趋势逼近法则，通过计算机程序拟合求取。

　　2. 依据覆岩岩性条件选取计算参数

　　对于无实测资料的矿区，可依据覆岩岩性条件按表 1 - 1 选取计算参数。

表 1 - 1　岩性与预测参数相关关系表

覆岩类型	覆岩性质		下沉系数	水平移动系数	主要影响角正切	拐点偏移距/m	开采影响传播角/(°)
	主要岩性	单向抗压强度/MPa					
坚硬	大部分以中生代地层硬砂岩、硬石灰岩为主，其他为砂质页岩、页岩、辉绿岩	>60	0.27 ~ 0.54	0.2 ~ 0.4	1.20 ~ 1.91	0.31 ~ 0.43H	90 - (0.7 ~ 0.8)α
中硬	大部分以中生代地层中硬砂岩、石灰岩、砂质页岩为主，其他为软砾岩、致密泥灰岩、铁矿石	30 ~ 60	0.55 ~ 0.84	0.2 ~ 0.4	1.92 ~ 2.40	0.08 ~ 0.30H	90 - (0.6 ~ 0.7)α
软弱	大部分以新生代地层砂质页岩、页岩、泥灰岩及黏土、砂质黏土等松散层	<30	0.85 ~ 1.00	0.2 ~ 0.4	2.41 ~ 3.54	0 ~ 0.07H	90 - (0.5 ~ 0.6)α

　　3. 依据覆岩岩性评价系数求取计算参数

　　1）覆岩岩性综合评价系数计算

　　覆岩岩性综合评价系数按式（1 - 42）计算：

$$P = \frac{\sum_1^n m_i \cdot Q_i}{\sum_1^n m_i} \tag{1-42}$$

式中　　P——覆岩岩性综合评价系数；

　　　　m_i——覆岩第 i 分层法线厚度，m；

　　　　Q_i——覆岩第 i 分层的岩性评价系数，由表 1 - 2 查得。

表1-2　覆岩分层岩性评价系数表

覆岩类型	单向抗压强度/MPa	主　要　岩　性	初次采动 Q^0	重复采动	
				Q^1	Q^2
坚硬	≥90	很硬的砂岩、石灰岩和黏土页岩、石英矿脉、很硬的铁矿石、致密花岗岩、角闪岩、辉绿岩	0.0	0.0	0.1
	80 70 60	硬的石灰岩、硬砂岩、硬大理石、不硬的花岗岩	0.0 0.05 0.1	0.1 0.2 0.3	0.4 0.5 0.6
中硬	50 40 30 20 >10	较硬的石灰岩、砂岩和大理石 普通砂岩、铁矿石 砂质页岩、片状砂岩 硬黏土质页岩、不硬的砂岩和石灰岩、软砾岩	0.2 0.4 0.6 0.8 0.9	0.45 0.7 0.8 0.9 1.0	0.7 0.95 1.0 1.0 1.1
软弱	≤10	各种页岩（不坚硬的）、致密泥灰岩 软页岩、很软石灰岩、无烟煤、普通泥灰岩 破碎页岩、烟煤、硬表土—粒质土壤、致密黏土 软砂质土、黄土、腐殖土，松散砂层	1.0	1.1	1.1

2）下沉系数计算

采用覆岩岩性综合评价系数确定下沉系数时,其下沉系数按式(1-43)计算:

$$q = 0.5 \cdot (0.9 + P) \tag{1-43}$$

3）主要影响角正切计算

采用岩性综合评价系数确定主要影响角正切时,其主要影响角正切按式(1-44)计算:

$$\tan\beta = (D_岩 - 0.0032H) \cdot (1 - 0.0038\alpha) \tag{1-44}$$

式中　$D_岩$——岩性影响系数,其数值与综合评价系数 P 的关系见表1-3。

表1-3　岩性综合评价系数 P 与岩性影响系数 $D_岩$ 的对应关系表

坚硬	P	0.00	0.03	0.07	0.11	0.15	0.19	0.23	0.27	0.3
	$D_岩$	0.76	0.82	0.88	0.95	1.01	1.08	1.14	1.20	1.25
中硬	P	0.3	0.35	0.40	0.45	0.50	0.55	0.60	0.65	0.70
	$D_岩$	1.26	1.35	1.45	1.54	1.64	1.73	1.82	1.91	2.00
软弱	P	0.70	0.75	0.80	0.85	0.90	0.95	1.00	1.05	1.10
	$D_岩$	2.00	2.10	2.20	2.30	2.40	2.50	2.60	2.70	2.80

4）水平移动系数计算

开采水平煤层时，水平移动系数 b 变化不大，一般为 0.3。

依据开采煤层倾角确定水平移动系数时，其水平移动系数 b_c 按式（1-45）计算：

$$b_c = b \cdot (1 + 0.0086\alpha) \qquad (1-45)$$

式中　b_c——倾斜煤层水平移动系数；

　　　b——水平煤层水平移动系数；

　　　α——煤层倾角，（°）。

5）开采影响传播角计算

依据开采煤层倾角确定开采影响传播角时，其开采影响传播角按式（1-46）计算：

$$\theta_0 = 90° - 28.5°(\sin 2\alpha)^2 \quad (0° \leqslant \alpha \leqslant 90°) \qquad (1-46)$$

6）拐点偏移距计算

拐点偏移距可依据表 1-1 岩性条件选取。

1.1.6　地表动态移动变形计算

地表动态移动变形的计算包含地表最大下沉速度计算、地表移动延续时间计算和地表动态移动变形值计算。

1. 地表最大下沉速度计算

地表最大下沉速度 V_{fm} 按式（1-47）计算：

$$V_{fm} = K \frac{CW_{fm}}{H_0} \qquad (1-47)$$

式中　C——工作面推进速度，m/d；

　　　H_0——平均开采深度，m；

　　　W_{fm}——本工作面的地表最大下沉值，mm；

　　　K——下沉速度系数。

2. 地表移动延续时间计算

地表移动延续时间可根据本矿区实测资料确定。无实测资料时，地表移动延续时间可根据式（1-48）和式（1-49）计算：

$$T = 2.5H_0 \quad (当 H_0 \leqslant 400 \text{ m 时}) \qquad (1-48)$$

$$T = 1000\exp\left(1 - \frac{400}{H_0}\right) \quad (当 H_0 > 400 \text{ m 时}) \qquad (1-49)$$

式中　T——地表移动延续时间，d。

3. 地表动态移动变形值计算

1）理论计算方法

地表动态下沉可采用下沉曲线时间函数积分，按式 (1-50) 计算：

$$W(x,y)_t = \frac{W(x,y)}{W_{cm}} \cdot \int_0^t V(t) \cdot \mathrm{d}t \qquad (1-50)$$

地表动态变形可按地表变形与地表下沉的对应函数关系计算。

2）经验公式计算方法

为了简化计算，令 $A = \dfrac{0.95 W_{fm}}{2\arctan\dfrac{l_1+l_2}{a}}$，从而，在走向主断面充分采动区的地

表动态移动变形值，可按式 (1-51) ~ 式 (1-55) 计算：

下沉值：
$$W(x) = A\left[\arctan\frac{l_1+l_2}{a} - \arctan\frac{x+l_2}{a}\right] \qquad (1-51)$$

水平移动值：
$$U(x) = Bi(x) \qquad (1-52)$$

倾斜值：
$$i(x) = -\frac{A}{a} \cdot \frac{1}{1+\left(\dfrac{x+l_2}{a}\right)^2} \qquad (1-53)$$

曲率值：
$$K(x) = \frac{2A}{a^3} \cdot \frac{x+l_2}{\left[1+\left(\dfrac{x+l_2}{a}\right)^2\right]^2} \qquad (1-54)$$

水平变形值：
$$\varepsilon(x) = BK(x) \qquad (1-55)$$

式中　　x——地表点的横坐标，其坐标原点在工作面推进位置的正上方，x 轴指向工作面推进方向（图 1-2），m；

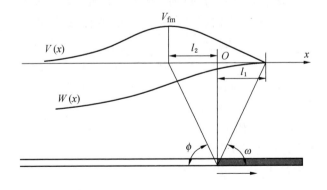

$V(x)$—下沉速度，mm/d；V_{fm}—最大下沉速度，mm/d；

ϕ—最大下沉速度角，(°)；ω—超前影响角，(°)

图 1-2　采动过程中地表移动与推进工作面相对位置关系示意图

$W(x)$——不同 x 点的下沉曲线；

$V(x)$——不同 x 点的下沉速度曲线；

l_1——超前影响距，m；

l_2——地表最大下沉速度滞后距，m；

a——下沉速度分布曲线形态参数；

B——地表水平移动与地表倾斜的比例系数。

1.2　山区地表移动变形计算及其参数求取方法

1.2.1　山区地表移动变形值计算方法

本计算方法主要适用于山坡平均坡度角小于30°的水平和缓倾斜煤层开采。

1. 山区任意点下沉值和水平移动值计算

采用与概率积分法相同的坐标系时，山区任意点的下沉 $W_s(x,y)$ 和水平移动 $U_s(x,y)$ 按式（1-56）和式（1-57）计算：

$$W_s(x,y) = W(x,y) + D_{x,y}\{P[x]\cos^2\varphi + P[y]\sin^2\varphi + $$

$$P[x]P[y]\sin^2\varphi\cos^2\varphi\tan^2\alpha_{地x,y}\}W(x,y)\tan^2\alpha_{地x,y} \quad (1-56)$$

$$U_s(x,y)_\phi = U(x,y)_\phi + |D_{x,y}|W(x,y)\{P[x]\cos\phi\cos\varphi + P[y]\sin\phi\sin\varphi\}\tan\alpha_{地x,y}$$

$$(1-57)$$

式中　$W(x,y)$、$U(x,y)$——相同地质、开采技术条件下平地任意点 (x,y) 的下沉位移和任意点 (x,y) 沿 ϕ 方向的水平移动，可按概率积分法相应的预计公式计算，mm；

$D_{x,y}$——(x,y) 点的地表特性系数，可按表1-4取值；

$P[x]$、$P[y]$——走向和倾向主断面的滑移影响函数，可按式（1-58）计算；

φ——(x,y) 点的倾斜方向角，(°)；

$\alpha_{地x,y}$——地表 (x,y) 点的倾角，(°)；

ϕ——计算方向角，(°)。

$$P[x] = P(x) + P(S-x) - 1 \quad (1-58)$$

式中　S——工作面走向方向的计算长度，m；

$P(x)$——可按式（1-59）计算：

$$P(x) = 1 + Ae^{-\frac{1}{2}(\frac{x}{r}+P)^2} + W_m \cdot e^{-t(\frac{x}{r}+P)^2} \quad (1-59)$$

式中　r——主要影响半径，参照式（1-60）计算；

A、P、t——滑移影响参数，可根据本节1.2.3的方法求得，其参考值为 $A=2\pi$，$P=2$，$t=\pi$。

将式 (1-58) 和式 (1-59) 中的 x、S 以 y、L (倾向主断面计算长度) 代换，即得山区倾向主断面的 $P(y)$ 和 $P[y]$。

计算公式中采用的主要影响半径 $r(x,y)$，根据山区地表预计点 (x,y) 高程 $H(x,y)$ 与工作面底板平均高程 $H_{煤均}$ 差值作为采深进行计算，按式 (1-60) 计算：

$$r(x,y) = \frac{H(x,y) - H_{煤均}}{\tan\beta} \qquad (1-60)$$

计算公式中，$\alpha_{地x,y}$ 和 φ 可通过地表点 (x, y) 周边一定区域范围内地形等高线点采用趋势面拟合方法求取；$\alpha_{地x,y}$、φ 和 ϕ 均由 x 轴正向按逆时针方向计算。

表1-4   山区地表特性系数 D

地表类型	表 土 层 与 地 面 植 被 特 征	地表特性系数 D	
		凹形地貌	凸形地貌
I	风化基岩；或厚度小于 2 m，地表生长密集的灌木丛或树林的砂质黏土荒坡	-0.1 ~ -0.2	+0.2 ~ +0.3
II	风化坡积物或砂质黏土层，厚度 2 ~ 5 m，地面有灌木丛和疏林的荒坡	-0.2 ~ -0.3	+0.3 ~ +0.6
III	风化坡积物；亚黏土质红、黄土层，底部有钙质结核或砾石层，厚度大于 5 m，地面为耕地或果园	-0.3 ~ -0.4	+0.6 ~ +1.0
IV	具有垂直节理的湿陷性轻亚黏土或坡积物，底部有钙质结核或砾石层，厚度大于 5 m，地面为耕地	-0.4 ~ -0.5	+1.0 ~ +1.5

注：在凹形地貌和凸形地貌之间的变换部位，D 取零值。

2. 山区任意点任意方向的变形值计算

山区任意点任意方向的下沉和水平移动预计值 $W_s(x,y)$ 和 $U_s(x,y)_\phi$ 算出后，垂直变形 $i_s(x,y)_\phi$、$K_s(x,y)_\phi$ 和水平变形 $\varepsilon_s(x,y)_\phi$ 可按式 (1-61)、式 (1-62) 和式 (1-63) 计算：

倾斜值： $i_s(x,y)_{\phi_{ij}} = \dfrac{W_s(x,y)_j - W_s(x,y)_i}{d_{ij}}$ (mm/m) $(1-61)$

曲率值： $K_s(x,y)_{\phi_j} = \dfrac{i_s(x,y)_{\phi_{jk}} - i_s(x,y)_{\phi_{ij}}}{0.5(d_{ij} + d_{jk})}$ $(10^{-3}/m)$ $(1-62)$

水平变形值：$\varepsilon_s(x,y)_{\phi_{ij}} = \dfrac{U_s(x,y)_{\phi_j} - U_s(x,y)_{\phi_i}}{d_{ij}}$ (mm/m) $(1-63)$

式中　　　　　　　　i、j、k——依次代表相邻的三个预计点号；

d_{ij}、d_{jk}——i 点至 j 点以及 j 点至 k 点的平距；

$i_s(x,y)_{\phi_{ij}}$、$\varepsilon_s(x,y)_{\phi_{ij}}$——$i$ 点至 j 点的山区倾斜和水平变形预计值；

$K_s(x,y)_{\phi_j}$——j 点的山区曲率预计值；

$i_s(x,y)_{\phi_{jk}}$——j、k 点间的山区倾斜预计值；

$W_s(x,y)_i$、$W_s(x,y)_j$ 和 $U_s(x,y)_{\phi_i}$、$U_s(x,y)_{\phi_j}$——i 点和 j 点山区下沉和水平移动预计值。

应用式（1-61）~式（1-63）进行倾斜、曲率和水平变形计算时，预计点间的距离应参照表 1-5 选取。

表1-5　山区地表移动预计点间的距离参考值　　　　　　　　　　m

开采深度	< 50	50 ~ 100	100 ~ 200	200 ~ 300	300 ~ 400	400 ~ 500	> 500
点间平距	5	7 ~ 8	10	15	20	25	30

1.2.2　山区地表移动变形预计参数的求取方法

山区地表任意点的下沉和水平移动由式（1-56）和式（1-57）计算。将式中 $P[x]$、$P[y]$ 按矩形工作面开采的计算公式展开为

$$P[x] = 1 + A \cdot \left[e^{-\frac{1}{2}\left(\frac{x}{r_3}+P\right)^2} + e^{-\frac{1}{2}\left(\frac{S-x}{r_4}+P\right)^2} \right] +$$
$$W_{cm} \cdot \left[e^{-t\left(\frac{x}{r_3}+P\right)^2} + e^{-t\left(\frac{S-x}{r_4}+P\right)^2} \right]$$

$$P[y] = 1 + A \cdot \left[e^{-\frac{1}{2}\left(\frac{y}{r_1}+P\right)^2} + e^{-\frac{1}{2}\left(\frac{L-y}{r_2}+P\right)^2} \right] +$$
$$W_{cm} \cdot \left[e^{-t\left(\frac{y}{r_1}+P\right)^2} + e^{-t\left(\frac{L-y}{r_2}+P\right)^2} \right]$$

令 $P[x,y] = D_{x,y}\left\{ P[x]\cos^2\varphi + P[y]\sin^2\varphi + P[x]P[y]\sin^2\varphi\cos^2\varphi \cdot \tan^2\alpha_{地x,y} \right\}$

则有　　　　　　　$W_s(x,y) = W(x,y)\left\{ 1 + P[x,y]\tan^2\alpha_{地x,y} \right\}$　　　　　　（1-64）

山区地表移动变形预计参数有下沉系数 q、水平移动系数 b、主要影响角正切 $\tan\beta$、开采影响传播角 θ、拐点偏移距 S_1、S_2、S_3、S_4 和山区影响参数 A、P、t。这些参数可以通过观测站实测资料进行分析求取，求取方法有手算法和电算法。

手算法与平原地区预计参数求取方法相同，可求取 q、b、$\tan\beta$、θ、S_1、S_2、S_3、S_4，然后根据这些参数计算出各点 $W(x,y)$ 和 $U_\phi(x,y)$，按式（1-64）计算得到各点的 $P[x,y]$，根据最小二乘原理求取山区影响参数 A、P、t。

电算法求取参数是根据最小二乘原理，按山区地表下沉预计计算式（1-

64) 和下沉观测值组成误差方程式，求取 q、$\tan\beta$、θ、S_1、S_2、S_3、S_4、A、P、t，误差方程式中的待求参数的初值可按类比法或按经验数据确定；按山区水平移动预计计算式（1-64）和水平移动观测值组成误差方程式，求取 b、A、P、t，此时 q、$\tan\beta$、θ、S_1、S_2、S_3、S_4 可取下沉值求取的参数值，视为已知，b、A、P、t 的初值可按类比法或经验数据确定。

1.3 急倾斜煤层开采地表移动变形计算及其参数求取方法

主要有以下四种预计方法，适用于不同的煤厚与开采方法。

适合于急倾斜薄煤层、中厚煤层、厚煤层分阶段开采（柔性掩护支架采煤法、薄煤层俯伪斜走向分段密集采煤法）的地表移动预计方法有：皮尔森Ⅲ型公式法、采空区矢量法、竖向积分法。适用于急倾斜厚及特厚煤层水平/斜切分层开采地表移动预计的方法有：传播角积分法。

1.3.1 皮尔森Ⅲ型公式法

皮尔森Ⅲ型公式预计法是急倾斜煤层分阶段开采地表移动预计的一种剖面函数法。适合矩形工作面开采和地表移动盆地倾向主断面移动变形的计算。

1. 倾向主断面预计公式

在下沉盆地倾向主断面上，以底板移动边界为坐标原点、下山方向为 X 轴的坐标系统（图1-3）上，倾向主断面的下沉和水平移动按式（1-65）和式（1-66）计算：

$$W(x) = a_1 W_{max} Z^{a_2} \exp(-a_3 Z) \qquad (1-65)$$

$$u(x) = q[B - P(x)]i(x) \qquad (1-66)$$

$$Z = x/L_\alpha, L_\alpha = H_1(\cot\lambda_0 + \cot\beta_0) + M/\sin\alpha \,(m)$$

$$W_{max} = K_\alpha \frac{\Delta H}{\sqrt{H_0}} M\cos\alpha \sqrt{n_3} \,(mm)$$

$$P(x) = B\{1 - b_1(1 - Z)^{b_2}\exp[-b_3(1 - Z)]\}$$

$$B = b_0 L_\alpha$$

式中　　　n_3——走向采动程度系数，$n_3 = \dfrac{k_3 l}{H_0}$，k_3 按覆岩类型取值：坚硬取 0.7，中硬取 0.8，软弱取 0.9；n_3 大于 1.0 时取 1.0；l 为工作面走向长度，m；

　　　　　α——煤层倾角，（°）；

　　　　　M——煤层厚度，m；

H_1、H_0、ΔH——下边界采深、平均采深、阶段垂高，m；

　　　　　λ_0、β_0——底板、顶板边界角，（°）；

q——水平移动归算系数，一般取 1.6；

K_α——下沉影响系数；

L_α——下沉盆地全长，m；

a_1、a_2、a_3——下沉盆地模型系数；

b_0、b_1、b_2、b_3——水平移动模型系数；

$i(x)$——主断面倾斜。

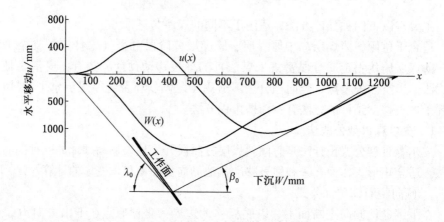

图 1-3　皮尔森Ⅲ型公式法坐标系统

倾斜主断面不同位置地表变形值可按照式（1-67）、式（1-68）和式（1-69）计算：

$$i(x) = \frac{W_{\max}}{L_\alpha} a_1 Z^{a_2} \exp(-a_3 Z) \left(\frac{a_2}{Z} - a_3 \right) \tag{1-67}$$

$$K(x) = \frac{W_{\max}}{L_\alpha^2} a_1 Z^{a_2} \exp\left(\frac{a_2^2 - a_2}{Z^2} - \frac{2a_2 a_3}{Z} + a_3^2 \right) \tag{1-68}$$

$$\varepsilon(x) = qBb_1 (1-Z)^{b_2} \exp\left[-b_3(1-Z) \right] \left[K(x) + \frac{i(x)}{L_\alpha} \left(b_3 - \frac{b_2}{1-Z} \right) \right] \tag{1-69}$$

据此，可进行地表下沉盆地倾向主断面上的全部移动变形值计算。

2. 地表任意点的计算

建立地表平面坐标系统（xoy），以底板移动边界为坐标原点 o，下山方向为 x 轴，走向方向为 y 轴。

先按倾向剖面的皮尔森Ⅲ型公式求出 $W(x)$、$i(x)$、$u(x)$、$\varepsilon(x)$、$K(x)$；再按走向剖面的概率积分公式求出 $W(y)$、$i(y)$、$u(y)$、$\varepsilon(y)$、$K(y)$；然后得

到任意点 (x,y) 沿方位角 ϕ 方向的地表移动变形值计算式（1-70）~式（1-74）：

$$C_x = W(x)/W_{\max}$$
$$C_y = W(y)/W_{\max}$$

下沉值：

$$W(x,y) = C_x C_y W_{\max} \tag{1-70}$$

水平移动值：

$$u(x,y,\varphi) = C_y u(x)\cos\varphi + C_x u(y)\sin\varphi \tag{1-71}$$

水平变形值：

$$\varepsilon(x,y,\varphi) = C_y \varepsilon(x)\cos^2\varphi + C_x \varepsilon(y)\sin^2\varphi + \frac{1}{2}\gamma(x,y)\sin(2\varphi) \tag{1-72}$$

倾斜值：

$$i(x,y,\varphi) = C_y i(x)\cos\varphi + C_x i(y)\sin\varphi \tag{1-73}$$

曲率值：

$$K(x,y,\varphi) = C_y K(x)\cos^2\varphi + C_x K(y)\sin^2\varphi + S(x,y)\sin(2\varphi) \tag{1-74}$$

3. 皮尔森Ⅲ型公式法参数确定

$W(x)$ 和 $u(x)$ 分别是待定参数 a_1、a_2、a_3 和 b_0、b_2、b_3 的非线性函数，先对其进行线性化，见式（1-75）和式（1-76）。

$$W(x;a_1 \setminus a_2 \setminus a_3) = W(x;a_{10} \setminus a_{20} \setminus a_{30}) + \sum_{i=1}^{3}\frac{\partial W(x)}{\partial a_i}(a_i - a_{i0}) \tag{1-75}$$

$$u(x;b_0 \setminus b_2 \setminus b_3) = u(x;b_{00} \setminus b_{20} \setminus b_{30}) + \sum_{i=0,i\neq 1}^{3}\frac{\partial u(x)}{\partial b_i}(b_i - b_{i0}) \tag{1-76}$$

式中　$a_{10} \setminus a_{20} \setminus a_{30} \setminus b_{00} \setminus b_{20} \setminus b_{30}$——参数初值；

$\dfrac{\partial W(x)}{\partial a_1} = W_{\max} Z^{a_2} \exp(-a_3 Z)$；

$\dfrac{\partial W(x)}{\partial a_2} = a_1 W_{\max} \exp(-a_3 Z)\ln Z$；

$\dfrac{\partial W(x)}{\partial a_3} = -a_1 W_{\max} Z^{a_2-1}\exp(-a_3 Z)$；

$\dfrac{\partial u(x)}{\partial b_0} = qL_\alpha b_1 T(x)(1-Z)^{b_2}\exp[-b_3(1-Z)]$；

$\dfrac{\partial u(x)}{\partial b_2} = qBT(x)(1-Z)^{b_2}\exp[-b_3(1-Z)]\ln(1-Z)$；

$\dfrac{\partial u(x)}{\partial b_3} = -qBT(x)b_1(1-Z)^{b_2-1}\exp[-b_3(1-Z)]$。

按多元线性回归分析方法求参。根据最小二乘原理，建立如下目标函数式，并利用乔里斯基（Cholesky）分解法求取参数。

$$Q(x;a_1,a_2,a_3) = \sum_{i=1}^{N} \left[W(x;a_{10},a_{20},a_{30}) - W_i \right]^2$$

$$Q(x;b_0,b_2,b_3) = \sum_{i=1}^{N} \left[u(x;b_{00},b_{20},b_{30}) - u_i \right]^2$$

式中　　N——观测点数；

$W_i、u_i$——地表下沉和水平移动实测值,mm。

根据实测资料确定的我国部分矿井皮尔森Ⅲ型公式法参数见表1-6,盆地模型参数主要由淮南矿区实测获得。

表1-6　部分矿井皮尔森Ⅲ型公式法参数表

矿区矿名	倾角/(°)	平均采深/m	阶段垂高/m	采厚/m	开采方式	顶板管理方法	下沉影响系数 K_α 倾向水平移动系数 b_0	下沉盆地模型系数 a_1,a_2,a_3	水平移动模型系数 b_1,b_2,b_3	顶板边界角 β_0/(°)	底板边界角 λ_0/(°)
淮南孔集矿	74	210	112	6.5	矸石充填	矸石充填	$K_\alpha=0.117$ $b_0=0.35$	10323 4.609 12.587	6.62 1.122 5.5		
					水平分层		$K_\alpha=0.174\sim0.316$				
					掩护支架法		$K_\alpha=0.225\sim0.246$				
淮南九龙岗矿	57~66	430~580	300	11.6~18.6	柔性掩护支架倒台阶开采	垮落法	$K_\alpha=0.039$ 0.095	10323 4.609 12.587	6.62 1.122 5.5		
北京大台矿	57~66	550~650	100	11.6~18.6	掩护支架、俯伪斜分段密集法	垮落法	$K_\alpha=0.045$ $b_0=1.1$ $b=0.34$(走向)	10323 4.609 12.587	6.62 1.122 5.5	39	60
开滦马家沟矿	50~70	583	185	9号:3.0; 12号:6.5	漏斗式炮采	垮落法	$K_\alpha=0.11$ $b_0=0.9$	10323 4.609 12.587	6.62 1.122 5.5	30	45

1.3.2　采空区矢量法及参数

采空区矢量法是采用等效影响原理合成分量微元开采下沉盆地,对开采单元的两分量分别在水平和竖向采空区进行积分,按叠加原理建立地表移动变形的计算公式（图1-4）。适合急倾斜煤层分阶段开采地表移动预计。

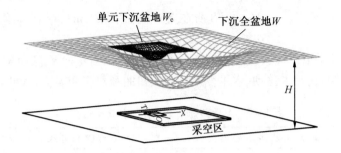

图1-4 积分类预计方法示意图

1. 采空区矢量法公式

1）开采单元矢量化及其移动变形表达式

矢量法计算如图1-5所示。

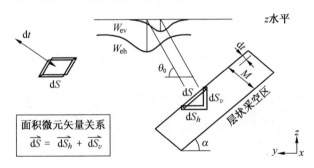

图1-5 矢量法原理图

开采单元的矢量式为

$$dS = dS_h + dS_v$$

水平分量 dS_h 和竖直分量 dS_v 单元开采地表下沉盆地 $W_{eh}(x,y)$ 和 $W_{ev}(x,y)$ 的表达式如式（1-77）和式（1-78）：

$$W_{eh}(x,y) = \frac{\cos\alpha}{r_h^2} e^{-\pi\frac{x^2+(y-H\cot\theta_0)^2}{r_h^2}} \qquad (1-77)$$

$$W_{ev}(x,y) = \frac{\sin\alpha}{r_v^2} e^{-\pi\frac{x^2+(y-H\cot\theta_0)^2}{r_v^2}} \qquad (1-78)$$

式中　$W_{eh}(x,y)$、$W_{ev}(x,y)$——分别为 dS_h 和 dS_v 开采下沉盆地，mm；

r_h、r_v——分别为水平煤层和直立煤层开采主要影响半径，m；

　　　　H——dS 所在点 P 处的采深，m；

　　　　θ_0——开采影响传播角，（°）。

　　由单元开采下沉表达式和移动变形关系，可导出沿走向 x、倾向 y 和任意方向 φ，单元开采倾斜、水平移动、水平变形、曲率、扭曲和剪应变表达式，见表1-7。

表1-7　矢量预计法单元开采移动变形公式

方向	水平微元开采移动变形公式	竖直微元开采移动变形公式
下沉盆地	$W_{eh}(x,y)=\dfrac{\cos\alpha}{r_h^2}e^{-\pi\frac{x^2+(y-H\cot\theta_0)^2}{r_h^2}}$	$W_{ev}(x,y)=\dfrac{\sin\alpha}{r_v^2}e^{-\pi\frac{x^2+(y-H\cot\theta_0)^2}{r_v^2}}$
走向方向	$\left.\begin{aligned}&i_{eh}(x,y)_x=\frac{\partial W_{eh}(x,y)}{\partial x}=-\frac{2\pi x}{r_h^2}W_{eh}(x,y)\\&u_{eh}(x,y)_x=b\cdot r_h\cdot i_{eh}(x,y)_x\\&\varepsilon_{eh}(x,y)_x=\frac{\partial u_{eh}(x,y)_x}{\partial x}=br_hK_{eh}(x,y)_x\\&K_{eh}(x,y)_x=\frac{\partial i_{eh}(x,y)_x}{\partial x}=-\frac{2\pi}{r_h^2}[W_{eh}(x,y)+\\&\qquad xi_{eh}(x,y)_x]\end{aligned}\right\}$	$\left.\begin{aligned}&i_{ev}(x,y)_x=\frac{\partial W_{ev}(x,y)}{\partial x}=-\frac{2\pi x}{r_v^2}W_{ev}(x,y)\\&u_{ev}(x,y)_x=b_v\cdot r_v\cdot i_{ev}(x,y)_x\\&\varepsilon_{ev}(x,y)_x=\frac{\partial u_{ev}(x,y)_x}{\partial x}=b_vr_vK_{ev}(x,y)_x\\&K_{ev}(x,y)_x=\frac{\partial i_{ev}(x,y)_x}{\partial x}=-\frac{2\pi}{r_v^2}[W_{ev}(x,y)+\\&\qquad xi_{ev}(x,y)_x]\end{aligned}\right\}$
倾向方向	$\left.\begin{aligned}&i_{eh}(x,y)_y=\frac{\partial W_{eh}(x,y)}{\partial y}\\&\quad=-\frac{2\pi(y-H\cot\theta_0)}{r_h^2}W_{eh}(x,y)\\&u_{eh}(x,y)_y=b\cdot r_h\cdot i_{eh}(x,y)_y+W_{eh}(x,y)\operatorname{ctg}\theta_0\\&\varepsilon_{eh}(x,y)_y=\frac{\partial u_{eh}(x,y)_y}{\partial y}=br_hK_{eh}(x,y)_y+\\&\qquad i_{eh}(x,y)_y\operatorname{ctg}\theta_0\\&K_{eh}(x,y)_y=\frac{\partial i_{eh}(x,y)_y}{\partial y}\\&\quad=-\frac{2\pi}{r_h^2}[W_{eh}(x,y)+\\&\qquad(y-H\cot\theta_0)i_{eh}(x,y)_y]\end{aligned}\right\}$	$\left.\begin{aligned}&i_{ev}(x,y)_y=\frac{\partial W_{ev}(x,y)}{\partial y}\\&\quad=-\frac{2\pi(y-H\cot\theta_0)}{r_v^2}W_{ev}(x,y)\\&u_{ev}(x,y)_y=b_v\cdot r_v\cdot i_{ev}(x,y)_y+W_{ev}(x,y)\operatorname{ctg}\theta_0\\&\varepsilon_{ev}(x,y)_y=\frac{\partial u_{ev}(x,y)_y}{\partial y}=b_vr_vK_{ev}(x,y)_y+\\&\qquad i_{ev}(x,y)_y\cot\theta_0\\&K_{ev}(x,y)_y=\frac{\partial i_{ev}(x,y)_y}{\partial y}\\&\quad=-\frac{2\pi}{r_v^2}[W_{ev}(x,y)+\\&\qquad(y-H\cot\theta_0)i_{ev}(x,y)_y]\end{aligned}\right\}$
扭曲和剪应变	$\left.\begin{aligned}&S_{eh}(x,y)_x=\frac{\partial i_{eh}(x,y)_x}{\partial x}=\frac{i_{eh}(x,y)_x\cdot i_{eh}(x,y)_y}{W_{eh}(x,y)}\\&S_{eh}(x,y)_y=\frac{\partial i_{eh}(x,y)_y}{\partial y}=\frac{i_{eh}(x,y)_x\cdot i_{eh}(x,y)_y}{W_{eh}(x,y)}\\&S_{eh}(x,y)=S_{eh}(x,y)_x+S_{eh}(x,y)_y\\&\gamma_{eh}(x,y)_x=\frac{\partial u_{eh}(x,y)_y}{\partial x}=br_hS_{eh}(x,y)_x+\\&\qquad i_{eh}(x,y)_x\cot\theta_0\\&\gamma_{eh}(x,y)_y=\frac{\partial u_{eh}(x,y)_y}{\partial y}=br_hS_{eh}(x,y)_y\\&\gamma_{eh}(x,y)=\gamma_{eh}(x,y)_x+\gamma_{eh}(x,y)_y\end{aligned}\right\}$	$\left.\begin{aligned}&S_{ev}(x,y)_x=\frac{\partial i_{ev}(x,y)_y}{\partial x}=\frac{i_{ev}(x,y)_x\cdot i_{ev}(x,y)_y}{W_{ev}(x,y)}\\&S_{ev}(x,y)_y=\frac{\partial i_{ev}(x,y)_y}{\partial y}=\frac{i_{ev}(x,y)_x\cdot i_{ev}(x,y)_y}{W_{ev}(x,y)}\\&S_{ev}(x,y)=S_{ev}(x,y)_x+S_{ev}(x,y)_y\\&\gamma_{ev}(x,y)_x=\frac{\partial u_{ev}(x,y)_y}{\partial x}=br_vS_{ev}(x,y)_x+\\&\qquad i_{ev}(x,y)_x\cot\theta_0\\&\gamma_{ev}(x,y)_y=\frac{\partial u_{ev}(x,y)_y}{\partial y}=br_vS_{ev}(x,y)_y\\&\gamma_{ev}(x,y)=\gamma_{ev}(x,y)_x+\gamma_{ev}(x,y)_y\end{aligned}\right\}$

表1-7(续)

方向	水平微元开采移动变形公式	竖直微元开采移动变形公式
任意方向	$i_{eh}(x,y)_{\phi}=\dfrac{\partial W_{eh}(x,y)}{\partial l}=i_{eh}(x,y)_{x}\cos\phi+$ 　　　　$i_{eh}(x,y)_{y}\sin\phi$ $u_{eh}(x,y)_{\phi}=u_{eh}(x,y)_{x}\cos\phi+u_{eh}(x,y)_{y}\sin\phi$ $\varepsilon_{eh}(x,y)_{\phi}=\dfrac{\partial u_{eh}(x,y)_{\phi}}{\partial l}=\varepsilon_{eh}(x,y)_{x}\cos^2\phi+$ 　　　　$\varepsilon_{eh}(x,y)_{y}\sin^2\phi+\gamma_{eh}(x,y)\sin\phi\cos\phi$ $K_{eh}(x,y)_{\phi}=\dfrac{\partial i_{eh}(x,y)_{\phi}}{\partial l}=K_{eh}(x,y)_{x}\cos^2\phi+$ 　　　　$K_{eh}(x,y)_{y}\sin^2\phi+S_{eh}(x,y)\sin\phi\cos\phi$	$i_{ev}(x,y)_{\phi}=\dfrac{\partial W_{ev}(x,y)}{\partial l}=i_{ev}(x,y)_{x}\cos\phi+$ 　　　　$i_{ev}(x,y)_{y}\sin\phi$ $u_{ev}(x,y)_{\phi}=u_{ev}(x,y)_{x}\cos\phi+u_{ev}(x,y)_{y}\sin\phi$ $\varepsilon_{ev}(x,y)_{\phi}=\dfrac{\partial u_{ev}(x,y)_{\phi}}{\partial l}=\varepsilon_{ev}(x,y)_{x}\cos^2\phi+$ 　　　　$\varepsilon_{ev}(x,y)_{y}\sin^2\phi+\gamma_{ev}(x,y)\sin\phi\cos\phi$ $K_{ev}(x,y)_{\phi}=\dfrac{\partial i_{ev}(x,y)_{\phi}}{\partial l}=K_{ev}(x,y)_{x}\cos^2\phi+$ 　　　　$K_{ev}(x,y)_{y}\sin^2\phi+S_{ev}(x,y)\sin\phi\cos\phi$

2）矢量法积分公式

岩体中任意点 $A(X,Y,Z)$ 的下沉表达式如下：

$$W_{(X,Y,Z)}=W_{\max}\iint_{S}W_e(x,y,z)\,\mathrm{d}S$$

地表任意点 $A(X,Y)$ 的下沉计算公式为

$$W(X,Y)=W_{\max}\Big[\iint_{S_h}W_{eh}(x,y)\,\mathrm{d}S_h+\iint_{S_v}W_{ev}(x,y)\,\mathrm{d}S_v\Big]$$

地表点 $A(X,Y)$ 沿走向 x、倾向 y 和任意方向 ϕ 倾斜、水平移动、水平变形、曲率、扭曲和剪应变的计算公式，可用通式表示：

$$P_{(X,Y,Z)}=W_{\max}\Big[\iint_{S_h}\rho_{eh}(x,y)\,\mathrm{d}S_h+\iint_{S_v}\rho_{ev}(x,y)\,\mathrm{d}S_v\Big]$$

式中　$\rho_{eh}(x,y)$、$\rho_{ev}(x,y)$——水平与竖直的单元分量开采地表相应的移动变形表达式。

地表最大下沉值按式（1-79）计算：

$$W_{\max}=\frac{qM}{f+(1-f)\dfrac{M}{k_vL_v}}\tag{1-79}$$

式中，$f=\dfrac{\cos\alpha}{\cos\alpha+\sin\alpha}$，$k_v=q_v/q$。

2. 采空区矢量法参数的确定

采空区矢量法预计中，移动预计参数有：

（1）水平分量开采、竖直分量开采下沉系数 q 和 q_v；

（2）水平分量开采、竖直分量开采水平移动系数 b 和 b_v；

（3）水平分量开采、竖直分量开采主要影响角正切 $\tan\beta$ 和 $\tan\beta_v$；

（4）任意倾角煤层开采影响传播角 θ_0；

（5）拐点偏移系数 k_i，按边或角点取偏向正（内偏）、负（外偏）。

这些参数可通过试算法进行确定，先根据地质参考资料类比，参照缓倾斜煤层的地表移动参数来确定水平分量开采的移动参数；然后根据实测数据，分别按移动盆地最大下沉点的位置、下沉幅度、水平移动幅度的顺序，逐步确定其他参数。表 1-8 中实测参数可供参考。

表 1-8　部分矿井采空区矢量法参数表

矿区矿名	倾角/(°)	平均采深/m	阶段垂高/m	采厚/m	开采方法	顶板管理方法	下沉系数 q，q_v	水平移动系数 b，b_v	主要影响角正切 $\tan\beta$，$\tan\beta_v$	开采影响传播角系数	拐点偏移距
淮南李嘴孜矿	45	123	58	1.1	分层开采	垮落法	0.427 0.013	0.25 0.375	1.35 1.08	0.52	0
北京大台矿	57~66	550~650	100	11.6~18.6	掩护支架、俯伪斜分段密集法	垮落法	0.70 0.02	0.30 0.40	1.20 1.60	90°-0.2α	0.06H
开滦马家沟矿	50~70	583	185	9 号:3.0;12 号:6.5	漏斗式炮采	垮落法	0.80 0.03	0.30 0.40	1.75 2.0	90°-0.7(90°-α)	0.05H
徐州大黄山矿	90	102	71	4.0	不详		0.83 0.021	0.30 0.33	1.40 1.82	90°	0

1.3.3　竖向积分法及参数确定

急倾斜煤层开采后的地表下沉盆地表现为瓢形下沉盆地和兜形下沉盆地。瓢形下沉盆地的地表移动与变形发生在顶板覆岩内，仍可采用等价工作面计算方法。兜形下沉盆地的地表移动与变形已扩展至煤层底板，可采用对深度积分的方法。各积分及参数计算见式（1-80）~式（1-90）。

下沉值：

$$W(x,y) = q \cdot \iiint\limits_{G} \frac{1}{r(z)^2} \cdot e^{-\pi \frac{(\eta-x)^2+(\zeta-y)^2}{r(z)^2}} \cdot d\eta \cdot d\zeta \cdot dz \qquad (1-80)$$

倾斜值：

$$i_x(x,y) = q \cdot \iiint\limits_{G} \frac{2 \cdot \pi \cdot (\eta-x)}{r(z)^4} \cdot e^{-\pi \frac{(\eta-x)^2+(\zeta-y)^2}{r(z)^2}} \cdot d\eta \cdot d\zeta \cdot dz \qquad (1-81)$$

$$i_y(x,y) = q \cdot \iiint\limits_{G} \frac{2 \cdot \pi \cdot (\zeta-y)}{r(z)^4} \cdot e^{-\pi \frac{(\eta-x)^2+(\zeta-y)^2}{r(z)^2}} \cdot d\eta \cdot d\zeta \cdot dz \qquad (1-82)$$

曲率：

$$K_x(x,y) = q \cdot \iiint_G \frac{2 \cdot \pi}{r(z)^4} \left[\frac{2 \cdot \pi \cdot (\eta-x)^2}{r(z)^2} - 1\right] \cdot e^{-\pi \frac{(\eta-x)^2+(\zeta-y)^2}{r(z)^2}} \cdot d\eta \cdot d\zeta \cdot dz$$

$$(1-83)$$

$$K_y(x,y) = q \cdot \iiint_G \frac{2 \cdot \pi}{r(z)^4} \left[\frac{2 \cdot \pi \cdot (\zeta-y)^2}{r(z)^2} - 1\right] \cdot e^{-\pi \frac{(\eta-x)^2+(\zeta-y)^2}{r(z)^2}} \cdot d\eta \cdot d\zeta \cdot dz$$

$$(1-84)$$

水平移动：

$$U_x(x,y) = b \cdot q \cdot \iiint_G \frac{2 \cdot \pi \cdot (\eta-x)}{r(z)^3} \cdot e^{-\pi \frac{(\eta-x)^2+(\zeta-y)^2}{r(z)^2}} \cdot d\eta \cdot d\zeta \cdot dz$$

$$(1-85)$$

$$U_y(x,y) = b \cdot q \cdot \iiint_G \frac{2 \cdot \pi \cdot (\zeta-y)}{r(z)^3} \cdot e^{-\pi \frac{(\eta-x)^2+(\zeta-y)^2}{r(z)^2}} \cdot d\eta \cdot d\zeta + W_y(x,y) \cdot \cot\theta_0$$

$$(1-86)$$

水平变形：

$$\varepsilon_x(x,y) = b \cdot q \cdot \iiint_G \frac{2 \cdot \pi}{r(z)^3} \left[\frac{2 \cdot \pi \cdot (\eta-x)^2}{r(z)^2} - 1\right] \cdot e^{-\pi \frac{(\eta-x)^2+(\zeta-y)^2}{r(z)^2}} \cdot d\eta \cdot d\zeta \cdot dz$$

$$(1-87)$$

$$\varepsilon_y(x,y) = b \cdot q \cdot \iiint_G \frac{2 \cdot \pi}{r(z)^3} \left[\frac{2 \cdot \pi \cdot (\zeta-y)^2}{r(z)^2} - 1\right] \cdot e^{-\pi \frac{(\eta-x)^2+(\zeta-y)^2}{r(z)^2}} \cdot$$

$$d\eta \cdot d\zeta \cdot dz + i_y(x,y) \cdot \cot\theta_0 \qquad (1-88)$$

扭曲：

$$S(x,y) = q \cdot \iiint_G \frac{4 \cdot \pi^2 \cdot (\eta-x)(\zeta-y)}{r(z)^6} \cdot e^{-\pi \frac{(\eta-x)^2+(\zeta-y)^2}{r(z)^2}} \cdot d\eta \cdot d\zeta \cdot dz$$

$$(1-89)$$

剪切变形：

$$\gamma(x,y) = 2 \cdot b \cdot q \cdot \iiint_G \frac{4 \cdot \pi^2 \cdot (\zeta-y) \cdot (\eta-x)}{r(z)^5} \cdot e^{-\pi \frac{(\eta-x)^2+(\zeta-y)^2}{r(z)^2}} \cdot$$

$$d\eta \cdot d\zeta \cdot dz + i_x(x,y) \cdot \cot\theta_0 \qquad (1-90)$$

式中　$r(z)$——深度为 z 处的主要影响半径，m；

　　　G——开采空间；

　　　q——下沉系数，对于急倾斜煤层（$\alpha > 75°$）为下沉盆地体积与开采煤层体积的比值；

　　　b——水平移动系数；

x，y——计算点相对坐标（考虑拐点偏移距），m；

　　θ_0——开采影响传播角，（°）；

$i_x(x,y)$、$K_x(x,y)$、$U_x(x,y)$、$\varepsilon_x(x,y)$——地表任意点走向方向的倾斜
　　值（mm/m）、曲率值（10^{-3}/m）、水平移动值（mm）和水平变形值
　　（mm/m），走向断面上（平面图倾斜方向指向下方）倾斜和水平移动
　　方向向右为正，向左为负；正曲率和拉伸为正，负曲率和压缩为负；

$i_y(x,y)$、$K_y(x,y)$、$U_y(x,y)$、$\varepsilon_y(x,y)$——地表任意点倾向方向的倾斜
　　值（mm/m）、曲率值（10^{-3}/m）、水平移动值（mm）和水平变
　　形值（mm/m），倾向断面上倾斜和水平移动方向向上山方向为
　　正，向下山方向为负；正曲率和拉伸为正，负曲率和压缩为负。

预计参数的确定同概率积分法。

1.3.4　传播角积分法及参数确定

1. 基于开采影响传播角变化的沉陷模型

适用于急倾斜特厚煤层（$M > 10$ m，$\alpha > 45°$）水平/斜切分层开采方法。

在倾向主断面上，影响传播角按式（1-91）或者式（1-92）计算（图
1-6）。

$$\theta_0(x) = \theta_{01} + \frac{x}{l}(\theta_{02} - \theta_{01}) \qquad (1-91)$$

或　　　　　$$\theta_0(x) = 90° - \left[k_1 + \frac{x}{l}(k_2 - k_1) \right]\alpha \qquad (1-92)$$

式中　　θ_{01}——顶板单元的开采影响传播角，$\theta_{01} = 90° - k_1\alpha$，（°）；

　　　　θ_{02}——底板单元的开采影响传播角，$\theta_{02} = 90° - k_2\alpha$，（°）；

　　k_1、k_2——顶、底板单元的开采影响传播角系数；

　　　　　l——分层开采工作面的长度；

　　　　　α——煤层倾角；

　　　　　x——开采单元距顶板的水平距离。

单元开采岩层下沉盆地的表达式见式（1-93）：

$$W_e(x,z) = \frac{1}{r_z}\exp\left\{ -\frac{\pi\left[x - z \cdot \cot\theta_0(x) \right]^2}{r_z^2} \right\}$$

$$= \frac{1}{r_z}\exp\left\{ -\frac{\pi\left[x - z \cdot \cot\left(90° - \left(k_1 + \frac{x}{l}(k_2 - k_1)\alpha \right) \right) \right]^2}{r_z^2} \right\} \qquad (1-93)$$

式中　$W_e(x,z)$——单元开采引起（x，z）点的下沉值，mm；

　　　　r_z——覆岩距工作面深度为 z 位置的下沉盆地主要影响半径，m。

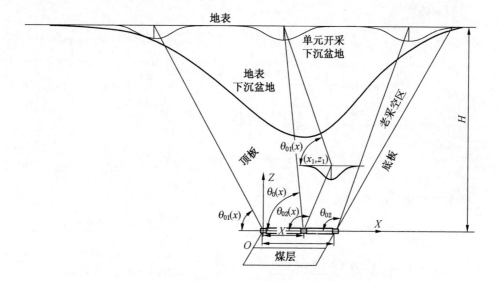

图 1 - 6 基于影响传播角的单元开采地表下沉示意图

对于地表 $(z = h,\ r_z = r)$ 下沉盆地的表达式见式（1 - 94）。

$$W_e(x) = \frac{1}{r}\exp\left\{-\frac{\pi\left[x - h \cdot \cot\left(90° - \left(k_1 + \frac{x}{l}(k_2 - k_1)\alpha\right)\right)\right]^2}{r^2}\right\} \quad (1 - 94)$$

2. 地表移动变形计算公式

全盆地地表移动变形值按式（1 - 95）~式（1 - 103）计算：

下沉值：

$$W(x,y) = W_{\max}\iint\limits_D \frac{1}{r^2}\exp\left\{-\pi\frac{[x - \eta + h \cdot \cot\theta_0(\eta)]^2 + (y - \xi)^2}{r^2}\right\}\mathrm{d}\eta\mathrm{d}\xi$$

$$(1 - 95)$$

倾斜值：

$$i_x(x,y) = \frac{\partial W(x,y)}{\partial x} = W_{\max}\iint\limits_D \frac{2\pi[\eta - x - h \cdot \cot\theta_0(\eta)]}{r^4}\exp$$

$$\left\{-\pi\frac{[x - \eta + h \cdot \cot\theta_0(\eta)]^2 + (y - \xi)^2}{r^2}\right\}\mathrm{d}\eta\mathrm{d}\xi \quad (1 - 96)$$

$$i_y(x,y) = \frac{\partial W(x,y)}{\partial y} = W_{\max}\iint\limits_D \frac{2\pi(\xi - y)}{r^4}\exp\left\{-\pi\frac{[x - \eta + h \cdot \cot\theta_0(\eta)]^2 + (y - \xi)^2}{r^2}\right\}\mathrm{d}\eta\mathrm{d}\xi$$

$$(1 - 97)$$

曲率值：

$$k_x(x,y) = \frac{\partial^2 W(x,y)}{\partial x^2} = W_{max} \iint_D \frac{2\pi}{r^4} \left\{ \frac{2\pi [x-\eta+h\cdot\cot\theta_0(\eta)]^2}{r^2} - 1 \right\} \times$$

$$\exp\left\{ -\pi \frac{[x-\eta+h\cdot\cot\theta_0(\eta)]^2+(y-\xi)^2}{r^2} \right\} \mathrm{d}\eta\mathrm{d}\xi \qquad (1-98)$$

$$k_y(x,y) = \frac{\partial^2 W(x,y)}{\partial y^2} = W_{max} \iint_D \frac{2\pi}{r^4} \left[\frac{2\pi(\xi-y)^2}{r^2} - 1 \right] \times$$

$$\exp\left\{ -\pi \frac{[x-\eta+h\cdot\cot\theta_0(\eta)]^2+(y-\xi)^2}{r^2} \right\} \mathrm{d}\eta\mathrm{d}\xi \qquad (1-99)$$

水平移动值：

$$U_x(x,y) = bri_x(x,y) + 1.6W(x,y)\cdot\cot\theta_0(x) = W_{max} \iint_D \frac{2\pi b[\eta-x-h\cdot\cot\theta_0(\eta)]}{r^3} \exp$$

$$\left\{ -\pi \frac{[x-\eta+h\cdot\cot\theta_0(\eta)]^2+(y-\xi)^2}{r^2} \right\} \mathrm{d}\eta\mathrm{d}\xi + 1.6W(x,y)\cdot\cot\theta_0(x)$$

$$(1-100)$$

$$U_y(x,y) = bri_y(x,y) = W_{max} \iint_D \frac{2\pi(\xi-y)}{r^4} \times \exp$$

$$\left\{ -\pi \frac{[x-\eta+h\cdot\cot\theta_0(\eta)]^2+(y-\xi)^2}{r^2} \right\} \mathrm{d}\eta\mathrm{d}\xi \qquad (1-101)$$

水平变形值：

$$\varepsilon_x(x,y) = \frac{\partial U_x(x,y)}{\partial y} + i_x(x,y)\cot\theta_0(x)$$

$$= W_{max} \iint_D \frac{2\pi b}{r^3} \left\{ \frac{2\pi[x-\eta+h\cdot\cot\theta_0(\eta)]^2}{r^2} - 1 \right\} \exp$$

$$\left\{ -\pi \frac{[x-\eta+h\cdot\cot\theta_0(\eta)]^2+(y-\xi)^2}{r^2} \right\} \mathrm{d}\eta\mathrm{d}\xi + i_x(x,y)\cot\theta_0(x)$$

$$(1-102)$$

$$\varepsilon_y(x,y) = \frac{\partial U_y(x,y)}{\partial y} = W_{max} \iint_D \frac{2\pi b}{r^3} \left[\frac{2\pi(\xi-y)^2}{r^2} - 1 \right] \exp$$

$$\left\{ -\pi \frac{[x-\eta+h\cdot\cot\theta_0(\eta)]^2+(y-\xi)^2}{r^2} \right\} \mathrm{d}\eta\mathrm{d}\xi \qquad (1-103)$$

式中　η、ξ——积分变量；

x、y——任意点坐标，m；

W_{fm}——非充分采动下地表最大下沉值，mm。

地表最大下沉值按下式计算:

$$W_{fm} = q_{fc}M_{fc}\cos\alpha_{fc}$$

式中　q_{fc}——分层开采下沉系数;

　　　M_{fc}——分层开采厚度,m;

　　　α_{fc}——分层工作面倾角,(°)。

3. 预计参数的确定方法

1) 下沉系数和开采充分度系数

下沉系数 q_{fc} 与开采充分度系数 k_M 符合如下的玻尔兹曼函数关系:

下沉系数:　　　　　$q_{fc} = q\left[1 - \dfrac{1}{1 + e^{(k_M - A_3)/A_4}}\right]$

开采充分度系数:　　　　$k_M = \dfrac{M}{H\sin\alpha}$

式中　　　q_{fc}——分层开采下沉系数,为地表最大下沉值与水平分层开采厚度的
　　　　　　　比值;

　　　　　k_M——开采充分度系数;

　　　　　q——分层充分开采下沉系数;

　　　　　M——煤层厚度,m;

　　　　　H——工作面下边界采深,m;

　　　A_3、A_4——待定参数,由实测最大下沉值 W_{max} 按照以下方法计算的下沉系
　　　　　　　数 q_{fc} 与开采充分度系数 k_M 拟合得到。

$$q_{fc} = \dfrac{W_{fm}}{M_{fc}\cos\alpha_{fc}}$$

2) 水平移动系数

$$b = U^0_{fm走向} / W^0_{fm}$$

由实测走向最大水平移动 $U^0_{fm走向}$ 与实测地表最大下沉 W^0_{fm} 的比值确定。

3) 主要影响角正切

$$\tan\beta = \dfrac{H}{r}$$

4) 拐点偏移系数

$$k_s = S/H$$

拐点偏移分顶板、底板、走向边界拐点偏移距 S_1、S_2 和 S_3。

5) 开采影响传播角

即地表顶板(底板)侧移动边界和计算开采边界(考虑拐点偏移距)的连
线与水平线之间在顶板(底板)侧所夹的角。顶、底板侧的开采影响传播角

θ_{01}、θ_{02} 可近似取顶、底板边界角值，并表示为煤层倾角的关系：

$$\theta_0 = 90° - k\alpha$$

窑街矿区三矿特厚急倾斜煤层水平分层综放开采地表移动实测参数见表 1-9。

表 1-9 地表移动预计参数确定

预计参数名称	符号	参 数 拟 合 值			
		五采区 5521-13	六采区 5624-6	六采区 5624-10	六采区 5624-11
下沉系数	q_{fc}	0.1507	0.0396	0.0187	0.0143
水平移动系数	b	0.40	0.40	0.40	0.40
主要影响角正切	$\tan\beta$	1.0	1.0	1.0	1.0
开采影响传播角系数（顶板）	k_1	0.16	0.55	0.55	0.55
开采影响传播角系数（底板）	k_2	0.70	0.70	0.70	0.70
拐点偏移系数（顶板）	k_{s1}	0.10	0.10	0.10	0.10
拐点偏移系数（底板）	k_{s2}	0.04	0.04	0.04	0.04
拐点偏移系数（走向）	k_{s3}	0.04	0.04	0.04	0.04

1.4 条带开采地表移动变形计算及其参数求取方法

条带开采地表移动变形计算可采用概率积分法计算，具体计算模式有两种。

1.4.1 按条带开采区整体计算及其参数求取

条带开采区包括采出条带与留设条带煤柱，将整个条带开采区作为计算区域采用概率积分法计算地表移动和变形。此时概率积分法计算参数应根据面积采出率及采出条带宽度、留设条带煤柱宽度进行选取。

一般可采用类似条件矿区实测条带开采参数类比确定；或在全部垮落法开采时概率积分法计算参数基础上进行修正确定，可按以下经验公式计算。

1. 条带开采区下沉系数的计算

条带开采区下沉系数按式（1-104）和式（1-105）计算求出：

$$q_{条}/q = 4.52 M^{-0.78} \cdot \rho^{2.13} \cdot \left(\frac{b}{H}\right)^{0.603} \tag{1-104}$$

或
$$q_条/q = 0.2663e^{-0.5753M} \cdot \rho^{2.6887} \cdot \ln\left(\frac{bH}{a}\right) + 0.0336 \qquad (1-105)$$

式中　$q_条$——条带开采区下沉系数;

　　　　ρ——条带开采区面积采出率, $\rho = \dfrac{b}{a+b}$;

　　　　b——条带开采宽度, m;

　　　　a——条带煤柱宽度, m;

　　　　H——条带开采深度, m。

2. 条带开采区水平移动系数的计算

条带开采区水平移动系数按式 (1-106) 计算求出:

$$\frac{b_条}{b} = -0.0002\frac{H(a+b)}{b} + 0.8786 \qquad (1-106)$$

3. 条带开采区主要影响角正切的计算

条带开采区主要影响角正切按式 (1-107) 计算求出:

$$\frac{\tan\beta_条}{\tan\beta} = 0.7847e^{-0.0012PH} \qquad (1-107)$$

式中　P——上覆岩层综合评价系数。

4. 条带开采区拐点偏移距的计算

条带开采区拐点偏移距按式 (1-108) 计算求出:

$$S_条 = 0.0673\frac{b^2 H}{a(a+b)} + 2.564 \qquad (1-108)$$

5. 条带开采区开采影响传播角的计算

条带开采区开采影响传播角可取用类似地质条件下全部垮落法开采时的开采影响传播角。

1.4.2　按多个条带工作面叠加计算及其参数求取

分别将各条带开采工作面 (窄长壁工作面) 作为计算区域采用概率积分法计算地表移动和变形;通过叠加获得整个条带开采区的地表移动和变形。此时各条带工作面的概率积分法计算参数应根据其工作面尺寸及充分采动程度进行调整。

各条带工作面尺寸较小,通常属于非充分采动条件 (坚硬覆岩 $L_\theta/H_0 \leqslant$ 1.2,中硬覆岩 $L_\theta/H_0 \leqslant 0.8$,软弱覆岩 $L_\theta/H_0 \leqslant 0.5$; L_θ 为条带工作面宽度按开采影响传播角 θ 向地平面的投影长度, m; H_0 为平均采深, m)。此时, 应分别采用坚硬、中硬和软弱覆岩的非充分采动参数与对应的充分采动条件参数的比值 ($\tan\beta_{fm}/\tan\beta$、S_{fm}/S、q_{fm}/q) 与 L_θ/H_0 比值的关系对各参数进行修正。$\tan\beta_{fm}/\tan\beta$、S_{fm}/S、q_{fm}/q 与 L_θ/H_0 比值的关系如图 1-7 ~ 图 1-9 所

示。

　　水平移动系数和开采影响传播角与工作面尺寸的关系不明显。

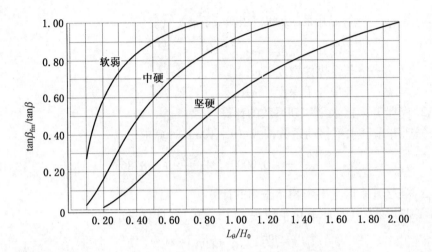

图 1-7　$\tan\beta_{fm}/\tan\beta$ 与 L_{θ}/H_0 的关系图

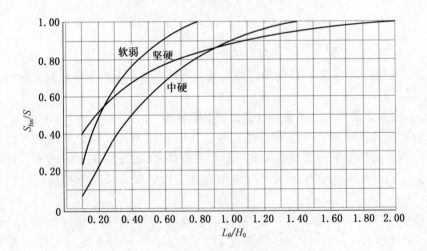

图 1-8　S_{fm}/S 与 L_{θ}/H_0 的关系图

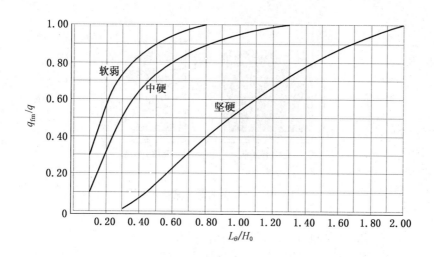

图 1-9　q_{fm}/q 与 L_θ/H_0 的关系图

1.5　充填开采地表移动变形计算及其参数求取方法

充填开采地表移动变形计算可采用概率积分法计算，具体计算模式有按实际采高计算充填开采地表移动变形与按等效采高计算充填开采地表移动变形两种。

1.5.1　按实际采高计算充填开采地表移动变形

计算采高采用工作面实际采高。此时，概率积分法计算参数采用充填开采地表移动观测站实测资料反演获得，或依据地质采矿条件和充填工艺及充填效果类比获得。

1.5.2　按等效采高计算充填开采地表移动变形

所谓等效采高，是指实际采高与充分压实后的充填体厚度之差。如图 1-10 所示，图中 M_d 为充填开采等效采高。

可应用等效采高代替实际采高进行地表移动变形计算。此时，概率积分法计算参数可以采用本矿区薄煤层垮落法开采条件下的实测参数，其中下沉系数应增大 5% ~ 10%。

等效采高可采用以下两种方法计算。

1. 按实际充填效果计算等效采高

按实际充填效果计算等效采高时，其等效采高根据式（1-109）计算：

$$M_d = (M - \delta - \Delta)\eta + \delta + \Delta \qquad (1-109)$$

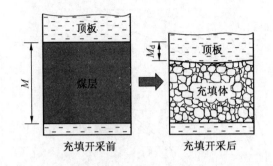

图 1 – 10　充填开采等效采高示意图

式中　　δ——充填前顶底板移近量，mm；

　　　　Δ——充填体未接顶距离，mm；

　　　　η——充填体的压缩率，% ；

　　　　M——煤层采高，mm；

　　　　M_d——等效采高，mm。

　2. 按设计充实率计算等效采高

　按设计充实率计算等效采高时，其等效采高根据式（1 – 110）计算：

$$M_d = M(1 - \rho) \tag{1 – 110}$$

式中　ρ——工作面设计充实率，指充分压实后的充填体厚度与实际采高的比值，% 。

2　近水体采煤的安全煤（岩）柱厚度计算方法

2.1　水体下采煤的安全煤（岩）柱厚度计算方法

2.1.1　垮落带和导水裂缝带高度的计算

2.1.1.1　缓倾斜（0°~35°）、倾斜（36°~54°）煤层

根据我国缓倾斜、倾斜煤层垮落带、导水裂缝带高度的实测资料，归纳出以下计算公式。

1. 垮落带高度

（1）如果煤层顶板覆岩内有极坚硬岩层，采后能形成悬顶时，其下方的垮落带最大高度可采用式（2-1）计算：

$$H_k = \frac{M}{(K-1)\cos\alpha} \qquad (2-1)$$

式中　M——煤层采厚，m；

　　　K——垮落岩石碎胀系数；

　　　α——煤层倾角，（°）。

（2）当煤层顶板覆岩内为坚硬、中硬、软弱、极软弱岩层或其互层时，单一煤层开采的垮落带最大高度可采用式（2-2）计算：

$$H_k = \frac{M-W}{(K-1)\cos\alpha} \qquad (2-2)$$

式中　W——垮落过程中顶板的下沉值，m。

（3）当煤层顶板覆岩内为坚硬、中硬、软弱、极软弱岩层或其互层时，厚煤层分层开采的垮落带最大高度可采用表2-1中的公式计算。采厚小于或等于3 m的单一煤层开采的垮落带高度参考表2-1中的公式计算。

表2-1　厚煤层分层开采的垮落带高度计算公式

覆岩岩性（单向抗压强度及主要岩石名称）	计算公式/m
坚硬（40~80 MPa，石英砂岩、石灰岩、砾岩）	$H_k = \dfrac{100\sum M}{2.1\sum M + 16} \pm 2.5$

表 2 - 1（续）

覆岩岩性（单向抗压强度及主要岩石名称）	计算公式/m
中硬（20~40 MPa，砂岩、泥质灰岩、砂质页岩、页岩）	$H_k = \dfrac{100 \sum M}{4.7 \sum M + 19} \pm 2.2$
软弱（10~20 MPa，泥岩、泥质砂岩）	$H_k = \dfrac{100 \sum M}{6.2 \sum M + 32} \pm 1.5$
极软弱（<10 MPa，铝土岩、风化泥岩、黏土、砂质黏土）	$H_k = \dfrac{100 \sum M}{7.0 \sum M + 63} \pm 1.2$

注：1. $\sum M$—累计采厚，m。

　　2. 公式应用范围：单层采厚 1~3 m，累计采厚不超过 15 m。

（4）当煤层顶板覆岩内为坚硬、中硬、软弱岩层或其互层时，厚煤层放顶煤开采的垮落带最大高度可参考表 2 - 2 中的公式计算。

表 2 - 2　厚煤层放顶煤开采的垮落带高度计算公式　　　　　　m

覆岩岩性	计 算 公 式	覆岩岩性	计 算 公 式
坚硬	$H_k = 7M + 5$	软弱	$H_k = 5M + 5$
中硬	$H_k = 6M + 5$		

注：1. M—采厚，m。

　　2. 公式应用范围：采厚 3.0~10 m。

2. 导水裂缝带高度

（1）当煤层覆岩内为坚硬、中硬、软弱、极软弱岩层或其互层时，厚煤层分层开采的导水裂缝带最大高度可选用表 2 - 3 中的公式计算。采厚小于或等于 3 m 的单一煤层开采的导水裂缝带最大高度可参考表 2 - 3 中的公式计算。

表 2 - 3　厚煤层分层开采的导水裂缝带高度计算公式　　　　　　m

覆岩岩性	计 算 公 式 之 一	计 算 公 式 之 二
坚硬	$H_{li} = \dfrac{100 \sum M}{1.2 \sum M + 2.0} \pm 8.9$	$H_{li} = 30 \sqrt{\sum M} + 10$
中硬	$H_{li} = \dfrac{100 \sum M}{1.6 \sum M + 3.6} \pm 5.6$	$H_{li} = 20 \sqrt{\sum M} + 10$
软弱	$H_{li} = \dfrac{100 \sum M}{3.1 \sum M + 5.0} \pm 4.0$	$H_{li} = 10 \sqrt{\sum M} + 5$
极软弱	$H_{li} = \dfrac{100 \sum M}{5.0 \sum M + 8.0} \pm 3.0$	

注：1. $\sum M$—累计采厚，m。

　　2. 公式应用范围：单层采厚 1~3 m，累计采厚不超过 15 m。

（2）当煤层覆岩内为坚硬、中硬、软弱岩层或其互层时，厚煤层放顶煤开采的导水裂缝带最大高度可选用表 2 -4 中的公式计算。

表 2 -4　厚煤层放顶煤开采的导水裂缝带高度计算公式　　　　　　m

岩　性	计算公式之一	计算公式之二
坚硬	$H_{li} = \dfrac{100M}{0.15M + 3.12} \pm 11.18$	$H_{li} = 30M + 10$
中硬	$H_{li} = \dfrac{100M}{0.23M + 6.10} \pm 10.42$	$H_{li} = 20M + 10$
软弱	$H_{li} = \dfrac{100M}{0.31M + 8.81} \pm 8.21$	$H_{li} = 10M + 10$

注：1. M—采厚，m。

　　2. 公式应用范围：采厚 3.0 ~ 10 m。

2.1.1.2　急倾斜（55° ~ 90°）煤层

煤层顶、底板为坚硬、中硬、软弱岩层，用垮落法开采时的垮落带和导水裂缝带高度可用表 2 -5 中的公式计算。

表 2 -5　急倾斜煤层导水裂缝带和垮落带高度计算公式　　　　　　m

覆岩岩性	导水裂缝带高度	垮落带高度
坚硬	$H_{li} = \dfrac{100Mh}{4.1h + 133} \pm 8.4$	$H_k = (0.4 ~ 0.5)H_{li}$
中硬、软弱	$H_{li} = \dfrac{100Mh}{7.5h + 293} \pm 7.3$	$H_k = (0.4 ~ 0.5)H_{li}$

注：h—回采阶段垂高，m。

2.1.2　保护层厚度的选取

2.1.2.1　厚煤层分层开采和采高小于或等于 3.0 m 的单层开采

　　1. 防水安全煤（岩）柱保护层厚度

防水安全煤（岩）柱的保护层厚度，可根据有无松散层及其中黏性土层厚度按表 2 -6 所列的数值选取。

　　2. 防砂安全煤（岩）柱保护层厚度

防砂安全煤（岩）柱的保护层厚度，可根据表 2 -7 所列的数值选取。

表2-6　防水安全煤（岩）柱保护层厚度　　　　　　　　　m

覆岩岩性	松散层底部黏性土层厚度大于累计采厚	松散层底部黏性土层厚度小于累计采厚	松散层全厚小于累计采厚	松散层底部无黏性土层
坚硬	4A	5A	6A	7A
中硬	3A	4A	5A	6A
软弱	2A	3A	4A	5A
极软弱	2A	2A	3A	4A

注：$A = \dfrac{\sum M}{n}$，$\sum M$—累计采厚，n—分层层数。

表2-7　防砂安全煤（岩）柱保护层厚度　　　　　　　　　m

覆岩岩性	松散层底部黏性土层或弱含水层厚度大于累计采厚	松散层全厚大于累计采厚
坚硬	4A	2A
中硬	3A	2A
软弱	2A	2A
极软弱	2A	2A

注：$A = \dfrac{\sum M}{n}$，$\sum M$—累计采厚，n—分层层数。

2.1.2.2　厚煤层放顶煤开采和采高大于3 m 的单层开采

1. 防水安全煤（岩）柱保护层厚度

根据有无松散层、松散层中黏性土层的厚度、覆岩岩性等，综合确定保护层的厚度，一般取 3～6 倍的煤层采厚（$H_b = 3M \sim 6M$）。

2. 防砂安全煤（岩）柱保护层厚度

当覆岩岩性为中硬或坚硬岩性时，保护层厚度取 3 倍的煤层采厚（$H_b = 3M$），但一般不小于 15 m；当覆岩岩性为软弱或极软弱岩性时，保护层厚度取 2 倍的煤层采厚（$H_b = 2M$），但一般不小于 10 m。

2.1.2.3　急倾斜（55°～90°）煤层开采

急倾斜煤层防水及防砂安全煤（岩）柱保护层厚度可按表 2-8 中的数值选取。

表2-8 急倾斜煤层防水及防砂安全煤（岩）柱保护层厚度

覆岩岩性	55°~70°				71°~90°			
	a	b	c	d	a	b	c	d
坚硬	15	18	20	22	17	20	22	24
中硬	10	13	15	17	12	15	17	19
软弱	5	8	10	12	7	10	12	14

注：a－松散层底部黏性土层大于累计采厚。

b－松散层底部黏性土层小于累计采厚。

c－松散层全厚为小于累计采厚的黏性土层。

d－松散层底部无黏性土层。

2.1.3 近距离煤层垮落带和导水裂缝带高度的计算

（1）上、下两层煤的最小垂距 h 大于回采下层煤的垮落带高度 H_{k2} 时，上、下层煤的导水裂缝带最大高度可按上、下层煤的厚度分别选用表2-3或表2-4中的公式计算，取其中标高最高者作为两层煤的导水裂缝带最大高度（图2-1a）。

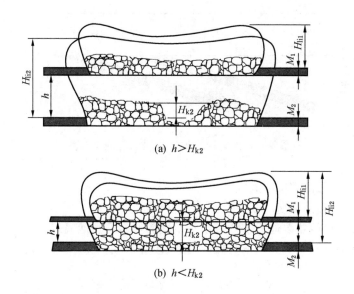

(a) $h > H_{k2}$

(b) $h < H_{k2}$

图2-1 近距离煤层导水裂缝带高度计算

（2）下层煤的垮落带接触到或完全进入上层煤范围内时，上层煤的导水裂缝带最大高度（H_{li1}）采用本层煤的开采厚度计算；下层煤的导水裂缝带最大高度（H_{li2}）应采用上、下层煤的综合开采厚度计算（但若当下层煤的开采厚度大于上层煤时，则下层煤的导水裂缝带最大高度应当取按照综合开采厚度和下层煤开采厚度二者计算的最大值）。最后取其中标高最高者为两层煤的导水裂缝带最大高度（图 2 – 1b）。

上、下层煤的综合开采厚度可按式（2 – 3）计算：

$$M_z = M_2 + \left(M_1 - \frac{h_{1-2}}{y_2} \right) \qquad (2-3)$$

式中　　M_1——上层煤开采厚度，m；

　　　　M_2——下层煤开采厚度，m；

　　　h_{1-2}——上、下层煤之间的法线距离，m；

　　　　y_2——下层煤的垮落带高度与采厚之比。

（3）如果上、下层煤之间的距离很小时（图 2 – 2），则综合开采厚度为累计厚度，即

$$M_z = M_1 + M_2$$

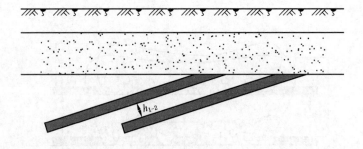

图 2 – 2　缓倾斜近距离煤层的综合开采厚度

2.1.4　其他参数的选取与确定

2.1.4.1　地表裂缝深度（H_{dili}）

地表裂缝深度主要通过实测获得本矿区的经验值。地表裂缝深度与岩性及采深采厚比等因素有关。我国部分煤矿地表裂缝深度的实测结果见表 2 – 9。

表 2 – 9　部分煤矿地表裂缝深度实测资料

矿区或矿名	采深采厚比	裂缝处岩（土）性	裂缝深度/m	附　注
阜新清河门矿		松散层	0.4 ~ 0.6	直接量测
开滦唐家庄矿		松散层	5.0 ~ 6.0	直接量测

表2-9（续）

矿区或矿名	采深采厚比	裂缝处岩（土）性	裂缝深度/m	附　注
开滦范各庄矿		松散层	1.76	直接量测
辽源胜利矿		松散层	5.0	直接量测
抚顺胜利矿		松散层	7.0~8.0	直接量测
新汶孙村矿		松散层	2.5~3.0	直接量测
枣庄柴里矿	11~12	松散层（砂质黏土）	6.0~10.0	直接量测
扎赉诺尔矿		松散层（砂质黏土）	1.9~2.0	直接量测
淮南毕家岗矿		松散层（砂质黏土）	2.8~3.0	槽探
合山柳花领矿	30~40	松散层（砂质黏土）	2.1~4.1	槽探结果
淮南李咀孜矿	18~34	松散层（砂质黏土）	2.0~3.0	槽探结果
峰峰通二矿	40~80	松散层（砂质黏土）	6.0~8.0	深沟观测
峰峰通二矿	19	松散层（黏土，亚黏土）	>10.0	槽探结果
潞安五阳矿	35	松散层（黄土）	15.0	直接量测

2.1.4.2 基岩风化带厚度（H_{fe}）

通过煤矿水文地质勘探获得基岩风化带的厚度和富水性。当风化带富水性达到中等及以上时，则需要将该含水层厚度纳入安全煤（岩）柱的计算中。

2.1.5 水体下采煤的安全煤（岩）柱设计

2.1.5.1 防水安全煤（岩）柱设计

留设防水安全煤（岩）柱的目的是不允许导水裂缝带波及水体。防水安全煤（岩）柱的垂高（H_{sh}）应当大于或者等于导水裂缝带的最大高度（H_{li}）加上保护层厚度（H_b），如图2-3所示，即

$$H_{sh} \geq H_{li} + H_b$$

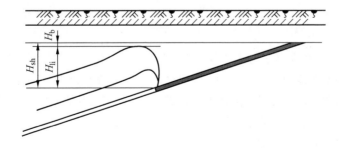

图2-3　防水安全煤（岩）柱设计示意图

如果煤系地层无松散层覆盖和采深较小时，还应当考虑地表裂缝深度（H_{dili}），如图 2-4 所示，此时

$$H_{sh} \geqslant H_{li} + H_b + H_{dili}$$

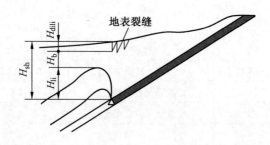

图 2-4　煤系地层无松散层覆盖时防水安全煤（岩）柱设计示意图

如果松散含水层富水性为强或者中等，且直接与基岩接触，而基岩风化带亦含水，则应当考虑基岩风化含水层带深度（H_{fe}），如图 2-5 所示，此时

$$H_{sh} \geqslant H_{li} + H_b + H_{fe}$$

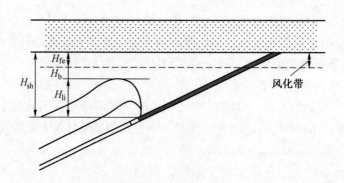

图 2-5　基岩风化带含水时防水安全煤（岩）柱设计示意图

2.1.5.2　防砂安全煤（岩）柱计算

留设防砂安全煤（岩）柱的目的是允许导水裂缝带波及松散弱含水层或者已疏干的松散强含水层，但不允许垮落带接近松散层底部。防砂安全煤（岩）柱垂高（H_s）应当大于或者等于垮落带的最大高度（H_k）加上保护层厚度（H_b），如图 2-6 所示，即

$$H_s \geqslant H_k + H_b$$

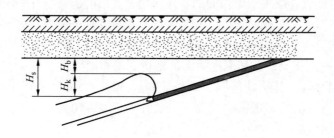

图 2 - 6　防砂安全煤（岩）柱设计示意图

2.1.5.3　防塌安全煤（岩）柱计算

留设防塌安全煤（岩）柱的目的是不仅允许导水裂缝带波及松散弱含水层或者已疏干的松散含水层，同时允许垮落带接近松散层底部。防塌安全煤（岩）柱垂高（H_t）应当等于或者接近于垮落带的最大高度（H_k），如图 2 - 7 所示，即 $H_t \approx H_k$。

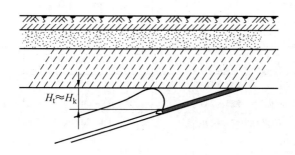

图 2 - 7　防塌安全煤（岩）柱设计示意图

对于急倾斜（55°~90°）煤层，由于安全煤（岩）柱不稳定，因此上述留设方法不适用。

2.2　水体上采煤的安全煤（岩）柱留设参数计算方法

2.2.1　防水安全煤（岩）柱参数的计算

2.2.1.1　底板采动导水破坏带深度（h_1）的计算

底板采动导水破坏带是指煤层底板岩层受采动影响而产生的采动导水裂隙的范围，其值为自煤层底板至采动破坏带最深处的法线距离。底板采动导水破坏带深度可通过现场观测获得。我国煤矿的观测结果表明，简单开采地质条件下，底板采动破坏程度主要取决于工作面的矿压作用，其影响因素有开采深度、煤层倾角、煤层开采厚度、工作面长度、开采方法和顶板管理方法等。另外还与底板岩层的抗破坏能力（包括岩石强度、岩层组合及原始裂隙发育状况等）有关。表 2 - 10 列出了与底板采动破坏深度关系最密切的工作面斜长、采深、采厚和倾角等因素的实测参数，其统计范围：工作面斜长 30 ~ 205 m，采深 100 ~ 1000 m，倾角 4° ~ 30°，一次采高 0.9 ~ 5.4 m（分层开采总厚＜10 m）。

1. 统计公式法

（1）仅考虑工作面斜长时，h_1 可按式（2 - 4）计算：

表 2 - 10　实测工作面底板采动破坏深度相关参数

序号	工作面地点	采深 H/m	倾角 $\alpha/(°)$	采厚 M/m	工作面斜长 L/m	破坏深度 h_1/m	备注
1	邯郸王风矿 1930 面	103 ~ 132	16 ~ 20	2.5	80	10	
2	邯郸王风矿 1830 面	123	15	1.1	70	6 ~ 8	
3	邯郸王风矿 1951 面				100	13.4	
4	峰峰二矿 2701 面	145	16	1.5	120	14	
5	峰峰三矿 3707 面	130	15	1.4	135	15	＞10 m 取 15 m
6	峰峰四矿 4804、4904 面		12		100 + 100	10.7	协调面开采
7	肥城曹庄矿 9203 面	132 ~ 164	18		95 ~ 105	9	
8	肥城白庄矿 7406 面	225 ~ 249		1.9	60 ~ 140	7.2 ~ 8.4	取斜长 80 m
9	淄博双沟矿 1024、1028 面	278 ~ 296		1	60 + 70	10.5	对拉面开采
10	澄合二矿 22510 面	300	8		100	10	
11	韩城马沟渠矿 1100 面	230	10	2.3	120	13	
12	鹤壁三矿 128 面	230	26	3 ~ 4	180	20	采 2 分层破坏达 24 m
13	邢台矿 7802 面	234 ~ 284	4	3	160	16.4	
14	邢台矿 7607 面	310 ~ 330	4	5.4	60	9.7	
15	邢台矿 7607 面	310 ~ 330	4	5.4	100	11.7	
16	淮南新生孜矿 4303 面	310	26	1.8	128	16.8	
17	井陉三矿 5701	227	12	3.5	30	3.5	断层带破坏＜7 m
18	井陉一矿 4707 小面	350 ~ 450	9	7.5	34	8	分层采厚 4 m 破坏深度约 6 m
19	井陉一矿 4707 大面	350 ~ 450	9		45	6.5	采一分层
20	开滦赵各庄矿 1237 面	900	26		200	27	包括顶部 8 m 煤折合岩石底板约为 23 m

表 2 - 10（续）

序号	工作面地点	采深 H/m	倾角 α/(°)	采厚 M/m	工作面斜长 L/m	破坏深度 h_1/m	备注
21	开滦赵各庄矿 2137 面	1000	26	2	200	38	含 8 m 煤且底板原生裂隙发育折合正常岩石底板约 25 m
22	新汶华丰煤矿 41303 面	480～560	30	0.94	120	13	
23	赵固一矿 11111 面	570	2	3.5	176	23.48	
24	赵固二矿 11011 工作面	710	3	3.6	180	25.8	
25	邢台邢东矿 2121 面	1000	12	3.7	150	32.5	
26	潘三 1237(1) 工作面	590	14	3	205	14.6	
27	钱营孜 3213 工作面	630	9	3.5	200	17	
28	青东煤矿 104 工作面	488.9	15	2.75	320.81	16.86	
29	皖南宁煤一矿 213 面	416	18	1.5	115	16.5	
30	新集二矿 1 煤层首采面	650	10	4.5	150	19.17	
31	刘桥一矿 Ⅲ423 工作面	450	9	1.94	170	21	
32	钱营孜 3212 工作面	650	9	3.5	150	24.3	
33	新汶良庄 51302	640	12	1	165	35	
34	肥城白庄 7105	520	10	1.5	80	21.56	
35	曹庄煤矿 8812 工作面	420	20	1.97	120	18.5	
36	井陉一矿 4707 小面	400	9	7.5	34	8	
37	赵固二矿 11050 工作面	690	3	5.8	180	34.8	
38	王楼煤矿 11301 工作面	708	7	1.91	120	12.9	

$$h_1 = 0.7007 + 0.1079L \quad 或 \quad h_1 = 0.303L^{0.8} \qquad (2-4)$$

式中　L——壁式工作面斜长，m。

（2）考虑采深、倾角和工作面斜长时，h_1 可按式（2-5）计算：

$$h_1 = 0.0085H + 0.1665\alpha + 0.1079L - 4.3579 \qquad (2-5)$$

式中　H——开采深度，m；

　　　α——煤层倾角，(°)；

　　　L——壁式工作面斜长，m。

（3）考虑采深、倾角和工作面斜长，以及底板岩体坚固性系数和底板损伤度时，h_1 可按式（2-6）计算：

$$h_1 = \frac{0.00911H + 0.0448\alpha - 0.3113F + 7.9291\ln\left(\dfrac{L}{24}\right)}{1 - D} \qquad (2-6)$$

式中 H——开采深度，m；

  α——煤层倾角，(°)；

  L——壁式工作面斜长，m；

  F——底板岩体坚固性系数（普氏系数）；

  D——采场底板损伤度。

采场底板损伤度可以根据钻孔注水量的多少求取，按式（2-7）进行计算：

$$D = \frac{L_w}{L_t} \tag{2-7}$$

式中 L_w——钻孔漏水段总长度，m；

  L_t——钻孔总长度，m。

没有实测数据时，采场底板损伤度 D 可以根据现场地质构造复杂程度进行估算（表2-11）。

表2-11　采场底板损伤度估算表

地质构造复杂程度	简单	中等	复杂	极复杂
采场底板损伤度 D	<0.1	0.1~0.15	0.15~0.5	>0.5

2. 理论计算法

（1）根据断裂力学理论公式，h_1 可按式（2-8）、式（2-9）计算：

$$h_1 = \frac{1.57\gamma^2 H^2 L}{4R_c^2} \tag{2-8}$$

$$h_1 = 59.88\ln\frac{K_{max}\gamma H}{\sigma_1} \tag{2-9}$$

式中 L——壁式工作面斜长，m；

   H——开采深度，m；

   γ——底板岩层平均容重，MN/m³；

   R_c——岩体抗压强度，一般取岩石单轴抗压强度的0.15倍，MPa；

   σ_1——底板岩体最大主应力，MPa；

   K_{max}——矿山压力最大集中系数，一般取2~4。

式（2-8）适用采深不大于500 m的情况，式（2-9）适用于不同采深情况。

（2）根据塑性力学理论公式，h_1 可按式（2-10）计算：

$$h_1 = \frac{0.015H\cos\phi_0}{2\cos\left(\frac{\pi}{4}+\frac{\phi_0}{2}\right)}\exp\left[\left(\frac{\pi}{4}+\frac{\phi_0}{2}\right)\tan\phi_0\right] \tag{2-10}$$

式中 H——开采深度，m；

  ϕ_0——底板岩体内摩擦角，(°)。

2.2.1.2 底板阻水带厚度（h_2）的计算

底板阻水带厚度是指煤层底板岩层未受采动影响而能够起到阻隔底板承压水的岩层范围的厚度，其值可以通过试验法和理论计算法确定。

1. 试验法

底板阻水带厚度（h_2）可按式（2-11）计算：

$$h_2 = P/Z \qquad\qquad (2-11)$$

式中 P——作用在底板上的水压力，MPa；

Z——阻水系数，MPa/m。

阻水系数可现场用钻孔水力压裂法测定，按式（2-12）计算：

$$Z = \frac{P_b}{R} \qquad P_b = 3\sigma_h - \sigma_H + T - P_0 \qquad (2-12)$$

式中 R——裂缝扩展半径（一般取 $40 \sim 50$ m），m；

P_b——使岩体破裂时的临界水压力，MPa；

σ_h——作用于岩体的最小水平主应力，MPa；

σ_H——作用于岩体的最大水平主应力，MPa；

T——岩体的抗拉强度，MPa；

P_0——岩体孔隙中的水压力，MPa。

不同岩层阻水系数一般为：中、粗粒砂岩 $0.3 \sim 0.5$ MPa/m、细砂岩约 0.3 MPa/m、粉砂岩约 0.2 MPa/m、泥岩 $0.1 \sim 0.3$ MPa/m、石灰岩约 0.4 MPa/m；断层带因其中充填物性质及胶结或密实程度不同，其阻水能力变化很大，按弱强度充填物考虑，其阻水系数为 $0.05 \sim 0.10$ MPa。我国部分矿区用钻孔水力压裂试验实测的各类岩层阻水系数见表 2-12、表 2-13。

表2-12 钻孔水力压裂试验底板岩层阻水系数资料

实验地点	岩层名称	实验序号	破裂压力 P_t/MPa	阻水系数 Z/(MPa·m^{-1})	平均阻水系数 Z_t/(MPa·m^{-1})	备 注
开滦赵各庄矿井下五道巷，取样深度 434 m	中粒砂岩	1	13.44	0.313	0.331	现场钻孔水力压裂实验，破裂半径 R 取 43 m
		2	15.00	0.349		
	细粒砂岩	1	10.44	0.243	0.285	
		2	14.00	0.326		
	粉砂岩	1	9.00	0.209	0.194	
		2	7.69	0.179		
	泥岩	1	12.62	0.293	0.293	
	铝土岩	2	4.89	0.114	0.114	

表 2-12（续）

实验地点	岩层名称	实验序号	破裂压力 P_t/MPa	阻水系数 Z/(MPa·m^{-1})	平均阻水系数 Z_t/(MPa·m^{-1})	备 注
开滦赵各庄矿井下十二道巷，取样深度1070 m	中、粗粒砂岩	1	25.00	0.581	0.491	室内三向围压水力压裂实验，取样于开滦赵各庄矿现生产水平十二道巷三向围压：σ_1：24.0～24.5 MPa；σ_2：13.4～14.2 MPa；σ_3：19.0～20.5 MPa
		2	27.00	0.628		
		3	20.00	0.465		
		4	12.50	0.290		
	中粒砂岩	1	15.00	0.349	0.377	
		2	9.00	0.210		
		3	20.00	0.465		
		4	14.00	0.326		
		5	23.00	0.535		
	细粒砂岩	1	13.00	0.302	0.302	
	细砂岩	1	5.00	0.116	0.209	
		2	13.00	0.302		
	泥岩	1	15.00	0.349	0.393	
		2	15.00	0.349		
		3	17.50	0.406		
		4	20.20	0.470		
焦作九里山矿，取样深度约300 m	石灰岩	1	25.00	0.581	0.399	室内三向围压水力压裂实验模拟焦作九里山矿三向围压：σ_1：8.94 MPa；σ_2：3.84 MPa；σ_3：2.95 MPa
		2	10.50	0.244		
		3	16.00	0.372		

表 2-13 钻孔压水串通破坏试验底板岩层阻水系数资料

实验地点	岩层名称	压水孔间距/m	水压力/MPa	阻水系数/(MPa·m^{-1})	备 注
峰峰二矿	砂页岩（在采动破坏带内）	10	>1.24	>0.124	3组8个压水孔，空间压水段孔距约10 m，在1.24 MPa水压作用下各孔从不窜水
峰峰三矿	页岩层内	2.5	>2.50	>1.000	2组4孔，相邻孔间距为2.5 m、1.7 m，5 MPa水压作用下不窜水，未见连通
		1.7	>2.50	>1.471	

表 2-13（续）

实验地点	岩层名称	压水孔间距/m	水压力/MPa	阻水系数/(MPa·m⁻¹)	备 注
峰峰三矿	砂质泥岩充填在古陷落柱内	1	2.70~2.90	>(2.70~2.90)	2 个压水孔，最短间距 1 m，在水压 2.7~2.9 MPa 作用下未见窜水
王凤矿小青煤绞车道	细砂岩			0.50	1 组 3 孔压水破坏实验
	铝土泥岩			0.43	
王凤矿小青煤南五巷上山	断层带	10	2.2	0.22	1 组 3 孔压水破坏实验
王凤矿一坑	粉砂岩、中粒砂岩、铝土岩	13	1.21	0.093	有效层最薄 13 m
马沟渠矿	中粒砂岩、铝土泥岩		0.73~0.80	0.13~0.24	底板 9~12 m 处注水
鹤壁一矿	铝土泥岩、粗砂岩	2.45 6.8	0.78	0.112~0.325	

2. 理论计算法

底板阻水带厚度 h_2 可按式（2-13）计算：

$$h_2 = \frac{\sqrt{\gamma^2 + 4A(P - \gamma h_1)S_t} - \gamma}{2AS_t} \tag{2-13}$$

式中 h_1——底板采动导水破坏带深度，m；

γ——底板岩层平均容重，MN/m³；

P——作用在底板上的水压力，MPa；

S_t——底板岩体抗拉强度，一般取岩石抗拉强度的 0.15 倍，MPa；

A——计算系数，$A = \dfrac{12L^2}{L_y^2 \left(\sqrt{L_y^2 + 3L^2} - L_y\right)^2}$；

L——壁式工作面斜长，m；

L_y——沿推进方向工作面老顶初次来压步距，m。

2.2.1.3 承压水导升带高度（h_3）的确定

承压水导升带高度是指煤层底板隔水岩层，在下部含水层中承压水长期作用下沿隔水底板中的裂隙或断裂破碎带上升的高度（即由含水层顶面到承压水导升上限之间的厚度）。可采用物探和钻探方法确定，一般可在井下巷道中用电测深方法进行探测，必要时用钻探验证。当井下物探与钻探条件受限制时，也可通过以往勘探钻孔资料分析确定。断层带附近的承压水导升带高度一般比正常岩层中增大，有时甚至可到达或超过煤层。

2.2.1.4 底板含水层顶部充填隔水带厚度（h_4）的确定

底板含水层顶部充填隔水带厚度（h_4）可以采用物探和钻探方法综合确定，

部分矿区现场实测结果见表2-14。

表2-14　奥陶系灰岩含水层顶部充填隔水带厚度实测资料

矿　区	焦作	峰峰	邯邢	肥城	霍州	渭北、韩城
奥灰顶部充填隔水带厚度/m	20~30	20	0~30	0~50	10~15	10~20
充填特征	有黏土充填裂隙	黏土或钙质充填裂隙	局部充填	黏土充填含水差	后期沉积物充填	充填

2.2.2　防水安全煤（岩）柱安全度的评定

承压水上安全开采的基本要求是不允许底板采动导水破坏带波及水体，或与承压水导升带沟通。当计算所得的安全煤（岩）柱尺寸（h_s）小于煤层底板至含水层顶面之间的实际厚度（h_d）时，承压含水层上采煤的安全度符合要求；h_s、h_d的确定参照《建筑物、水体、铁路及主要井巷煤柱留设与压煤开采规范》中附录4"近水体采煤的安全煤（岩）柱设计方法"。

当计算所得的安全煤（岩）柱尺寸（h_s）大于实际厚度（h_d）时，可采用以下方法进一步评定。

2.2.2.1　突水系数法

底板突水系数按式（2-14）计算：

$$T = \frac{p}{M} \tag{2-14}$$

式中　T——突水系数，MPa/m；

　　　P——底板隔水层承受的水头压力，MPa；

　　　M——底板隔水岩层厚度，m。

式（2-14）适用于采煤和掘进工作面。计算的突水系数小于临界突水系数时，可以实现安全开采，否则需要采用疏水降压、注浆加固等措施，以避免发生突水。一般情况下，底板受构造破坏块段突水系数不大于0.06 MPa/m，正常块段不大于0.1 MPa/m。部分矿区的临界突水系数值见表2-15。

表2-15　部分矿区的临界突水系数

矿区名称	峰峰	焦作	淄博	井陉
突水系数/(MPa·m⁻¹)	0.066~0.076	0.06~0.10	0.06~0.10	0.06~0.15

2.2.2.2　安全隔水层厚度评价法

安全隔水层厚度可按式（2-15）计算：

$$t = \frac{L(\sqrt{\gamma^2 L^2 + 8K_p P} - \gamma L)}{4K_p} \tag{2-15}$$

式中　L——巷道底板宽度，m；

γ——底板隔水层平均容重，MN/m^3；

K_p——底板隔水层平均抗拉强度，MPa；

P——底板隔水层承受的水头压力，MPa。

式（2-15）主要适用于掘进工作面。当计算所得的安全隔水层厚度（t）大于煤层底板至含水层顶面之间的实际厚度时，则承压水上开采是不安全的。

2.2.2.3 经验类比法

通过分析全国范围内矿井水害相对比较严重的矿区的底板突水资料，得出了部分矿（区）底板实际厚度（h_d）与底板所能承受的极限水头压力（P_j）的关系式（表 2-16）。

表 2-16 部分矿（区）底板实际厚度与底板所能承受的极限水头压力关系式

矿区名称	关 系 式	备 注
淄博矿区	$P_j = 0.00177h_d^2 + 0.015h_d - 0.43$	黑山矿
	$P_j = 0.0016h_d^2 + 0.015h_d - 0.3$	石谷矿、豆庄矿
	$P_j = 0.001h_d^2 + 0.015h_d - 0.158$	洪山矿、寨里矿
	$P_j = 0.00084h_d^2 + 0.015h_d - 0.168$	双山矿、埠村矿
焦作矿区	$P_j = 0.0017h_d^2 - 0.025h_d + 0.33$	
峰峰矿区	$P_j = 0.0006h_d^2 - 0.026h_d$	

当底板所能承受的极限水头压力（P_j）大于实际水头压力（P）时不会发生突水，否则需要采取相应措施（如疏水降压、底板注浆加固、改造含水层等），满足 $P_j > P$ 条件后才能开采。

2.2.2.4 理论计算法

采用式（2-16）计算底板岩层实际所能承受的极限水头压力 P_j：

$$P_j = \frac{12L^2}{L_y^2 \left(\sqrt{L_y^2 + 3L^2} - L_y \right)^2} (h_d - h_1)^2 S_t + \gamma h_d \qquad (2-16)$$

式中各符号意义同前。

当计算的极限水头压力（P_j）大于实际水头压力（P）时不会发生突水，否则需要采取相应措施（如疏水降压、底板注浆加固、改造含水层等），满足 $P_j > P$ 条件后才能开采。

2.2.2.5 其他评价方法

随着技术的发展，考虑多因素影响分析，形成了"脆弱性指数"评价法和"五图-双系数"评价法。

"脆弱性指数"评价法是指将可确定底板突水多种主控因素权重系数的信息融合与具有空间信息分析处理功能的 GIS 耦合于一体的煤层底板水害评价方法，它不仅考虑了煤层底板突水的众多主控因素，而且描述了多因素之间相互复杂的作用关系和对突水控制的相对"权重"比例,通过"脆弱性"的多级分区进行安全评价。

"五图 – 双系数"评价法是通过底板破坏深度等值线图、底板保护层厚度等值线图、煤层底板上的水头等值线图、有效保护层厚度等值线图,带水头压力开采评价图,以及分析得出的"带压系数"和"突水系数"进行工作面带压开采安全性评价。通过双系数配合判别突水与否、突水形式和突水量变化。

2.2.3　水体上采煤的防水安全煤（岩）柱厚度计算方法

水体上采煤的防水安全煤(岩)柱留设的原则是:不允许底板采动导水破坏带波及水体,或者与承压水导升带沟通。因此,底板防水安全煤(岩)柱厚度(h_s)应当大于或者等于导水破坏带(h_1)和阻水带厚度(h_2)之和,如图2 – 8a 所示,即

$$h_s \geq h_1 + h_2$$

如果底板含水层上部存在承压水导升带（h_3）时，则底板安全煤（岩）柱厚度（h_s）应当大于或者等于导水破坏带（h_1）、阻水带厚度（h_2）及承压水导升带（h_3）之和，如图 2 – 8b 所示，即

$$h_s \geq h_1 + h_2 + h_3$$

如果底板含水层顶部存在被泥质物充填的厚度稳定的隔水带时，则充填隔水带厚度（h_4）可以作为底板防水安全煤（岩）柱厚度（h_s）的组成部分，如图 2 – 8c 所示，即

$$h_s \geq h_1 + h_2 + h_4$$

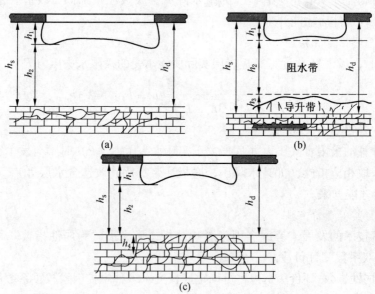

图2–8　底板防水安全煤（岩）柱设计示意图

3　水体下采煤矿井（采区）涌水量计算方法

3.1　典型计算模式

我国煤矿水体下采煤矿井（采区）涌水量可分为 8 种典型计算模式，详见表 3-1。

表 3-1　水体下采煤矿井（采区）涌水量的典型计算模式

计算模式		说　　明
序号	图　形	
Ⅰ		煤层顶底板均为隔水层，松散层底部为黏性土隔水层，其上为含水砂层与黏性土互层，但黏性土不能形成稳定隔水层
Ⅱ		煤层顶底板均为隔水层，松散层底部为含水砂层，其上为地表或含水砂层与黏性土互层，但黏性土不能形成稳定隔水层
Ⅲ		煤层顶底板内有一层或数层含水层，松散层底部为含水砂层，且与煤系直接接触，底部含水砂层之上为地表或黏性土层与含水砂层互层
Ⅳ		煤层顶底板内有一层或数层含水层，松散层底部为黏性土隔水层，其上为地表或含水砂层与黏性土层互层

表 3-1（续）

计 算 模 式		说　　明
序号	图　形	
V		煤层顶底板内有一层或数层含水层，煤系地层裸露，或仅有中厚或薄松散含水砂层覆盖，直接接受大气降水或地表水补给
VI		煤层顶底板内有一层或数层含水层，煤系地层裸露，或仅有薄层第四系黏性土层覆盖，不直接受大气降水或地表水补给
VII		煤层顶底板均为隔水层，煤系地层裸露，或仅有薄松散含水砂层覆盖，直接接受大气降水或地表水补给
VIII		煤层顶底板均为隔水层，煤系地层裸露，或仅有薄层第四系黏性土层覆盖，不直接接受大气降水或地表水体补给

3.2　计算原则

（1）如果煤层开采上限与水体底界面之间全部为隔水层，凡导水裂缝带不波及水体时，该含水层可不纳入矿井涌水量计算，例如 I 型、II 型。

（2）如果煤层开采上限与水体底界面之间有一个或数个含水层时，凡导水裂缝带波及的含水层均会对矿井充水，应对其进行涌水量计算；反之则不必计算，例如 IV 型。当导水裂缝带仅在煤层顶板砂岩含水层中发育，尚未穿过第四系底部黏性土隔水层时，只需计算砂岩含水层对矿井充水形成的涌水量，而不需计算第四系砂层含水层的涌水量。

（3）如果含水层不整合分布在煤层顶板砂岩含水层之上，且在它们两者之间保有密切的水力联系时，虽然导水裂缝带仅波及顶板砂岩含水层，而未波及第四系含水砂层，进行涌水量计算时，必须考虑砂岩水，且该含水体受第四系砂层水直接补给。例如Ⅲ型、Ⅴ型中的第四系砂层水，均可通过其下伏砂岩含水层的露头带进行渗透补给。

（4）当导水裂缝带的微小裂缝发展到基岩风化带并波及含水砂层，并与地表裂缝有微弱连通时，地表水体将向工作面产生持续的渗透补给，而大气降水将向工作面产生周期性渗透补给。直到覆岩移动稳定、导水裂缝弥合或被充填堵塞后，大气降水及地表水体才会逐渐减少以至消失和停止向工作面补给。如果导水裂缝未能弥合，大气降水及地表水体将持续不断地向工作面充水，例如Ⅵ型、Ⅶ型、Ⅷ型。当导水裂缝带仅发育在顶板隔水岩层内，亦未穿过第四系隔水土层，更没有与地表裂缝串通时，例如Ⅶ型、Ⅷ型，则不必计算地表水体及大气降水向工作面的涌水量。

（5）煤层顶底板砂岩含水层直接接触第四系砂层含水层时，砂层可直接接受大气降水及地表水体的补给，该顶底板砂岩含水层属开放型水体，不论在浅部还是深部开采，都将有持续水流充入矿井，例如Ⅴ型。煤层顶板砂岩含水层其上为第四系黏性土隔水层时，砂岩露头风化带又能隔水，该顶板砂岩含水层属封闭型水体，只要导水裂缝及地表裂缝没有将黏性土隔水层及隔水风化带的隔水性破坏，工作面仅受砂岩水影响，而与大气降水和地表水体无关，例如Ⅵ型。

3.3 计算方法

水体下采煤矿井（采区）涌水量预测结果准确与否，主要取决于对矿井充水条件的准确分析（如是否属于上述8种模式之一），以及计算方法和计算参数的合理选用，特别应考虑导水裂缝带对含水层的波及与否。

矿井涌水量的计算方法，可采用多种方法和公式进行计算，以便相互补充。对于均质含水层，比较常用的为类比法和解析法，其计算方法和计算公式见表3-2。

3.4 典型实测结果

我国许多矿井进行了各种类型的水体下采煤，并对其实际涌水量进行了较长期的测定。现将这些矿井的地质开采技术条件、涌水量实测结果以及相应的计算模式列于表3-3，供类似条件矿井（采区）计算涌水量时类比参考。

表 3-2　矿井涌水量计算公式

计算方法	主要公式	适用条件	符号说明	示意图形
类比法	$Q = Q_1 \dfrac{F_0}{F_1} \sqrt[n]{\dfrac{S_0}{S_1}}$ （潜水）	有实测涌水量可以类比的新、旧矿井（采区、工作面）	Q—预计矿井（采区、工作面）的涌水量，m^3/h Q_1—已知矿井（采区、工作面）的涌水量，m^3/h K—含水层渗透系数，m/d K_i—不同块段含水层渗透系数$(i=1,2,3\cdots)$，m/d h—潜水含水层原始厚度或从水平隔水底板计起的潜水稳定水原始水位值，m h_w—集水井周围疏降后或隔水底板计降后的潜水位，m $h_{1i},h_{2i}\cdots$—不同块段上、下游潜水含水层水位值，m H—承压含水层从水平隔水底板计起的原始水位，m H_w—集水井周围疏降后或隔水底板计降后的承压水位值，m M—承压含水层厚度，m S—水位降深，m S_1—已知矿井（采区、工作面）开采水平、采区、工作面的水位降深，m S_0—预计矿井（采区、工作面）开采水平、采区、工作面的水位降深，m R_0—矿井（采区、工作面）影响半径，m r_0—矿井（采区、工作面）引用半径，m	
大井法	$Q = \dfrac{1.366K(2h-S)S}{\lg R_0 - \lg r_0}$ （潜水） $Q = \dfrac{2.732KMS}{\lg R_0 - \lg r_0}$ （承压水） $Q = \dfrac{1.366K(2HM - M^2 - h_w^2)}{\lg R_0 - \lg r_0}$ （承压转无压）	1. 新矿井（采区、工作面） 2. 旧矿井新采区（工作面） 3. 矿井（采区、工作面）范围的长、宽比值较小		

3 水体下采煤矿井（采区）涌水量计算方法 ·55·

表 3 - 2（续）

计算方法	主要公式	适用条件	符号说明	示意图形
辐射流法	$$Q = \sum \frac{K_i(B_{1i} - B_{2i})(h_{1i}^2 - h_{2i}^2)}{(\ln B_{1i} - \ln B_{2i})2L_i}\;(潜水)$$ $$Q = \sum \frac{K_i M_i(B_{1i} - B_{2i})(h_{1i} - h_{2i})L_i}{(\ln B_{1i} - \ln B_{2i})}\;(承压水)$$	1. 平面上水文地质条件变化大，可以分单元计算 2. 新矿井（采区、工作面） 3. 旧矿井新采区（工作面）	B_{1i}、B_{2i}—不同块段上、下游计算断面宽度，m L_i—不同块段上、下游断面之间的距离，m l—水平坑道水位影响平均宽度，m c—矿井（采区、工作面）的周长，m n—与地下水流态有关的系数，$n=1\sim2$	辐射流井（平面图）；水位影响边界；集水井；K_1、K_2、K_3、K_4、K_5；L_5；$h_2,s\,(H_2,s)$；$h_1,s\,(H_1,s)$
积水廊道法	$$Q = \frac{K(h^2 - h_w^2)c}{2l}\;(潜水)$$ $$Q = \frac{KM(H - H_w)c}{l}\;(承压水)$$	1. 新矿井（采区、工作面） 2. 旧矿井新采区（工作面） 3. 矿井、工作面范围的长、宽比值较大	F_0—预计矿井（采区、工作面）开采面积，m² F_1—已知矿井（采区、工作面）开采面积，m²	积水廊道井平面示意图；积水；廊道；潜水（h）；承压水（H、M、l）

表3-3　矿井涌水量

计算模式	矿名	地表水体类型	松散层				基岩含水层	
			厚度/m	组合结构	含隔水层岩性	含水层富水性*	岩性	富水性*
I	孔集矿	下沉盆地积水	40~80	三层	泥灰岩(底部)	$K=0.12~2.95$ $q=0.00011~0.014$	砂岩	弱
	李嘴孜矿	淮河	40	三层	泥灰岩(底部)	$K=0.0015~0.014$ $q=0.00032~0.00176$	砂岩	弱
II	唐山矿	下沉盆地积水	175	多层	砂砾层(底部)	$K=2.4~4.8$ $q=2.11~8.20$	砂岩	$K=0.000307~3.64$ $q=0.000375~0.17$
	红菱矿		110~120	多层	泥灰岩(底部)	$K=9.766$ $q=7.587$	砂岩	弱
III	石嘴山矿	下沉盆地积水	250	多层	泥灰岩(底部)	$K=0.49$ $q=0.192$	砂岩	$K=0.0893$ $q=0.0381$
	柴里矿	下沉盆地积水	60~80	多层	泥灰岩(底部)	$K=0.1132$ $q=0.00891$	砂岩	弱
	唐家庄矿徐家楼区	下沉盆地积水	150~180	多层	卵石层(底部)	$K=1.97~38.6$ $q=0.17~12.5$	砂岩	强
IV	大黄山矿	下沉盆地积水	10~20	二层	黏土砂层(底部)	$K=0.4246$ $q=0.117$	砂岩	弱
	刘桥矿	排水沟	130	多层	砂质黏土层(底部)	$K=1.47~4.9$ $q=0.49~0.64$	砂岩	强
V	南桐矿	蒲河	3~7	单层	砂砾层	$K=98.4$	石灰岩	强
	兴安矿	小鹤立河	5~31	单层	砂砾层	$K=8.18~48.7$ $q=3.0~14.0$	砂岩	强
VI	清河门矿	清河	3~6	单层	黏中砂、卵石层	$K=300.0$ $q=14.4$	砾岩	强
	田师付矿	杉松河	0		砂砾层(底部)		砂岩、砾岩	强
VII	富源矿	徐家庄小河	0~5	单层	砂砾黏土层		页岩、砂岩	弱
VIII	新庄孜矿	沼泽	20	单层	黏土层		页岩、砂岩	弱

注：*K的单位为m/d, q的单位为L/(s·m)。

计算典型模式举例

煤系地层	地层倾角/ (°)	安全煤(岩)柱尺寸/ m	已采煤层层数	已采煤层水平数	实测涌水量/ (m³·h⁻¹)	导水裂缝带波及水体与否
石炭、二叠系	70~90	90~120	10	一个水平	105~263	波及泥灰岩
石炭、二叠系	43~51	60	10	一个水平	65~150	波及泥灰岩
石炭、二叠系	85	70	10	三个水平	600~800	波及砂砾层
石炭、二叠系	25~40	70	3	一个水平	210	波及砂砾层
石炭、二叠系	20~25	70			40~60	
石炭、二叠系	0~12	20	1	一个水平		波及砂砾层
石炭、二叠系	20	60		二个水平	3900(最大)	波及砂砾层
石炭、二叠系	40~85	18~20		二个水平	300~420 最大528	未波及砂层
石炭、二叠系	25~42	50	1	一个水平	200	未波及砂层
上二叠系	26~40	33~129	4	一个水平	最大492	波及石灰层
侏罗系	26	20	8	三个水平	500~800 最大1200	波及砂砾层
中上侏罗系	10~25	36~268	1	一个水平	最大650	波及砂卵石层
侏罗系	4~45	130	8	一个水平	600~660	未波及砂砾层
		70~92	1	一个水平	5	未波及地表
石炭、二叠系	19~25	47	10	四个水平	265~413	未波及地表

4 建筑物、水体、铁路及主要井巷保护煤柱留设方法与实例

4.1 保护煤柱留设方法

4.1.1 垂直剖面法

垂直剖面法是一种图解方法。其基本原理：首先在平面图上确定受护对象的受护范围边界；然后过受护范围几何中心点作沿煤层走向方向和倾斜方向的垂直剖面，在剖面图上确定保护煤柱的边界位置；最后将剖面图上煤柱边界位置投影至平面图上，得出保护煤柱边界。设计步骤如下：

1. 确定受护范围边界

对于建筑物、构筑物、铁路、立井、斜井和工业场地的保护煤柱，按照《建筑物、水体、铁路及主要井巷煤柱留设与压煤开采规范》（以下简称《规范》）有关规定确定受护范围边界。

对于水体安全煤（岩）柱，按照《规范》有关规定确定水体的边界。

2. 确定保护煤柱边界

当受护对象的受护范围边界与煤层走向、倾向平行时，在受护范围边界与煤层走向平行或垂直方向所作的剖面图上，在松散层内用松散层移动角 φ 画直线，在基岩内直接根据基岩移动角 δ、β、γ 或边界角 δ_0、β_0、γ_0 画直线，作出保护煤柱边界。

用垂直剖面法设计与煤层走向斜交的受护对象的保护煤柱时，应符合下述原则：

在松散层内采用松散层移动角 φ 画直线，在基岩内则分别以斜交剖面移动角 β'、γ' 或斜交剖面边界角 β_0'、γ_0' 代替移动角 β、γ 角或边界角 β_0、γ_0 角画直线，直线与煤层底板的交点即为保护煤柱在煤层该斜交剖面上的上、下边界。

斜交剖面移动角 β'、γ' 按式（4-1）、式（4-2）计算：

$$\cot\beta' = \sqrt{\cot^2\beta\cos^2\theta + \cot^2\delta\sin^2\theta} \qquad (4-1)$$

$$\cot\gamma' = \sqrt{\cot^2\gamma\cos^2\theta + \cot^2\delta\sin^2\theta} \qquad (4-2)$$

斜交剖面边界角 β_0'、γ_0' 按式（4-3）、式（4-4）计算：

$$\cot\beta'_0 = \sqrt{\cot^2\beta_0 \cos^2\theta + \cot^2\delta_0 \sin^2\theta} \qquad (4-3)$$

$$\cot\gamma'_0 = \sqrt{\cot^2\gamma_0 \cos^2\theta + \cot^2\delta_0 \sin^2\theta} \qquad (4-4)$$

式中　　γ、β、δ——上山、下山和走向方向的岩层移动角，(°)；

　　　　γ_0、β_0、δ_0——上山、下山和走向方向的岩层边界角，(°)；

　　　　θ——围护带边界与煤层走向线之间所夹的锐角，(°)。

4.1.2　垂线法

垂线法是一种解析方法。其基本原理：先作受护范围边界的垂线，利用公式计算垂线长度，再在平面图上量出垂线长度，从而确定保护煤柱边界。设计步骤如下：

1. 确定受护范围边界

与垂直剖面法的受护范围边界确定方法相同。

2. 确定松散层保护边界

从受护范围边界向外量一段距离 s，得出松散层保护边界。s 按式（4-5）计算：

$$s = h \cdot \cot\varphi \qquad (4-5)$$

式中　s——松散层保护边界宽度，m；

　　　h——松散层厚度，m；

　　　φ——松散层移动角，(°)。

3. 计算垂线长度

用垂线法设计与煤层走向斜交的受护对象的保护煤柱时，煤柱在煤层上山方向垂线长度 q 和下山方向垂线长度 l 按式（4-6）、式（4-7）计算：

$$q = \frac{(H-h)\cot\beta'}{1 + \cot\beta'\cos\theta\tan\alpha} \qquad l = \frac{(H-h)\cot\gamma'}{1 - \cot\gamma'\cos\theta\tan\alpha} \qquad (4-6)$$

或

$$q = \frac{(H-h)\cot\beta'_0}{1 + \cot\beta'_0\cos\theta\tan\alpha} \qquad l = \frac{(H-h)\cot\gamma'_0}{1 - \cot\gamma'_0\cos\theta\tan\alpha} \qquad (4-7)$$

式中　　h——松散层厚度，m；

　　　　H——煤层到地表的垂深（从受护边界起在松散层中以 φ 角作直线与基岩面相交，H 值为过此交点的煤层深度），m；

　　　　α——煤层倾角，(°)；

　　　　θ——围护带边界与煤层走向线之间所夹的锐角，(°)；

　　　　γ'、β'——上山、下山方向的斜交剖面移动角，(°)；

　　　　γ'_0、β'_0——上山、下山方向的斜交剖面边界角，(°)。

4. 确定保护煤柱边界

　　在各垂线上，按比例尺分别截取各垂线段的计算长度，用直线分别连接垂线各端点，即为保护煤柱边界。

4.1.3　数字标高投影法

　　数字标高投影法用于设计延伸形建（构）筑物或基岩面标高变化较大情况下的保护煤柱。该方法要求保护煤柱空间体的侧平面（即倾角为 φ、β'、γ' 的平面）上等高线的等高距应与煤层等高线（或基岩面等高线）的等高距 D 相同，而相邻两等高线之间的水平距离 d 应根据 φ、β'、γ' 角及煤层等高距 D，按 $d = D\cot\varphi$（或 $d = D\cot\beta'$；$d = D\cot\gamma'$）求取。连接保护煤柱侧平面与煤层层面（或基岩面）上同值等高线的交点，即得保护煤柱边界。

4.2　保护煤柱留设实例

4.2.1　用垂直剖面法设计建筑物保护煤柱

　　所设计的保护煤柱为一幢 5 层职工宿舍楼。该楼房平面尺寸及形状如图 4 - 1

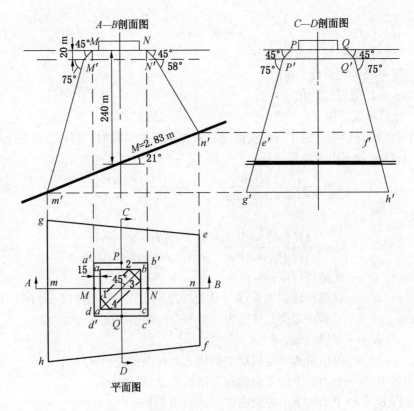

图 4 - 1　用垂直剖面法设计建筑物保护煤柱

所示。房屋长轴方向与煤层走向线的夹角 $\theta = 45°$。煤层倾角 $\alpha = 21°$，煤层厚度 $M = 2.83$ m，房屋下方煤层埋藏深度 $H = 240$ m，基岩岩性坚硬，松散层厚度 $h = 20$ m，弱富水。

设计保护煤柱时，选用以下移动角值参数：

$$\delta = \gamma = 75° \qquad \beta = \delta - K\alpha = 75 - 0.8 \times 21° = 58° \qquad \varphi = 45°$$

按照规定，该楼房属 Ⅱ 级保护对象，其围护带宽度为 15 m。

用垂直剖面法设计该楼房保护煤柱步骤如下：

1. 确定受护范围边界

在图 4-1 平面图上房屋的角点 1、2、3、4 处作平行于煤层走向和倾斜方向的直线，得直角四边形 $abcd$，在 $abcd$ 外侧加宽度为 15 m 的围护带，其外边界 $a'b'c'd'$ 为该楼房的受护范围边界。

2. 确定保护煤柱边界

（1）在图 4-1 平面图上过四边形 $a'b'c'd'$ 中心点作煤层倾斜剖面 $A—B$ 和走向剖面 $C—D$。

（2）在 $A—B$ 剖面图上标出地表线、楼房轮廓线、松散层、煤层等，并注明煤层倾角 $\alpha = 21°$，煤层厚度 $M = 2.83$ m，房屋下方煤层埋藏深度 $H = 240$ m，简要绘出地层柱状图。

（3）在平面图上将 $A—B$ 剖面线与受护面积边界之交点转绘到 $A—B$ 剖面图的地表线上得 M、N 点，由 M、N 点以 $\varphi = 45°$ 作直线至基岩面得交点 M'、N'。然后，在煤层上山方向以 $\beta = 58°$ 由 N' 点作直线与煤层底板相交于 n' 点；同理，在煤层下山方向以 $\gamma = 75°$ 由 M' 点作直线与煤层底板相交于 m' 点，n'、m' 点分别为沿煤层倾斜剖面上保护煤柱的上、下边界。将 m'、n' 点投影到平面图上，得 m、n 点。

（4）将平面图上剖面线 $C—D$ 与受护边界之交点转绘到 $C—D$ 剖面图的地表线上得 P、Q 点。在 $C—D$ 剖面图上由 P、Q 点以 $\varphi = 45°$ 作直线，与基岩面相交于 P'、Q' 点。然后，以 $\delta = 75°$ 由 P'、Q' 点分别作直线。

（5）将 $A—B$ 剖面图上 n'、m' 点分别投影到 $C—D$ 剖面图上，与 $C—D$ 剖面图上基岩内的两条斜线相交，得交点 e'、f' 及 g'、h'。$e'f'$ 为煤柱上边界线在 $C—D$ 剖面上的投影，$g'h'$ 为煤柱下边界线在 $C—D$ 剖面上的投影。

（6）将 e'、f'、g'、h' 点分别转绘到平面图上，得 e、f、g、h 点。连接 e、f、h、g 点形成一个梯形，即为所求保护煤柱边界的平面图。

4.2.2 用垂线法设计建筑物保护煤柱

某建筑群均为 3 层以上的居民住宅楼，其平面轮廓及尺寸如图 4-2 所示。该建筑群下方为一厚煤层，煤层倾角 $\alpha = 14°$，煤层厚度 $M = 7.50$ m，松散层厚

度 $h = 25$ m，建筑群下方煤层埋藏深度 $H = 190 \sim 230$ m。

设计保护煤柱时，选用以下移动角值参数：

$$\delta = \gamma = 73° \qquad \beta = 73° - 0.5\alpha = 66° \qquad \varphi = 45°$$

按照规定，该建筑群属 II 级保护对象，其围护带宽度为 15 m。

用垂线法设计该建筑群保护煤柱步骤如下：

1. 确定受护范围边界

在图 4 - 2 平面图上确定受护边界为 12346 五边形。在五边形外侧加围护带 15 m，得到该建筑群的受护范围边界为 1′2′3′4′6′。

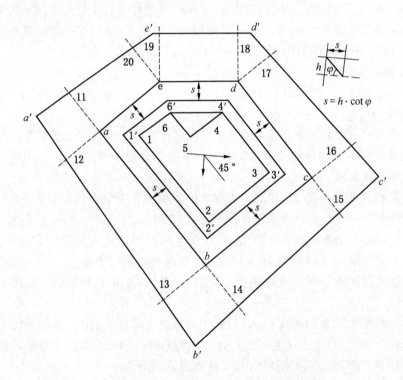

图 4 - 2 用垂线法设计建筑群保护煤柱

2. 确定松散层保护边界

在受护范围边界 1′2′3′4′6′向外按宽度 $s = h\cot\varphi = 25 \times \cot 45° = 25$ m 划出 abcde 五边形，即为该建筑群的松散层保护边界。

3. 计算垂线长度

由 a、b、c、d、e 各点分别作线段 ab、bc、cd、de、ea 的垂线。各垂线长度 q、l 按式 (4 - 6) 计算。计算起始数据为：

（1）斜交剖面移动角 β'、γ'。ab、cd 和 ea、bc 边的 $\theta = 45°$，de 边的 $\theta = 10°$，$\alpha = 14°$，$\beta = 66°$，$\gamma = 73°$，$\delta = 73°$。按式（4 - 1）和式（4 - 2）计算得出：$\theta = 45°$时，$\beta' = 69°$，$\gamma' = 73°$；$\theta = 10°$时，$\beta' = 66°$，$\gamma' = 73°$。

（2）a、b、c、d、e 各点的（$H - h$）值。用作图法求出各点的（$H - h$）值如下：$(H - h)_a = 178$ m，$(H - h)_b = 217$ m，$(H - h)_c = 186$ m，$(H - h)_d = 158$ m，$(H - h)_e = 161$ m。

各点的垂线长度 q、l 计算结果见表 4 - 1。

表 4 - 1　垂线长度 q、l 计算结果

计算点号	a		b		c		d		e	
（$H - h$）/m	178		217		186		158		161	
垂线	$a - 11$	$a - 12$	$b - 13$	$b - 14$	$c - 15$	$c - 16$	$d - 17$	$d - 18$	$e - 19$	$e - 20$
q	63.7					66.6	56.3	62.9	64.2	57.6
l		57.5	70.1	70.1	60.1					

4. 确定保护煤柱边界

在各垂线上，按比例尺截取各线段的垂线长度，用直线分别连接垂线各端点相交成五边形 $a'b'c'd'e'$，该五边形轮廓即为建筑群保护煤柱边界的平面图。

4.2.3 用数字标高投影法设计工业场地保护煤柱

某矿的工业场地为长方形，其长轴方向与煤层走向的夹角 $\theta = 45°$，如图 4 - 3 所示。该地区地势平坦，地面标高平均为 + 80 m，基岩面坡度较大，且与煤层倾向一致。基岩面等高线及煤层底板等高线如图 4 - 3 所示。

用数字标高投影法设计该工业场地保护煤柱步骤如下：

1. 确定受护范围边界

在受护对象轮廓的外围划出工业场地的围护带。按照规定，工业场地围护带宽度取 15 m。由此得出受护范围边界为 $abcd$。

2. 确定松散层保护边界

（1）技术参数选择。根据实测数据综合分析得出：

$$\varphi = 45°　　\delta = \gamma = 73°　　\beta = 73° - 0.6\alpha = 73° - 0.6 \times 15° = 64°　　（\alpha = 15°）$$

（2）以 $\varphi = 45°$在第四纪松散层内作保护煤柱空间体的侧平面。其相邻两等高线之间的水平距离按照 $d = D\cot\varphi$ 计算，其中：$D = 20$ m（D 为等高距），$\varphi = 45°$，则 $d = 20 \times \cot45° = 20$ m。

按图 4 - 3 中平面图比例尺绘出倾角为 φ 的保护煤柱侧平面的等高线。此时受护面积四周保护煤柱侧平面的走向线方向与受护边界线一致。

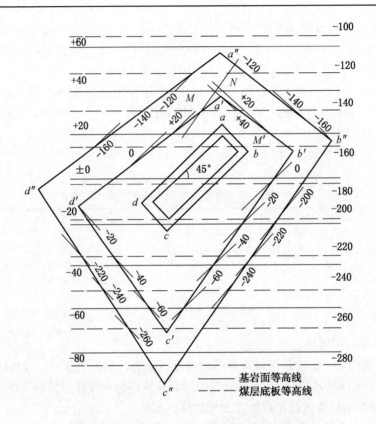

图 4-3   用数字标高投影法设计工业场地保护煤柱

（3）连接保护煤柱侧平面与基岩面上同值等高线的交点，得到工业场地在基岩面上的保护煤柱边界——四边形 $a'b'c'd'$。

3. 确定保护煤柱边界

（1）以四边形 $a'b'c'd'$ 为受护边界线，在基岩内以 β'、γ' 作保护煤柱侧平面。由于 $a'b'$、$b'c'$、$c'd'$、$d'a'$ 各边与煤层走向夹角不等，应分别求出各边的 β'、γ' 角，其结果见表 4-2。

表 4-2   相邻两等高线之间的水平距离 d 计算结果

边	$a'b'$	$b'c'$	$c'd'$	$d'a'$
$\theta/(°)$	37	56	55	37
$\beta'/(°)$	66			66
$\gamma'/(°)$		73	73	
d/m	9	6	6	9

（2）按 $d = D\cot\beta'$ 或 $d = D\cot\gamma'$ 求取各侧面的保护煤柱侧平面上相邻两等高线之间的水平距离 d。计算时根据"保护煤柱空间体的侧平面上等高线的等高距应和煤层等高线的等高距相同"的原则，取 $D = 20$ m，各 d 值计算结果列于表 4 - 2。

（3）按图 4 - 3 中平面图比例尺在 $a'b'$ 一侧绘出倾角为 β' 的保护煤柱侧平面等高线。其走向线方向确定方法如下：在 $a'b'$ 直线上找出基岩面标高为 +40 m 的 M 点，从 M 点起作 $a'b'$ 边垂线，在该垂线上以 $d = 9$ m 为平距，划分出标高为 +20、0、-20、-40…的标高分级点。将诸分级点中标高为 +20 m 的 N 点与 $a'b'$ 边上标高为 +20 m 的 M' 点相连，得线段 $M'N$。该线段即为保护煤柱空间体侧平面等高线的走向线。根据该走向线方向及各标高分级点绘出保护煤柱侧平面等高线。

（4）将保护煤柱侧平面等高线与煤层中的同值等高线（该例中 $a'b'$ 一侧的同值等高线为 -120、-140、-160）的交点相连，即得保护煤柱侧平面与煤层的交线 $a''b''$，此交线即为保护煤柱一侧的边界。

（5）同理可在 $b'c'$、$c'd'$、$d'a'$ 各侧面分别求出保护煤柱边界 $b''c''$、$c''d''$、$d''a''$。$a''b''c''d''$ 即为工业场地保护煤柱边界。

4.2.4 用垂直剖面法设计铁路保护煤柱

某矿区有国家一级铁路线通过。铁路下方的煤层埋藏深度为 120 ~ 310 m，煤层厚度 $M = 2.0$ m，煤层倾角 $\alpha = 15°$。煤系岩层为中等硬度，以砂岩、砂质页岩互层为主。铁路线路位置及煤层底板等高线如图 4 - 4 所示。松散层厚度 $h = 20$ m，为正常湿度的砂质黏土，地面平均标高为 +70。采用垂直剖面法设计铁路保护煤柱，其具体步骤如下：

1. 确定受护范围边界

在图 4 - 4 的平面图上，在路堤部分以路堤坡脚外 1 m 得出边界 $abcdeff'e'd'c'b'a'$。该铁路保护等级为 Ⅰ 级，其围护带宽度为 20 m。由此得出铁路受护范围边界为 $a_1b_1c_1d_1e_1f_1f_1'e_1'd_1'c_1'b_1'a_1'$。

2. 确定保护煤柱边界

（1）移动角确定。按照《规范》规定，该铁路保护煤柱按移动角留设，移动角值参数确定如下：

$$\varphi = 45° \qquad \delta = \gamma = 80° \qquad \beta = 80° - 0.8\alpha = 68°$$

（2）根据线路特征，作 6 个横向竖直剖面：$A—A'$、$B—B'$、$C—C'$、$D—D'$、$E—E'$、$F—F'$。

（3）在平面图上，根据煤层底板等高线求出各剖面上受护面积边界点下方煤层埋藏深度 H_1 和 H_2（各点处的煤层底板标高减去地表标高），列于表 4 - 3。

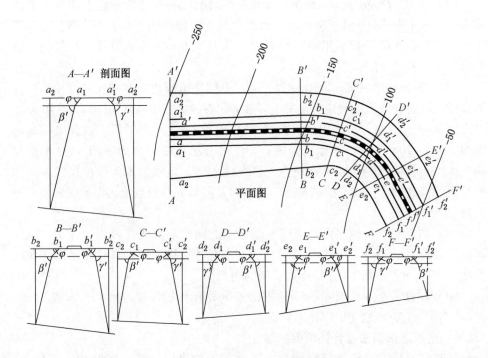

图4-4 铁路保护煤柱设计

表4-3 铁路线路各剖面特征表

剖 面	H_1/m	H_2/m	θ/(°)	β'/(°)	γ'/(°)
A—A′	309	315	67	77	80
B—B′	219	227	67	77	80
C—C′	196	199	86	80	80
D—D′	176	170	73	78	80
E—E′	157	145	51	74	80
F—F′	133	120	51	74	80

（4）在平面图上量出各剖面处受护边界与煤层走向的夹角 θ，并列于表4-3。按式（4-1）和式（4-2）计算各剖面上的斜交剖面移动角 β'、γ'值，列于表4-3。

（5）作 A—A' 横向竖直剖面图，由受护边界点 a_1、a_1' 以 $\varphi = 45°$ 作直线到基岩面，然后从该两交点分别以 $\beta' = 77°$、$\gamma' = 80°$ 作直线与煤层底板相交，得交点。在 A—A' 剖面图上，将交点投影到地面上得 a_2、a_2' 点，$a_2 a_2'$ 为该剖面上铁路保护煤柱边界在地表的投影。

（6）用同样方法求出 B—B'、C—C'、D—D'、E—E'、F—F' 剖面上的铁路保护煤柱边界在地表的投影 $b_2 b_2'$、$c_2 c_2'$、$d_2 d_2'$、$e_2 e_2'$、$f_2 f_2'$。

（7）将所求各点转绘到平面图上，用圆滑曲线连接各点，得曲线 $a_2 b_2 c_2 d_2 e_2 f_2$ 和 $a_2' b_2' c_2' d_2' e_2' f_2'$。两曲线以内的煤层为铁路保护煤柱。

4.2.5 用垂直剖面法设计铁路立交桥保护煤柱

某矿井田内有铁路立交桥一座（图 4-5）。桥上为矿区专用铁路线，桥下为国家一级铁路线。今欲在矿区专用铁路线下采煤，需设计国家一级铁路线及立交桥保护煤柱，其允许水平变形值为 2 mm/m。

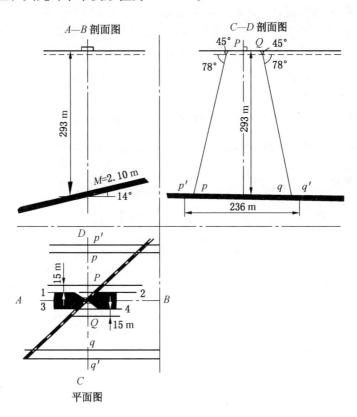

图 4-5 铁路立交桥保护煤柱设计

该立交桥处地质开采技术条件为：松散层厚度 $h=7$ m，煤层埋深 $H=293$ m，煤层倾角 $\alpha=14°$，煤层厚度 $M=2.10$ m，立交桥长轴方向与煤层倾斜方向一致。

根据《规范》规定，采用垂直剖面法设计立交桥保护煤柱。由于该保护煤柱宽度尺寸较小，应对其水平变形值进行验算，以确保立交桥不受采动影响。其步骤如下：

1. 确定受护范围边界

在平面图上，受护范围边界应以线路两侧路堑顶边缘为界（图 4－5 的 1－2 和 3－4 两直线），并在受护范围边界两侧各加 15 m 宽的围护带，得出受护范围边界。

2. 确定保护煤柱边界

（1）参数选择。$\varphi=45°$，$\delta=78°$，$\gamma=78°$，$\beta=78°-0.7\alpha=68°$。

（2）由于立交桥长轴方向和国家一级线路方向及煤层倾斜方向一致，故只考虑沿煤层走向方向设计保护煤柱边界即可，即图 4－5 中沿煤层走向剖面上的保护煤柱边界 pq。设计方法详见 4.2.1 中 C—D 剖面保护煤柱。

（3）煤柱宽度尺寸验证。为了保证立交桥的水平变形值不超过其允许值，应进行水平变形值预计：

① 预计参数选择：

下沉系数 $q=0.67$　　$\tan\beta=1.85$　　$S_3=S_4=0.1H$　　$b=0.3$

② 已知 $H=293$ m，$M=2100$ mm，$\alpha=14°$，反求允许变形值点处的 $\dfrac{x}{r}$ 值。

根据：　　　　　$\tan\beta=\dfrac{H}{r}$　　$r=\dfrac{H}{\tan\beta}=\dfrac{293}{1.85}=158$（m）

$$W_{cm}=qM\cos\alpha=0.67\times2100\times0.9703=1365\ (\text{mm})$$

$$\varepsilon_{cm}=1.52b\frac{W_{cm}}{r}=3.94\ (\text{mm/m})$$

待求点的水平变形值 $\varepsilon_x=1$（mm/m）（因双向半无限叠加，取 $\varepsilon_x=\dfrac{2\ \text{mm/m}}{2}$）。

按 $\dfrac{\varepsilon_x}{\varepsilon_{cm}}=\dfrac{1}{3.94}=0.245$ 为引数，查表得

$$\frac{x}{r}=0.93\qquad x=0.93r$$

③ 确定允许变形值处的保护煤柱宽度。

因 $x=0.93r=0.93\times158=147$ m，故计算保护煤柱宽度为 $L=2x=2\times147=$

294 m，实际设计保护煤柱宽度应减去两侧的拐点偏距为 $l = L - S_3 - S_4 = 294 - 29 - 29 = 236$（m）。

而按移动角法所设计保护煤柱的宽度为 $pq = 204$ m。为了使立交桥处的 ε_x 叠加值不超过允许值 2 mm/m，必须增大煤柱尺寸，即需增加 $236 - 204 = 32$ m，故保护煤柱两侧应各增加 16 m。图 4-5 中 qq' 及 $p'p$ 为增加的保护煤柱宽度。

4.2.6　用垂线法设计铁路保护煤柱

某矿区有国家高速铁路通过，铁路线路位置及煤层底板等高线如图 4-6 所示。铁路下方的煤层埋藏深度 $H = 210 \sim 280$ m，煤层厚度 $M = 2.0$ m，煤层倾角 $\alpha = 18°$。煤系地层属中等硬度岩层，松散层厚度 $h = 20$ m。铁路所在地表比较平坦，平均标高为 +60 m。

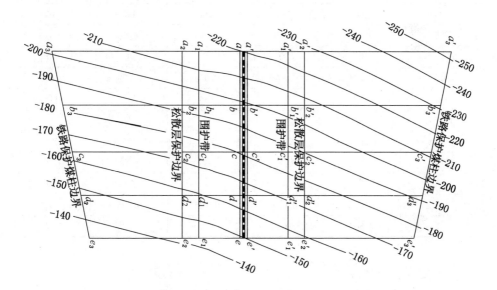

图 4-6　用垂线法设计铁路保护煤柱

该矿区地表移动角值参数为 $\delta_0 = \gamma_0 = 58°$，$\beta_0 = \delta_0 - 0.65\alpha = 46°$，$\varphi = 45°$。采用垂线法设计铁路保护煤柱，其具体步骤如下：

1. 确定受护范围边界

在图 4-6 的平面图上，在路堤部分以路堤坡脚外 1 m 得出边界 $abcdee'd'c'b'a'$。根据《规范》规定，该铁路保护等级为特级，其围护带宽度为 50 m，由此得出铁路受护范围边界为 $a_1b_1c_1d_1e_1e_1'd_1'c_1'b_1'a_1'$。

2. 确定松散层保护边界

在受护范围边界 $a_1b_1c_1d_1e_1e_1'd_1'c_1'b_1'a_1'$ 向外按宽度 $s = h\cot\varphi = 20 \times \cot45° =$

20 m 划出松散层的保护边界 $a_2b_2c_2d_2e_2e_2'd_2'c_2'b_2'a_2'$。

3. 计算垂线长度

由 a_2、b_2、c_2、d_2、e_2、e_2'、d_2'、c_2'、b_2'、a_2' 各点分别作线段 a_2b_2、b_2c_2、c_2d_2、d_2e_2、$e_2'd_2'$、$d_2'c_2'$、$c_2'b_2'$、$b_2'a_2'$ 的垂线 a_2a_3、b_2b_3、c_2c_3、d_2d_3、e_2e_3、$a_2'a_3'$、$b_2'b_3'$、$c_2'c_3'$、$d_2'd_3'$、$e_2'e_3'$。因国家高速铁路属于特级保护，故保护煤柱按照边界角留设，垂线长度计算采用斜交剖面边界角公式。各垂线长度 q、l 按式（4-7）计算，计算结果见表 4-4。

表 4-4　垂线长度 q、l 计算结果

计算点号	a_2	b_2	c_2	d_2	e_2
$H_i - h/m$	256	232	214	198	182
垂线	a_2a_3	b_2b_3	c_2c_3	d_2d_3	e_2e_3
$\theta/(°)$	70	70	70	70	70
$\cot\beta_0'$	0.674	0.674	0.674	0.674	0.674
q/m	160	145	134	124	114
计算点号	a_2'	b_2'	c_2'	d_2'	e_2'
$H_i - h/m$	268	247	230	215	199
垂线	$a_2'a_3'$	$b_2'b_3'$	$c_2'c_3'$	$d_2'd_3'$	$e_2'e_3'$
$\theta/(°)$	70	70	70	70	70
$\cot\gamma_0'$	0.625	0.625	0.625	0.625	0.625
l/m	180	166	154	144	134

4. 确定保护煤柱边界

在各垂线上，按比例尺截取各线段的垂线长度得到 a_3、b_3、c_3、d_3、e_3、e_3'、d_3'、c_3'、b_3'、a_3' 各端点，用直线分别连接垂线各端点即为该国家高速铁路保护煤柱边界 $a_3b_3c_3d_3e_3e_3'd_3'c_3'b_3'a_3'$。

4.2.7　水体下安全煤（岩）柱设计

某矿采区上方地表有水库一座，最高洪水深 17 m，坝顶高 20 m，其范围及位置如图 4-7 所示。水库下方为含水砂砾层，厚 10 m，基岩风化带垂深 10 m，富水性强，煤层厚度 $M=6.5$ m，煤层倾角 $\alpha=20°$，采用倾斜分层长壁下行陷落法分 3 个分层开采。煤层覆岩岩性为中硬。要求设计该水库及库坝下方安全煤（岩）柱。

根据规定，水体下安全煤（岩）柱水平方向按裂缝角留设，垂直方向按水

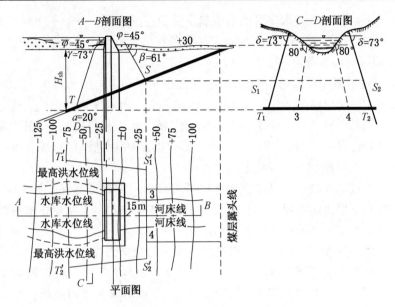

图 4-7 水体下安全煤（岩）柱设计

体采动等级要求的安全煤（岩）柱类型留设。

采用垂直剖面法设计该水库及库坝下方安全煤（岩）柱，其步骤如下：

1. 技术参数选定

（1）岩层裂缝角取 $\delta'' = 80°$；移动角取 $\varphi = 45°$，$\delta = \gamma = 73°$，$\beta = 73° - 0.6\alpha = 61°$。

（2）防水安全煤（岩）柱厚度计算。

防水安全煤（岩）柱高度 H_{sh} 计算如下：

$$H_{sh} = H_{li} + H_b + H_{fe}$$

式中 H_{li}——导水裂缝带的最大高度，m；

H_b——保护层厚度，m；

H_{fe}——基岩风化带深度，m。

因 $H_{li} = \dfrac{100\sum M}{1.6\sum M + 3.6} + 5.6 = \dfrac{100 \times 6.5}{1.6 \times 6.5 + 3.6} + 5.6 = 52$（m）

$$H_b = 6\frac{\sum M}{n} = 6 \times \frac{6.5}{3} = 13 \text{（m）}$$

$$H_{fe} = 10 \text{（m）}$$

故 $H_{sh} = 52 + 13 + 10 = 75$（m）

2. 受护范围边界的确定

在井上下对照图上按水库平面范围确定受护范围边界。由于库坝属水工建筑物，其围护带宽度取 15 m。无库坝处仅考虑最高洪水位线，不另加围护带。

3. 保护煤柱边界确定

（1）通过水库底界面的最低标高处，作煤层倾斜和走向剖面图 A—B、C—D。

（2）在 A—B 剖面图上，首先在煤层浅部一方，即水库受护边界点确定煤层倾斜上山一侧的煤柱边界。由于上山一侧为库坝（水工建筑物），其保护煤柱边界应以移动角法设计。以 $\varphi = 45°$ 作直线，然后以 $\beta = 61°$ 继续作直线与煤层顶板相交于 S 点，得出库坝保护煤柱上边界点。

然后，通过水库底界面（本例中为砂砾层底板）的最低标高点处作水平线。由此水平线向下量出防水煤（岩）柱厚度 $H_{sh} = 75$ m 再过其下端点作水平线与煤层相交，得出水库下方保护煤柱下边界点 T。

（3）在走向剖面 C—D 图上，以最高洪水位为受护边界，以移动角 $\delta = 73°$ 作直线与煤层底板相交于 S_1、S_2、T_1、T_2 点。将 S_1、S_2、T_1、T_2 点转绘到平面图上，得 T_1'、S_1'、S_2'、T_2' 点，连接 T_1'、S_1'、S_2'、T_2' 点形成一个四边形，即为库坝保护煤柱边界平面图。

（4）该例中应进行如下验证：如果单独作出的库坝保护煤柱下边界超过水库保护煤柱，应取库坝保护煤柱下边界作为水库下采煤的开采上限。反之，以水库保护煤柱边界为其开采上限。本例中库坝保护煤柱下边界在水库保护煤柱边界以内，故取水库保护煤柱边界为最终边界（即水库下采煤的开采上限）。

（5）库坝外的河床仍必须留设保护煤柱。为此，在走向剖面 C—D 图上定出库坝外河床受护边界，以裂缝角 $\delta'' = 80°$ 作直线与煤层底板相交于 3、4 点。将 3、4 点转绘到平面图上。在平面图上，以 3、4 两点为基点，平行于河床作平行线，至煤层露头线，此为库坝外河床的保护煤柱边界。

4.2.8　急倾斜煤层群立井保护煤柱设计

某矿开采急倾斜煤层群（3 个煤层），煤层倾角 68°，各煤层厚度及间距如图 4-8 所示。立井井筒位于煤层底板一侧。

根据《规范》规定，立井及工业场地保护煤柱在煤层倾斜剖面上用 λ 角设计，在煤层走向方向上用 δ 角设计。

用垂直剖面法设计该急倾斜煤层群保护煤柱，步骤如下：

1. 地面受护范围边界的确定

过工业场地角点作平行于煤层走向或倾斜方向的直线，得四边形 1234。按照《规范》规定，围护带宽度取为 20 m，在四边形外围加围护带，得出地面受护范围边界 1'2'3'4'。

2. 保护煤柱边界的确定

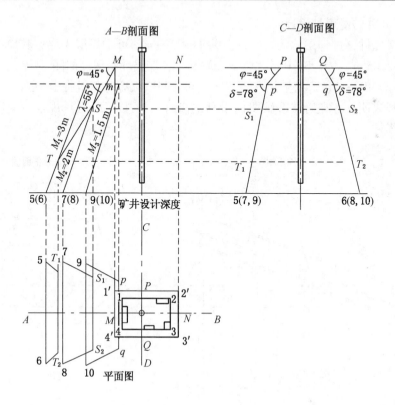

图 4 - 8　急倾斜煤层群立井保护煤柱设计

（1）过井筒中心作沿煤层倾斜方向的剖面 $A—B$ 及走向方向的剖面 $C—D$。

（2）选取移动角参数为：$\delta = 78°$，$\lambda = 55°$，$\varphi = 45°$。

（3）将平面图上受护边界投影到 $A—B$ 剖面上，得 M、N 点。过 M 点以 $\varphi = 45°$作直线，交基岩面于 m 点。由 m 点以 $\lambda = 55°$作直线，该直线与 M_1、M_2 煤层交于 T、S 点。此两点分别为该二煤层的开采下限。$A—B$ 剖面上 mST 直线及矿井设计深度以内所圈定的煤层均为 $A—B$ 剖面的保护煤柱，转绘到平面图上。

（4）同理，将平面图上受护边界投影至 $C—D$ 剖面上，得 P、Q 点。由 P、Q 两点以 $\varphi = 45°$作直线交基岩面于 p、q 点。由 p、q 两点以 $\delta = 78°$作直线。两直线与设计深度所圈定的煤层为走向剖面 $C—D$ 上保护煤柱的垂直投影图，转绘到平面图上。

（5）在平面图上连接 T_1、T_2、6、5 点为 M_1 煤层保护煤柱边界，连接 S_1、S_2、8、7 点为 M_2 煤层保护煤柱边界，连接 p、q、10、9 点为 M_3 煤层保护煤柱边界。

4.2.9 立井防滑煤柱设计

某矿立井穿过一层软弱岩层，立井垂深 200 m，可采煤层 3 层，其厚度分别为 $M_1 = 2.05$ m、$M_2 = 3.20$ m、$M_3 = 1.37$ m，各煤层埋藏深度如图 4-9 所示。煤层倾角 $\alpha = 19° \sim 21°$，松散层厚度 $h = 30$ m，井口仅有井架及提升机房。该矿区观测资料表明，存在岩层沿软弱面滑移的条件，故按《规范》规定，应考虑留设防滑煤柱。

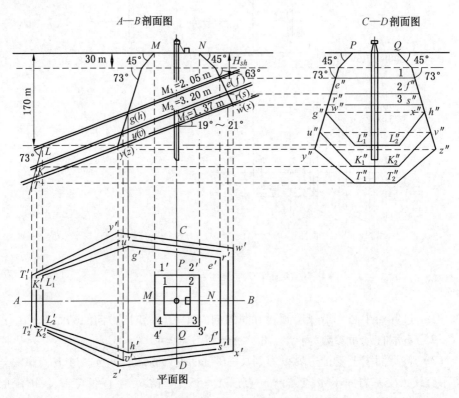

图 4-9　立井防滑煤柱设计

采用垂直剖面法设计该立井防滑煤柱，步骤如下：

1. 地面受护范围边界的确定

由于井口附近除井架及提升机房外，无其他重要建筑物。在确定地面受护范围边界时，应考虑护井煤柱，该例中护井煤柱为 20 m（可根据具体条件取值）。为此，在地面井口井壁起向上山、下山及走向向外各推 20 m，取正方形作为井口受护边界。如果提升机房位于该受护边界以外，应以提升机房外边界为受护范围边界，该例中地面受护边界为 1234 四边形（图 4-9）。根据《规范》规定，立井围护带宽度为 20 m，由此得地面受护范围边界 $1'2'3'4'$。

2. 立井保护煤柱边界的确定

采用垂直剖面法按一般原则设计立井保护煤柱，设计方法及步骤详见
4.2.1。所用参数为 $\varphi = 45°$，$\delta = 73°$，$\gamma = 73°$，$\beta = 73° - 0.5\alpha = 63°$。

3. 立井防滑保护煤柱边界的确定

（1）1 号煤层（M_1 煤层）防滑煤柱下边界的确定。根据《规范》规定，
1 号煤层（煤层群的最上层）应留设防滑煤柱的深度 H_B 计算如下：

$$H_B = H_s \sqrt[3]{n} + H_上$$

式中　　H_s——发生滑移的临界深度，由于该矿区无实测资料，可按表 4-5 选
　　　　　　定，用内插法计算得 $h = 30$ m，$\alpha = 20°$ 时，$H_s = 85$ m；

　　　　n——开采煤层数，本例中 $n = 3$；

　　　　$H_上$——1 号煤层立井保护煤柱上边界垂深，该例中 $H_上 = 48$ m。

故　　　　　　$H_B = H_s \sqrt[3]{n} + H_上 = 85 \times 1.44 + 48 = 170$（m）

表 4-5　滑移临界深度 H_s 取值表

h/m	煤　层　倾　角　α					
	15°	25°	35°	45°	55°	60°
≤5	30	60	90	110	140	155
10	30	70	100	130	160	180
15	35	80	115	145	180	200
≥20	50	115	160	200	255	285

根据计算结果，$H_B = 170$ m，在煤层倾斜剖面 $A—B$ 上按比例尺找出 $H_B = 170$ m 水平线与 1 号煤层 M_1 底板相交于 L 点。将 L 点分别投影到平面图上和 $C—D$ 剖面图上。在平面图上得防滑煤柱下边界线 $L'_1 L'_2$，在 $C—D$ 剖面图上得防滑煤柱下边界线 $L''_1 L''_2$。在 $C—D$ 剖面上，分别过受护面积边界点 P、Q 作垂线与 $L''_1 L''_2$ 水平线相交于 L''_1、L''_2 两点。$h''g''L''_1 L''_2$ 为防滑煤柱垂直投影。$f''e''g''L''_1 L''_2 h''$ 为包括防滑煤柱在内的保护煤柱垂直投影。

将 $L''_1 L''_2$ 转绘到平面图 $L'_1 L'_2$ 线上，得 L'_1、L'_2 两点，则 $h'g'L'_1 L'_2$ 为防滑煤柱水平投影图。$f'e'g'L'_1 L'_2 h'$ 为包括防滑煤柱在内的保护煤柱水平投影图。

（2）2 号、3 号煤层防滑煤柱下边界的确定。根据《规范》规定，在 $A—B$ 剖面上由 L 点以 $\gamma = 73°$ 作直线，与 2 号、3 号煤层分别相交于 K、T 两点，该两

点即为 2 号、3 号煤层防滑煤柱下边界点。

将 K、T 两点分别投影到平面图及 C—D 剖面上，得 $K_1'K_2'$、$T_1'T_2'$ 及 $K_1''K_2''$、$T_1''T_2''$ 直线。在 C—D 剖面上，从 P、Q 两点作垂线与 $K_1''K_2''$ 直线相交于 K_1''、K_2'' 两点；与 $T_1''T_2''$ 直线相交于 T_1''、T_2'' 两点。则 $v''u''K_1''K_2''$ 为 2 号煤层中防滑煤柱垂直投影图，$s''r''u''K_1''K_2''v''$ 为 2 号煤层中保护煤柱垂直投影图；$z''y''T_1''T_2''$ 为 3 号煤层中防滑煤柱垂直投影图，$x''w''y''T_1''T_2''z''$ 为 3 号煤层中保护煤柱垂直投影图。

(3) 立井防滑保护煤柱边界的确定。将 K_1''、K_2'' 及 T_1''、T_2'' 各点分别转绘到平面图上，得 K_1'、K_2' 及 T_1'、T_2' 各点，则 $v'u'K_1'K_2'$ 为 2 号煤层防滑煤柱水平投影，$s'r'u'K_1'K_2'v'$ 为 2 号煤层保护煤柱水平投影；$z'y'T_1'T_2'$ 为 3 号煤层中防滑煤柱水平投影，$x'w'y'T_1'T_2'z'$ 为 3 号煤层中保护煤柱水平投影图。

4.2.10　斜井及工业场地保护煤柱设计

某矿有 3 层煤层，其厚度分别为 $M_1 = 2.05$ m、$M_2 = 1.05$ m、$M_3 = 3.75$ m，煤层倾角 $\alpha = 34°$，松散层厚度 $h = 20$ m。该煤层组用斜井开拓，井筒倾角 25°，穿过 Ⅰ、Ⅱ 号煤层。井底车场位于 Ⅱ 号煤层和 Ⅲ 号煤层之间，地面工业场地位于煤层底板一侧。要求为地面工业场地、斜井井筒和井底车场设计保护煤柱。

为方便起见，先分别设计工业场地、井底车场和斜井保护煤柱，然后予以合并。

1. 技术参数选择

根据该矿实测资料，确定移动角参数如下：

$$\varphi = 45°　　\delta = \gamma = 75°　　\beta = 75° - 0.3\alpha = 65°$$

根据《规范》规定，工业场地围护带宽度为 15 m。

该矿实际经验表明，主要井巷上面和两侧的护巷岩（煤）柱宽度应为 20 m。在平面图上，斜井井筒、井底车场护巷煤柱用虚线圈出，如图 4-10 所示。

2. 工业场地保护煤柱设计

(1) 在煤层倾斜剖面 A—B 上，由工业场地受护边界 N 点在松散层内以 $\varphi = 45°$ 作直线，与基岩面交于 n_0 点，在基岩内以 $\gamma = 75°$ 作直线，与 M_1 煤层交于 1(2) 点，得到保护煤柱下边界点。保护工业场地时，在煤层底板方向不需要设计保护煤柱，在 M_2、M_3 煤层内不需要设计工业场地保护煤柱。

(2) 在煤层走向剖面 C—D 上，由受护边界 N、P 以 $\varphi = 45°$ 作直线，与基岩面交于 n_1、n_2 点，在基岩内以 $\delta = 75°$ 作直线得两斜线 $n_1 1$、$n_2 2$。将 A—B 剖面上 1 (2) 投影至 C—D 剖面与 $n_1 1$ 直线交于 1 点，与 $n_2 2$ 直线交于 2 点，1、2 点即为保护煤柱下边界，煤柱上边界以煤层露头线为界。

(3) 将 A—B 及 C—D 剖面上 n_0、1(2)、n_1、n_2、1、2 各点转绘到平面图上，得梯形 $n_1 n_2 2 1$，即为平面图上工业场地保护煤柱边界线。

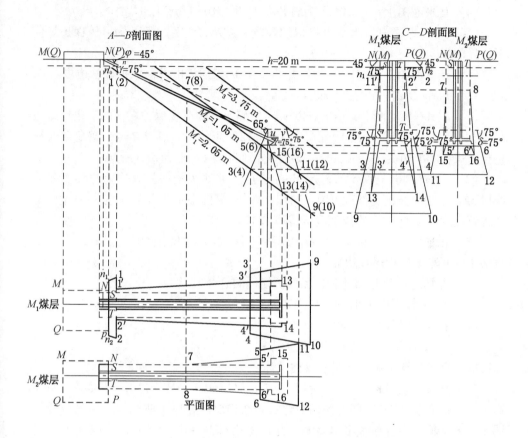

图 4-10 斜井及工业场地保护煤柱设计

3. 斜井井筒保护煤柱设计

（1）在 A—B 剖面上，由斜井与井底车场交点用 $\gamma = 75°$ 作直线与 M_1、M_2 煤层交于 13(14)、15(16) 点，该两点为井筒保护煤柱在 M_1、M_2 煤层中的下边界。

（2）M_1 煤层中斜井井筒保护煤柱上边界即为煤层露头处的 n_0 点。在 M_2 煤层中斜井护巷岩柱顶部边界与 M_2 煤层的交点 7(8) 点，即为保护煤柱上边界。

（3）在 C—D 剖面上，M_1 煤层中斜井井筒煤柱上边界线与该层中工业场地上边界一致，从 S、T 点处，以 $\delta = 75°$ 作直线与 1—2 线相交，得 $1'$、$2'$ 点。由 S'、T' 点，以 $\delta = 75°$ 作直线，与相当于 13(14) 点深度水平线相交，得 13、14 点，即井筒煤柱下边界。

（4）在平面图上，1′2′1413 为斜井在 M_1 煤层中的井筒保护煤柱边界。

（5）在 M_2 煤层中，78 为井筒保护煤柱上边界的宽度，1516 为井筒保护煤柱下边界的宽度。

（6）在平面图上，781615 为斜井井筒在 M_2 煤层中的井筒保护煤柱边界。

4. 井底车场保护煤柱边界设计

（1）在 A—B 剖面上，由 v 点以 $\gamma = 75°$ 确定井底车场保护煤柱的下边界，在 M_1 煤层中为 9（10）点，在 M_2 煤层中为 11（12）点。由 u 点以 $\beta = 65°$ 确定井底车场保护煤柱的上边界，在 M_1、M_2 煤层中分别为 3（4）点和 5（6）点。

（2）C—D 剖面上以 $\delta = 75°$ 定出 M_1 煤层中井底车场保护煤柱上边界宽度为线段 34，下边界宽度为线段 910。同理，在 M_2 煤层中定出井底车场保护煤柱上边界宽度为线段 56，下边界宽度为线段 1112。

（3）在平面图上，34109 为 M_1 煤层中井底车场保护煤柱边界，561211 为 M_2 煤层中井底车场保护煤柱边界。

5. 工业场地、斜井和井底车场保护煤柱的总合边界

（1）在 M_1 煤层中为 $1n_1n_222′4′410933′1′$。

（2）在 M_2 煤层中为 $786′6121155′7$。

（3）在 M_3 煤层中不需要设计保护煤柱。

4.2.11　反斜井及工业场地保护煤柱设计

某矿开采缓倾斜煤层，用反斜井开拓，煤层倾角为 $\alpha = 11°$，煤层厚度 $M = 2.20$ m。斜井倾角 23°。斜井倾向与煤层倾向相反。井口工业场地建筑物位置如图 4 - 11 所示。斜井倾斜长 415 m。井口地面标高 + 41.073 m，井底水平标高 - 122.57 m。松散层厚度 $h = 15$ m。用垂直剖面法设计斜井及工业场地保护煤柱，其步骤如下：

1. 受护范围边界的确定

如图 4 - 11 所示，在平面图上工业场地边界为矩形 1234，根据《规范》规定，工业场地围护带宽度为 15 m，故其受护范围边界为 1′2′3′4′。

根据该矿经验，斜井护巷岩柱宽度为 15 m。在主、副斜井巷帮向外量取 15 m，得出斜井受护边界 1_0562_0，不另加围护带宽度。

2. 保护煤柱边界的确定

1）确定岩层移动角参数

$$\delta = 75°　　　\gamma = 75°　　　\beta = 75° - 0.5\alpha = 70°　　　\varphi = 45°$$

2）绘制走向和倾斜方向剖面

在平面图上过斜井受护边界中心线沿煤层倾斜方向作 A—B 剖面，过工业场地中点、沿煤层走向作 C—D 剖面，并绘出工业场地、斜井及井底车场投影位置。

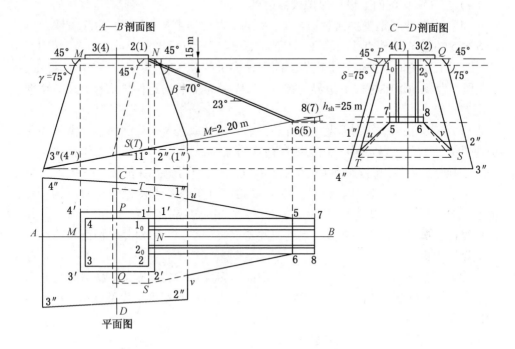

图 4 – 11   反斜井及工业场地保护煤柱设计

3）在 A—B 剖面上设计保护煤柱边界

（1）由工业场地受护面积边界 M、N 点，在松散层内以 $\varphi = 45°$ 作直线与基岩面相交。在基岩内，由基岩面上交点，分别以 $\gamma = 75°$、$\beta = 70°$ 作直线与煤层底板相交，得 $3''(4'')$、$2''(1'')$，即工业场地保护煤柱上、下边界点。

（2）斜井井筒保护煤柱下边界，即为井口在煤层上的垂直投影 $S(T)$（只留斜井保护煤柱时，下边界仍由井口受护边界点按移动角设计，见图 4 – 11 中的虚线）。斜井与煤层的交点为 $6(5)$ 点。

（3）斜井井底车场保护煤柱上边界应根据《规范》规定设计到 h_{sh} 的高度为止。

$$h_{sh} = 30 - 25 \frac{\alpha}{\rho} = 25 \text{ m} \quad （\alpha \text{ 表示煤层倾角}，\rho = 57.3°）$$

为此，从巷道顶板向上量垂高等于 25 m 作一水平线与煤层底板的交点为 $8(7)$ 点。

（4）由 $8(7)$ 点沿煤层至 $3''(4'')$ 为工业场地、斜井及井底车场保护煤柱在 A—B 剖面上的投影。

4) 在 C—D 剖面上设计保护煤柱边界

(1) 由工业场地受护面积边界 P、Q 点，以 $\varphi = 45°$ 在松散层内作直线，再以 $\delta = 75°$ 在基岩内作直线。将 A—B 剖面上 2″(1″) 点投影至 C—D 剖面上得 1″、2″，即为工业场地保护煤柱上边界。同理，将 3″(4″) 点投影至 C—D 剖面得 4″、3″，即工业场地保护煤柱下边界。梯形 1″2″3″4″ 为工业场地保护煤柱在 C—D 剖面上的投影。

(2) 斜井在 C—D 剖面上保护煤柱的设计方法。在 C—D 剖面上，由斜井受护边界 1_0、2_0 点，以 $\varphi = 45°$ 在松散层内作直线，以 $\delta = 75°$ 在基岩内作直线，将 A—B 剖面上 $S(T)$ 点投影到 C—D 剖面得 T、S，即为斜井保护煤柱下边界（包括在 1″、2″、3″、4″ 以内）。同理，将 A—B 剖面上 6(5) 点投影至 C—D 剖面上，得水平线，再由 1_0、2_0 点作铅垂线与该水平线相交于 5、6 点，5、6 点即为斜井保护煤柱上边界。由于在 6(5) 点处斜井与煤层相交，故以斜井受护面积边界作为该煤柱上边界宽度。

(3) 井底车场煤柱边界是将 A—B 剖面上 8(7) 点投影至 C—D 剖面与铅垂线 1_07 和 2_08 相交于 7、8 点，长方形 5687 即为井底车场保护煤柱在 C—D 剖面的投影。

5) 在平面图上设计保护煤柱边界

(1) 将 A—B 和 C—D 剖面上工业场地保护煤柱投影边界按投影原则分别投影到平面图上，得 1″2″3″4″ 为工业场地保护煤柱平面投影。

(2) 同理，将 A—B 和 C—D 剖面上斜井保护煤柱边界投影到平面图上，得 56ST 为斜井保护煤柱平面投影。

(3) 同理，在平面图上得井底车场保护煤柱边界 5687。

在平面图上 4″1″u5786v2″3″ 为工业场地、斜井和井底车场保护煤柱的总合图。

4.2.12　煤层向、背斜构造地区保护煤柱设计

4.2.12.1　建筑物位于向斜轴部上方时保护煤柱的设计

(1) 如图 4-12a 所示，在煤层倾斜剖面上由受护边界 M、N 点，以 φ 角作直线至基岩面 Ⅰ、Ⅰ′ 点。

(2) 在基岩内，由于向斜翼上岩（煤）层倾角的变化，在采用 $\beta = \delta - k\alpha$ 确定保护煤柱上边界时，应选用不同的 β 值。为计算方便，按倾角相差 10° 为间隔，用 α_{I} 求出 β_{I}，由 Ⅰ、Ⅰ′ 点以 β_{I} 作直线交于 Ⅱ、Ⅱ′ 点（Ⅱ、Ⅱ′点处的岩层倾角 α_{II} 比 Ⅰ、Ⅰ′点处 α_{I} 相差 10°）。

(3) 用 α_{II} 求出 β_{II}，由 Ⅱ、Ⅱ′ 点以 β_{II} 作直线至煤层底板 m、n 点。如果在 Ⅱ、Ⅱ′点至煤层之间岩层的倾角仍变化很大（大于 10°），应按上述原则确定出点 Ⅲ Ⅲ′、Ⅳ(Ⅳ′)…直至煤层底板。

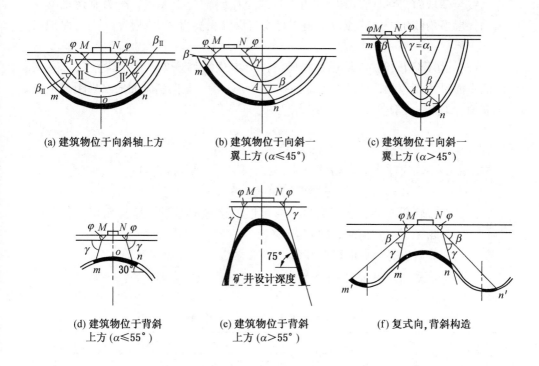

(a) 建筑物位于向斜轴上方   (b) 建筑物位于向斜一   (c) 建筑物位于向斜一
                              翼上方 ($\alpha \leqslant 45°$)   翼上方 ($\alpha > 45°$)

(d) 建筑物位于背斜   (e) 建筑物位于背斜   (f) 复式向,背斜构造
    上方 ($\alpha \leqslant 55°$)   上方 ($\alpha > 55°$)

图 4 - 12   向、背斜构造地区保护煤柱设计

（4）在煤层走向剖面上，保护煤柱边界设计的方法是，过向斜轴面与煤层交点 O 处作走向剖面，以 φ、δ 角在松散层和基岩内作直线，得出保护煤柱的上、下边界。

4.2.12.2   建筑物位于向斜一翼上方时保护煤柱的设计

1. 向斜构造煤（岩）层倾角小于或等于45°时（图 4 - 12b）

（1）在倾斜剖面上，由 M 点在松散层内以 φ 角作直线，在基岩内以 β 角作直线与煤层底板相交得 m 点，为保护煤柱上边界。

（2）由 N 点在松散层内以 φ 角作直线，在基岩内以 γ 角作直线与煤层底板相交得 n 点，为保护煤柱下边界。如果该直线与向斜轴面相交（设交点为 A），则由交点以 β 角作直线与煤层底板相交于 n 点。此时 n 点为保护煤柱下边界。

（3）保护煤柱走向方向边界的设计方法同前。

2. 向斜构造煤（岩）层倾角大于45°时（图 4 - 12c）

（1）在倾斜剖面上，保护煤柱上边界仍采用 φ、β 角设计。

（2）保护煤柱下边界设计方法如图 4 - 12c 所示。由 N 点以 φ 角在松散层内作直线至基岩面，在基岩内以 α_1 角作直线至向斜轴交于 A 点。α_1 为有建筑物一翼的煤层平均倾角。由 A 点以 β 角作直线与煤层底板相交于 n 点，n 点为保护煤柱下边界。

（3）为了防止保护煤柱在大倾角条件下出现滑移现象，保护煤柱应具有一定的平面尺寸。为此，要求保护煤柱下边界（n 点）至向斜轴面的水平距离不小于 d 值。d 值的计算如下：

$$d = H_B \frac{(\sin\alpha_3 - \cos\alpha_2 \cdot \tan\rho')\cot\alpha_3}{2(\tan\rho' \cdot \cos\alpha_2 + \sin\alpha_2)} = KH_B$$

式中　　α_3——煤层露头至 $\alpha = \rho'$ 的点一段内煤层平均倾角，（°）；

　　　　H_B——为 $\alpha = \rho'$ 的点处煤层埋藏深度，m；

　　　　ρ'——软弱面上（有时为岩层与煤层的接触面）的内摩擦角值，当该矿无实测 ρ' 值时，取 $\rho' = 13°$；

　　　　α_2——向斜另一翼的煤层倾角，（°）；

　　　　K——系数，可按表 4 - 6 确定。

表 4 - 6　系数 K 值（当 $\rho' = 13°$ 时）

$\alpha_2/(°)$	$\alpha_3/(°)$							
	14	16	20	25	30	39	45	51
1	0.145	0.377	0.692	0.922	1.047	1.119	1.095	1.030
5	0.113	0.295	0.542	0.721	0.819	0.876	0.857	0.807
10	0.090	0.234	0.428	0.571	0.648	0.693	0.678	0.638
15	0.075	0.194	0.357	0.475	0.539	0.577	0.564	0.531
25	0.057	0.148	0.272	0.362	0.411	0.440	0.430	0.405
35	0.047	0.123	0.225	0.300	0.341	0.364	0.357	0.335
45	0.041	0.108	0.197	0.263	0.299	0.319	0.321	0.294

4.2.12.3　建筑物位于背斜轴部上方时保护煤柱的设计

1. 背斜两翼煤层倾角小于 55°时（图 4 - 12d）

（1）在倾斜剖面上，由受护边界以 φ 角在松散层内作直线，以 γ 角在基岩内作直线，与煤层底板相交于 m、n 点，为保护煤柱边界。

（2）在背斜轴面与煤层交点 O 处作走向剖面。在走向剖面上以 φ、δ 作直线，得出保护煤柱的走向边界。

2. 背斜两翼煤层倾角大于 55°时（图 4 - 12e）

（1）在倾斜剖面上，如果以 φ、γ 所作直线不与煤层相交，则以矿井设计深度作为保护煤柱下边界线。

（2）在走向剖面上，以 φ、δ 作直线设计保护煤柱的走向边界。

3. 为复式向背斜，背斜两翼煤层倾角小于55°时（图4-12f）

（1）背斜区域内保护煤柱的设计方法如图4-12d所示。

（2）根据具体情况，在向斜部分也要求设计保护煤柱。设计方法如下：在倾斜剖面上，由受护面积边界以 φ、β 作直线，与向斜部分的煤层底板相交于 m'、n'，m'、n' 点为向斜区域内保护煤柱上边界点。而保护煤柱下边界取向斜轴面与煤层的交点。

（3）在走向剖面上，保护煤柱边界的设计方法同前。

5　采动坡体稳定性预测

5.1　坡体稳定性预测公式

5.1.1　无稳定水位的单滑面采动坡体

如图 5 - 1 所示，对于无稳定水位的单滑面采动坡体，坡体抗滑力、坡体下滑力和坡体稳定性系数分别按式（5 - 1）、式（5 - 2）和式（5 - 3）计算：

$$S = W\{(1 - \eta)\cos\beta - P[\lambda(\varepsilon + \varepsilon') + \xi(i + i')] \times$$

$$\sin\beta\}\tan\phi - [\eta\cos\beta\tan\phi - (1 - \eta)]cL \qquad (5 - 1)$$

$$T = W\{(1 + \eta)\sin\beta + P[\lambda(\varepsilon + \varepsilon') + \xi(i + i')] \times \cos\beta\} + \eta cL\sin\beta \qquad (5 - 2)$$

$$K = \frac{S}{T} \qquad (5 - 3)$$

式中　S——坡体抗滑力，kN；

　　　T——坡体下滑力，kN；

　　　K——坡体稳定性评价系数：$K > 1$，坡体稳定；$K \leqslant 1$，坡体不稳定；

　　　W——滑动体重量，kN，$W = \gamma A$，γ 为滑动体视密度，kN/m³，A 为滑体体积，m³；

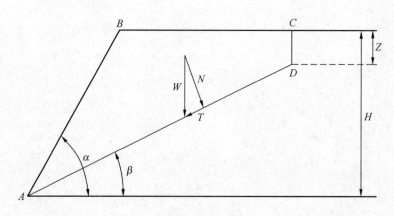

N—滑动体重量垂直于滑面的压力分量，kN；H—坡体垂高，m；Z—滑体后壁张开性裂缝深度，$Z = CD$，m；α—坡面倾角，（°）；β—滑面倾角，（°）

图 5 - 1　单滑面采动坡体计算示意图

c——滑动面内聚力，kPa；

L——滑坡体主剖面上的滑动面长度，$L = AD$，m；

Z——滑体后壁张开性裂缝深度，$Z = CD$，m；

α——坡面倾角，(°)；

β——滑面倾角，(°)；

ϕ——滑面内摩擦角，(°)；

λ——侧压力系数，$\lambda = \dfrac{\mu}{1-\mu}$，$\mu$ 为泊松比；

P——坡体采动程度系数：$P = k \cdot \dfrac{M \cdot D}{H_0 \cdot F} \cdot \tan\alpha \leqslant 10$；其中：$k$ 为取决于滑体后壁张开性裂缝深度 Z 的系数，不开裂 $Z = 0$ 时，取 $k = 0.5$，当裂缝深度 $Z \geqslant 10$ m 时，取 $k = 2$，其他内插确定，单位 $1/m$；M 为坡体下方煤层开采厚度，m；H_0 为坡体下方平均开采深度，m；D 为坡体下方开采宽度，m（如 $D \geqslant 1.5H_0$ 时，取 $D = 1.5H_0$）；F 为岩性系数，可按表 5-1 选取；

η、ξ——计算系数，$\eta = \dfrac{P \cdot w}{H_i - H}$（当 $H_i < H$ 时，$\eta = \dfrac{P \cdot w}{H_i}$）；$\xi = \dfrac{H}{H_i}$（当 $H_i < H$ 时，$\xi = 1.0$）；其中：w 为坡顶边缘下沉值，m；H_i 为坡顶至开采煤层底板垂高，m；

i、i'——坡顶边缘最终和动态倾斜值，倾向与坡体相同时取正值，相反时取负值；

ε、ε'——坡顶边缘最终和动态水平变形值，拉伸为正值，压缩为负值，动态取正值。

表 5-1 岩（土）性系数 F（用于坡体采动程度系数 P 值的计算）

岩（土）名称	F	岩（土）名称	F
坡积物及亚砂土	1.0~1.2	砂质页岩（钙质胶结）	1.8~2.0
亚黏土~黏土	1.2~1.4	中硬砂岩和石灰岩	2.0~2.2
泥岩和粉砂岩	1.4~1.6	坚硬砂岩和石灰岩	2.2~2.5
泥质页岩和砂质泥岩	1.6~1.8	极坚硬灰岩和石英砂岩	2.8~3.0

5.1.2 具有静水压力的单滑面采动坡体

如图 5-2 所示，对于具有静水压力的单滑面采动坡体，坡体抗滑力、

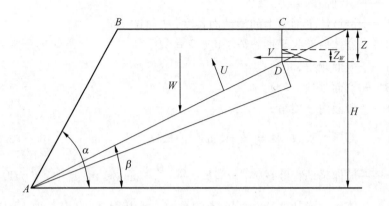

图 5-2　具有静水压力的单滑面采动坡体计算示意图

坡体下滑力和坡体稳定性系数分别按式（5-4）、式（5-5）和式（5-6）计算:

$$S = \{W\{(1-\eta)\cos\beta - P[\lambda(\varepsilon+\varepsilon') + \xi(i+i')] \times \sin\beta\} - U - V\sin\beta\}\tan\phi - [\eta\cos\beta\tan\phi - (1-\eta)]cL \qquad (5-4)$$

$$T = W\{(1+\eta)\sin\beta + P[\lambda(\varepsilon+\varepsilon') + \xi(i+i')] \times \cos\beta\} + V\cos\beta + \eta cL\sin\beta \qquad (5-5)$$

$$K = \frac{S}{T} \qquad (5-6)$$

式中　U——静水压力，kN；

　　　V——裂隙水侧压力，kN，$V = \frac{1}{2}\gamma_w Z_w^2$，$\gamma_w$ 为水体视密度，kN/m³，Z_w 为张性裂缝中充水深度，m；

　　　L——滑动面长度：$L = \dfrac{H-Z}{\sin\beta}$，m；

　　　W——滑动体重量：$W = \dfrac{1}{2}\gamma H^2 \left[\cot\beta - \cot\alpha - \left(\dfrac{Z}{H}\right)^2 \cot\beta\right]$，kN。

　　其他符号意义同前。

5.1.3　厚表土层圆弧形滑面采动坡体

　　如图 5-3 所示，对于厚表土层圆弧形滑面采动坡体，坡体稳定性系数按式（5-7）计算。

　　将滑坡体按岩性、坡度和采动程度分成 n 个垂直条块，任一条块（i）的抗滑力 S_i 和下滑力 T_i，可根据是否存在静水压力，分别采用相关公式计算。坡体

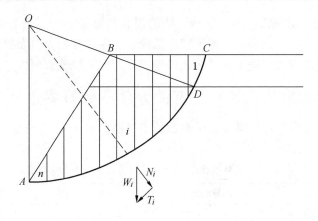

图 5 - 3 圆弧形滑面采动坡体计算示意图

稳定性系数 K 等于各块体抗滑力总和与下滑力总和之比：

$$K = \frac{\sum\limits_{i=1}^{n} S_i}{\sum\limits_{i=1}^{n} T_i} \qquad (5-7)$$

5.2 滑动角与滑动面的推断

（1）坡体内有明显的外倾式软弱层理面或断裂结构面时，即可根据该层理面或结构面推断采动坡体潜在滑动面（AD）及其倾角（β）。

（2）坡体内无明显的外倾式软弱层理或断裂结构面时，采动滑坡的形式多为崩塌，崩塌体多为坡体前缘和表层风化剪变带。在干旱和半干旱地区，坡体表层风化剪变带的厚度为 $10 \sim 20$ m，发生采动崩塌的潜在崩塌面倾角（β）和坡体高度（H）有关，其经验数据见表 5 - 2。

表 5 - 2 采动坡体崩塌角（β）参考值

岩（土）名称	坡 体 高 度/m			
	$H < 10$	$10 < H < 30$	$30 < H < 50$	$H > 50$
坡积物及砂质黏土	$> 55°$	$55° \sim 50°$	$50° \sim 45°$	$45° \sim 40°$
具有垂直节理的亚黏土	$> 60°$	$60° \sim 55°$	$55° \sim 50°$	$50° \sim 45°$
中硬砂岩及砂质页岩	$> 65°$	$65° \sim 60°$	$60° \sim 55°$	$55° \sim 50°$
坚硬砂岩及砂质页岩	$> 80°$	$80° \sim 75°$	$75° \sim 70°$	$70° \sim 65°$

（3）厚表土层圆弧形滑面采动坡体的潜在滑面及后壁裂缝位置，可按非理想松散层介质极限平衡理论用图解趋近法确定，主要参数为内摩擦角 φ，滑体后壁的张性裂缝深度可根据该矿区采动裂缝发育深度的经验数据确定。

5.3　采动坡体稳定性计算有关力学参数的参考值

采动坡体稳定性计算有关力学参数的参考值见表 5 -3。

表5 -3　采动坡体稳定性计算有关力学参数的参考值

岩（土）名称	内摩擦角 φ/(°)	内聚力 c/kPa	侧压系数 λ
坡积物及亚砂土	20 ~ 23	13 ~ 18	0.32 ~ 0.35
亚黏土和砂质黏土	20 ~ 24	22 ~ 26	0.32 ~ 0.35
泥岩和粉砂岩	22 ~ 25	35 ~ 50	0.32 ~ 0.35
砂质页岩和砂质泥岩	22 ~ 26	55 ~ 65	0.32 ~ 0.35
钙质胶结的砂质页岩	26 ~ 28	70 ~ 90	0.32 ~ 0.35
中砂岩和石灰岩	26 ~ 30	80 ~ 120	0.30 ~ 0.33
坚硬砂岩和石灰岩	28 ~ 32	120 ~ 150	0.25 ~ 0.30
石英砂岩和极硬灰岩	30 ~ 35	150 ~ 200	0.20 ~ 0.25

6 建筑物、构筑物和技术装置的允许地表变形值

6.1 砖混结构建筑物的允许地表变形值

对于长度或者变形缝区段内长度不大于 20 m 的砖混结构建筑物，其安全使用允许地表变形值见表 6-1。

表 6-1 砖混结构建筑物的安全使用允许地表变形值

建筑物及其特征	允 许 变 形 值		
	水平变形 ε/ $(mm \cdot m^{-1})$	倾斜 i/ $(mm \cdot m^{-1})$	曲率 K/ $(10^{-3} \cdot m^{-1})$
砖混结构建筑物	2.0	3.0	0.2

6.2 构筑物的允许和极限地表（地基）变形值

构筑物的允许和极限地表（地基）变形值见表 6-2。

表 6-2 工业构筑物的允许和极限地表（地基）变形值

构筑物及其特征	允 许 变 形 值			极 限 变 形 值		
	水平变形 ε/ $(mm \cdot m^{-1})$	倾斜 i/ $(mm \cdot m^{-1})$	曲率 K/ $(10^{-3} \cdot m^{-1})$	水平变形 ε/ $(mm \cdot m^{-1})$	倾斜 i/ $(mm \cdot m^{-1})$	曲率 K/ $(10^{-3} \cdot m^{-1})$
1. 地下蓄水池和沉淀池						
（1）钢筋混凝土	$\dfrac{70}{L}$					
（2）砖（有钢筋混凝土衬套）	$\dfrac{40}{L}$					
2. 塔形构筑物						
（1）在钢筋混凝土基础上高度小于 30 m 的筒仓式构架		7.0			12.0	

表 6－2（续）

构筑物及其特征	允许变形值			极限变形值		
	水平变形 $\varepsilon/$ (mm·m⁻¹)	倾斜 $i/$ (mm·m⁻¹)	曲率 $K/$ (10⁻³·m⁻¹)	水平变形 $\varepsilon/$ (mm·m⁻¹)	倾斜 $i/$ (mm·m⁻¹)	曲率 $K/$ (10⁻³·m⁻¹)
（2）在混凝土和毛石混凝土基础上的水塔	3.0	8.0		5.0	12.0	
（3）煤仓		8.0				
（4）砖和钢筋混凝土烟囱，高度：						
20 m		10.0				
30 m		8.0				
40 m		7.0				
50 m		6.0				
60 m		5.0			14.0	
70 m		4.5			10.0	
100 m		4.0			10.0	
（5）电视塔和无线电转播塔，高度：						
≤50 m					7.0	
>50 m					5.0	
（6）钢井架		6.0				
3. 变电所						
（1）40×10⁴ V 室内变电所：						
有同步补偿器				6.0		
无同步补偿器				8.0		
（2）露天变电所：						
(11~40)×10⁴ V				7.0	11.0	
<11×10⁴ V				10.0	14.0	
4. 浅仓						
（1）钢筋混凝土装载仓				6.0		0.33
（2）钢制装载仓				9.0		0.5
5. 工业用炉　多排焦炉	$\dfrac{100}{L}$	4.0	0.1			
6. 坝和堤						

表6-2（续）

构筑物及其特征	允许变形值			极限变形值		
	水平变形 ε/ (mm·m⁻¹)	倾斜 i/ (mm·m⁻¹)	曲率 K/ (10⁻³·m⁻¹)	水平变形 ε/ (mm·m⁻¹)	倾斜 i/ (mm·m⁻¹)	曲率 K/ (10⁻³·m⁻¹)
（1）砖和混凝土				2.5		0.08
（2）有溢水设施的土堤和坝	6.0			9.0		
（3）无溢水设施的土堤和坝	4.0					
7. 索道						
（1）牵引站				4.0		
（2）有单独基础的支座				4.0		
（3）在整体钢筋混凝土基础上的支座				7.0	12.0	

注：L—构筑物的长度或直径，m。

6.3　技术装置的允许和极限地表（地基）变形值

技术装置的允许和极限地表（地基）变形值见表6-3。其中，桥式天车的轨道横向的工作条件系数取值见表6-4。

表6-3　技术装置的允许和极限地表（地基）变形值

技术装置及其特征	允许变形值			极限变形值		
	水平变形 ε/ (mm·m⁻¹)	倾斜 i/ (mm·m⁻¹)	曲率 K/ (10⁻³·m⁻¹)	水平变形 ε/ (mm·m⁻¹)	倾斜 i/ (mm·m⁻¹)	曲率 K/ (10⁻³·m⁻¹)
1. 往复式压风机		4.0				
2. 桥式天车的轨道						
横向	$\dfrac{35H}{m_g \cdot L \cdot h}$	5.0				
纵向		6.0	0.17			
3. 龙门吊车的轨道						
横向			0.08			
纵向		3.0				
4. 矿井提升机 滚筒直径：						
5 m		6.0			8.0	
>5 m		4.0			6.0	

表 6 - 3（续）

技术装置及其特征	允 许 变 形 值			极 限 变 形 值		
	水平变形 ε/ (mm·m^{-1})	倾斜 i/ (mm·m^{-1})	曲率 K/ (10^{-3}·m^{-1})	水平变形 ε/ (mm·m^{-1})	倾斜 i/ (mm·m^{-1})	曲率 K/ (10^{-3}·m^{-1})
5. 矿井通风机						
轴流式				7.0	10.0	
离心式				9.0	12.0	
6. 锅炉						
立式水管式锅炉				8.0	10.0	
卧式水管式锅炉				12.0	2.0	
7. 长度大于 6 m 的旋床和大型龙门刨床	5.0					

注：H—柱子由基础底面到上部结构支座的高度，m；

　　h—柱子由天车轨道到上部结构支座的高度，m；

　　L—桥式吊车的跨度，m；

　　m_g—工作条件系数，按表 6 - 4 选用。

表 6 - 4　工 作 条 件 系 数 m_g

建筑物（分段）的长（宽）度/m	<15	15 ~ 30	31 ~ 45	46 ~ 60	>60
m_g	1.00	0.85	0.70	0.60	0.5

6.4　暖卫工程管网的允许和极限地表（地基）变形值

暖卫工程管网的允许和极限地表（地基）变形值见表 6 - 5。

表 6 - 5　暖卫工程管网的允许和极限地表（地基）变形值

暖卫工程管网及其特征	允 许 变 形 值			极 限 变 形 值		
	水平变形 ε/ (mm·m^{-1})	倾斜 i/ (mm·m^{-1})	曲率 K/ (10^{-3}·m^{-1})	水平变形 ε/ (mm·m^{-1})	倾斜 i/ (mm·m^{-1})	曲率 K/ (10^{-3}·m^{-1})
1. 有接头的煤气管，接头与管体等强度						
（1）地面干管	8.0			15.0		

表6-5（续）

暖卫工程管网及其特征	允许变形值			极限变形值		
	水平变形 ε/ (mm·m^{-1})	倾斜 i/ (mm·m^{-1})	曲率 K/ (10^{-3}·m^{-1})	水平变形 ε/ (mm·m^{-1})	倾斜 i/ (mm·m^{-1})	曲率 K/ (10^{-3}·m^{-1})
（2）地下干管和分送管						
a. 钢管材质为3号钢，铺设在：						
砂土上	2.5					
砂质黏土上	2.0					
中密实度黏土上	1.5					
密实黏土上	1.0					
b. 钢管材质优于3号钢，铺设在：						
砂土上	3.5					
砂质黏土上	2.5					
中密实度黏土上	2.0					
密实黏土上	1.5					
2. 有接头的输油管，接头与管体等强度						
（1）地面干管	8.0			15.0		
（2）地下干管,铺设在：						
砂土上	3.0			6.0		
砂质黏土和黏土上	2.0			4.0		
3. 供热管道						
（1）地面干管	10.0			15.0		
（2）设于地沟内	6.0	6.0		10.0	12.0	
（3）无地沟的干管和分送管，铺设在：						
砂土上	4.0	5.0		7.0	8.0	
砂质黏土和黏土上	3.0	4.0		5.0	7.0	
4. 自来水管						
（1）地面干管	10.0			15.0		
（2）地下钢制管道和分水管，铺设在：						
砂土上	5.0			8.0		

表6-5（续）

暖卫工程管网及其特征	允许变形值			极限变形值		
	水平变形 ε/ (mm·m^{-1})	倾斜 i/ (mm·m^{-1})	曲率 K/ (10^{-3}·m^{-1})	水平变形 ε/ (mm·m^{-1})	倾斜 i/ (mm·m^{-1})	曲率 K/ (10^{-3}·m^{-1})
砂质黏土和黏土上	4.0			6.0		
（3）分区地下管	$\dfrac{[c]}{L}$					
（4）有整体混凝土和钢筋混凝土干管沟的	1.0		0.05			
5. 排水管网						
（1）分区无压的	$\dfrac{[c]}{L}$					
（2）有接头的钢制压力管道，接头和管道等强度						
a. 地面的	8.0			15.0		
b. 地下的，铺设在：						
砂土上	4.0			6.0		
砂质黏土上和黏土上	3.0			5.0		

注：$[c]$—接头的补偿能力，mm；

　　L—管子的长度，m。

6.5 输电线路的允许地表（地基）变形值

参照国家能源局发布的《架空输电线路运行规程》（DL/T 741—2010）、《1000 kV交流架空输电线路运行规程》（DL/T 307—2010）、中华人民共和国国家质量监督检验检疫总局和中国国家标准化管理委员会共同发布的《±800 kV直流架空输电线路运行规程》（GB/T 28813—2012）及国家电网公司发布的《±660 kV直流架空输电线路运行规程》（Q/GDW 547—2010），输电线路杆塔的倾斜、水平位移的最大允许值见表6-6。

表6-6 输电线路杆塔的倾斜、水平位移的最大允许值

电压等级	变形类别	钢筋混凝土电杆	钢管杆	角钢塔	钢管塔
110(66)~750 kV交流	直线杆塔倾斜度（包括挠度）/‰	15	5（倾斜度）	5（50 m及以上铁塔）10（50 m以下铁塔）	5
1000 kV交流	直线塔倾斜度/‰			3（100 m以下铁塔）1.5（100 m及以上铁塔）	
	直线猫头塔 K 点水平位移/mm			75	

表6-6（续）

电压等级	变形类别	钢筋混凝土电杆	钢管杆	角钢塔	钢管塔
±660 kV 直流	铁塔倾斜度（包括挠度）/‰			2.5（100 m 以下铁塔） 1.5（100 m 及以上铁塔）	5
±800 kV 直流	杆塔倾斜度（包括挠度）/‰			2.5（100 m 以下杆塔） 1.5（100 m 及以上铁塔）	

注：35 kV 交/直流输电线路可参照110(66)~750 kV 交流输电线路变形允许值执行。

6.6 公路和高速公路的允许地表（路基）变形值

根据《采空区公路设计与施工技术细则》，不同工程类型公路的允许地表（路基）变形值按表6-7确定。

表6-7 公路和高速公路的允许地表（路基）变形值

工程类型		变形指标		
		水平变形 ε/ $(mm \cdot m^{-1})$	倾斜 i/ $(mm \cdot m^{-1})$	曲率 K/ $(10^{-3} \cdot m^{-1})$
路基	高速公路 一级公路 高级路面	3.0	4.0	0.3
	二级及二级以下公路 高级及次高级路面	3.0~4.0	4.0~6.0	0.3~0.4
	简易路面	6.0	10.0	0.6
桥梁	简支结构	2.0	3.0	0.20
	非简支结构	1.0	2.0	0.15
隧道		2.0	3.0	0.20

注：该表不包括对变形有严格要求的复杂结构桥梁和隧道工程。

6.7 油气管道的允许地表变形值

参考《采空区油气管道安全设计与防护技术规范》（Q/SY 1487—2012），采空区油气管道稳定性与地表变形值之间的关系见表6-8。符合以下条件之一时，应为管道及其附属设施或配套建筑留设保护煤柱：

（1）管道安全校核不达标；

（2）薄及中厚煤层的采深与单层采厚比小于120；

（3）厚煤层及煤层群的采深与分层采厚比小于160；

（4）管道隧道；

（5）站场；

（6）地下储库等。

表6-8　油气管道采空区稳定性分级

稳定性级别	地 表 变 形 指 标			危险程度
	水平变形 ε/ (mm·m^{-1})	倾斜 i/ (mm·m^{-1})	曲率 K/ (10^{-3}·m^{-1})	
I	>9.0		≥1.0	高
II	6.0~9.0	>6.0	0.4~1.0	较高
III	2.0~6.0	3.0~6.0	0.25~0.4	一般
IV	0.5~2.0	0.6~3.0	0.05~0.25	较低
V	≤0.5	≤0.6	≤0.05	无

注：判定采空区所属级别时，只需满足该级别各地表变形指标中的一项指标。

6.8　光伏组件与光伏支架构筑物的允许和极限地表（地基）变形值

根据中华人民共和国国家标准《太阳能发电站支架基础技术规范》（GB 51101—2016）5.3.23条对光伏发电站和光热发电站支架基础变形允许值规定要求，支架基础的变形允许值见表6-9。

表6-9　支架基础的变形允许值

支 架 类 型		变 形 特 征		
		沉降量/mm	沉降差/mm	倾斜/‰
光伏发电站	固定式	60	0.0051	5
	固定可调式	50	0.0031	3
	单轴跟踪	50	0.0031	3
	双轴跟踪	70	0.0051	5
光热发电站	槽式	40	0.0021	2
	塔式	70		5
	蝶式	70		5
	菲涅尔式	40	0.0021	2

注：沉降差指同一阵列中相邻柱下基础的沉降差值，l为相邻基础的中心距离（mm）；倾斜指基础倾斜方向两端点的沉降差与其距离的比例。

经内蒙古地区某项目工程监测研究，得出采动变形特征与光伏损坏程度相关性的初步成果。该光伏场区采用固定式支架型式，每 26 块光伏板为 1 组件，其以 2×13 竖排竖向布置；支架采用单立柱型式，纵向间距为 3.2 m，支架由立柱、斜撑、横梁、檩条等构成，各立柱、构件之间通过螺栓连接或焊接形成稳定的结构体系。支架基础为预应力混凝土管桩，桩长 5~6 m，桩径 300 mm，桩间距 3.2 m，埋置深度不小于 2.5 m。通过煤矿采动对光伏场地变形影响计算及实测分析，结合光伏损坏调查成果，确定固定式支架破坏临界值相当于极限变形值：倾斜变形 9 mm/m，曲率变形 $0.6×10^{-3}$/m，水平变形 6 mm/m（满足其一即达到临界状态）。当三项指标均小于临界值时，可采用一般维修的方式进行修复；当三项指标中有至少一项超出临界值时，宜采取大修、更换零件或拆除重建等措施。

7　地表移动与覆岩破坏实测数据

7.1　地表移动参数与覆岩破坏示意图

　　为了方便理解地表移动与覆岩破坏参数含义，正确参考使用地表移动与覆岩破坏实例数据，本节给出相关的地表移动与覆岩破坏示意图，如图 7-1 ~ 图 7-6 所示。

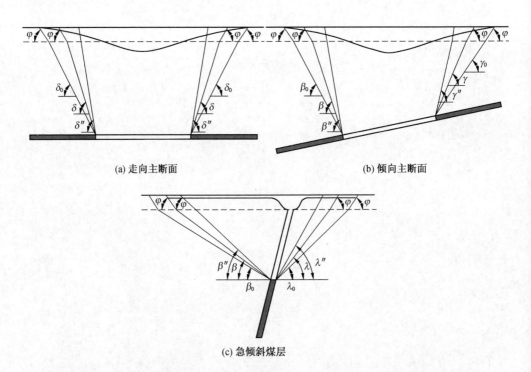

(a) 走向主断面　　　　　　　　　　(b) 倾向主断面

(c) 急倾斜煤层

φ—松散层移动角；δ_0—走向边界角；β_0—下山边界角；γ_0—上山边界角；λ_0—急倾斜煤层底板边界角；
δ—走向移动角；β—下山移动角；γ—上山移动角；λ—急倾斜煤层底板移动角；δ''—走向裂缝角；
β''—下山裂缝角；γ''—上山裂缝角；λ''—急倾斜煤层底板裂缝角

图 7-1　边界角、移动角和裂缝角示意图

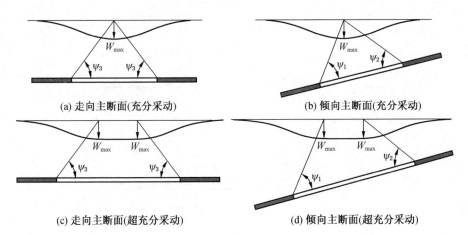

(a) 走向主断面(充分采动)　　　　　(b) 倾向主断面(充分采动)

(c) 走向主断面(超充分采动)　　　　(d) 倾向主断面(超充分采动)

ψ_1—下山充分采动角；ψ_2—上山充分采动角；ψ_3—走向充分采动角

图7-2　充分采动角示意图

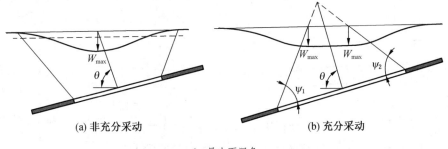

(a) 非充分采动　　　　　　　　　　(b) 充分采动

θ—最大下沉角

图7-3　最大下沉角示意图

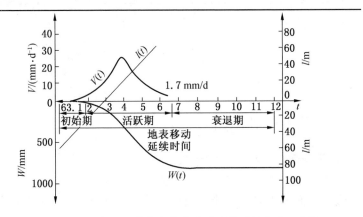

图7-4　最大下沉点下沉速度与地表移动延续时间关系示意图

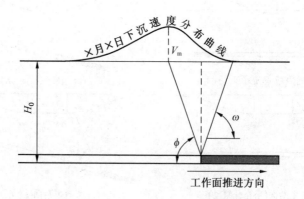

ω—超前影响角；ϕ—最大下沉速度角

图7-5　超前影响角及最大下沉速度角示意图

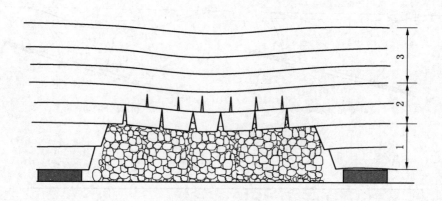

1—垮落带；2—裂缝带；3—弯曲下沉带

图7-6　上覆岩层移动、破坏分带示意图

7.2　地表移动实测数据

7.2.1　采煤工作面地表移动实测参数

现将我国各主要煤矿实测的比较完整的408组不同采煤方法和不同顶板管理方法的采煤工作面地表移动实测参数列于表7-1，供类似条件工作面预计地表移动与变形时参考。

表7-1　408组采煤工作面地表移动实测参数

序　号			1	2	3	4	5	6	7
矿区(地层)			焦作(上石炭统，下二叠统)						
观测站			冯营矿1221	焦西矿106	焦西矿106	焦西矿102(1)	焦西矿102(2)	焦西矿102(3)	朱村矿151上山
建站时代(年-月)									
采矿要素	采厚/m		2.1	7.0	2.2	2.2	4.6	7.0	6.9
	倾角/(°)		19	9	9	9	9	9	4
	采深上山/下山/m		88/132	105/114	105/114	89/101	89/101	89/101	161/166
	工作面尺寸走向/倾斜/m		580/135	282/70	282/70	273/80	273/80	273/80	170/130
	推进速度/(m·月$^{-1}$)		30	50	46	47	54	54	45
	采煤方法		走向长壁	走向长壁	走向长壁	走向长壁	走向长壁	走向长壁	走向长壁
	顶板管理方法		垮落	垮落	垮落	垮落	垮落	垮落	垮落
上覆岩层厚度及性质	松散层/m		50	49	49	48	48	48	38
	砂岩/m		51.8	21.0	21.0	20.0	20.0	20.0	56.5
	页岩/m		9.0	2.5	2.5	2.4	2.4	2.4	23.5
	石灰岩/m								
	砂质页岩/m		25.2	19.0	19.0	18.2	18.2	18.2	44.4
	砂岩类占比/%								
	泥岩类占比/%								
	平均单向抗压强度/MPa			52	52	53	53	53	
	厚度>10m的砂岩、石灰岩	位置/m	6						12
		厚度/m	16						27.8
角量参数/(°)	松散层移动角 φ		45	45	45	45	45	45	45
	边界角	β_0	53	41				42	40
		γ_0	55					52.5	43.5
		δ_0	60					61.5	40
		λ_0							
	移动角	β	57	57				60.5	52
		γ	70					74	68.5
		δ	64	74.5				87	67.2
		λ							
	裂缝角	β''	62	63.5		64	64	64	62.5
		γ''	75			74	74	74	73.5
		δ''	66	77		74	74	74	63
	充分采动角	ψ_1							
		ψ_2							
		ψ_3							
	超前影响角 ω								
	最大下沉速度角 ϕ								
	最大下沉角 θ		80	86	86	85.8	85.8	85.8	88
概率积分法参数	下沉系数 q		0.88	1.31	1.2	1.17	1.15	1.16	0.92
	水平移动系数 b		0.3	0.27	0.23	0.3	0.22	0.27	0.31
	主要影响角正切 $\tan\beta$		2.0	1.8	1.9	2.4	2.2	2.1	1.8
	拐点偏移距 S_1/m		-13	-2.8	-2.9	-9.2	-6.1	-4.2	
	拐点偏移距 S_2/m		-9	-6.6	-10.7	-16.2	-12.5	-7.4	-6.7
	拐点偏移距 S_3/m		-11	-13.5	-9.7	-5.3	-3.5	-1.7	
	拐点偏移距 S_4/m								
最大下沉速度/(mm·d^{-1})			33	84	62	59.3		80.4	13
地表移动延续时间/d			270	375		200		450	855
其中，活跃期/d			150	285		120			245

表 7-1 (续)

序　号			8	9	10	11	12	13	14
矿区(地层)			焦作(上石炭统,下二叠统)						
观　测　站			朱村矿 151 下山	朱村矿 151 走向	朱村煤矿 54002 充填工作面	马村矿 102 走向	马村矿 102 走向	马村矿 102 走向	马村矿 102 东倾斜
建站时代(年-月)					2008-07				
采矿要素	采厚/m		6.9	6.9	1.38	2.2	4.4	6.6	6.6
	倾角/(°)		4	4	4~8	8	8	8	8
	采深上山/下山/m		161/166	161/166	207.5	115/130	115/130	115/130	115/130
	工作面尺寸走向/倾斜/m		170/130	170/130	/110	198/90	198/90	198/90	198/90
	推进速度/(m·月$^{-1}$)		45	45	90	80	80	80	80
	采煤方法		走向长壁	走向长壁	普采充填	走向长壁	走向长壁	走向长壁	走向长壁
	顶板管理方法		垮落	垮落		垮落	垮落	垮落	垮落
上覆岩层厚度及性质	松散层/m		38	38	42.6	18	18	18	18
	砂岩/m		56.5	56.5	146.92	61	61	61	61
	页岩/m		23.5	23.5		12.5	12.5	12.5	12.5
	石灰岩/m								
	砂质页岩/m		44.4	44.4		26	26	26	26
	砂岩类占比/%				70.8				
	泥岩类占比/%				2.7				
	平均单向抗压强度/MPa					40	40	40	40
	厚度>10 m 的 砂岩、石灰岩	位置/m				42			
		厚度/m				20			
角量参数/(°)	松散层移动角 φ		45	45		45	45	45	45
	边界角	β_0							45
		γ_0							45
		δ_0						46.5	
		λ_0							
	移动角	β							
		γ							67.3
		δ						70	
		λ							
	裂缝角	β''							
		γ''							
		δ''							
	充分采动角	ψ_1							
		ψ_2							
		ψ_3							
	超前影响角 ω								
	最大下沉速度角 φ								
	最大下沉角 θ								87
概率积分法参数	下沉系数 q		0.79	0.69	0.10	0.67	0.83	0.89	0.89
	水平移动系数 b		0.37	0.24		0.26	0.29	0.33	0.20
	主要影响角正切 tanβ		1.8	1.8		2.5	2.5	2.5	1.8
	拐点偏移距 S_1/m		0						
	拐点偏移距 S_2/m								-19.1
	拐点偏移距 S_3/m					-18.2	-15.4	-13.3	
	拐点偏移距 S_4/m								
最大下沉速度/(mm·d^{-1})									
地表移动延续时间/d									
其中,活跃期/d					110				

表 7-1（续）

序 号			15	16	17	18	19	20	21
矿区（地层）			焦作(上石炭统,下二叠统)		平顶山(石炭二叠系)				
观 测 站			演马庄矿 102	李封矿 603	十矿 1251	十矿 1252	六矿 14110	五矿六 盘区	八矿 11110
建站时代（年·月）									
采矿要素	采厚/m		1.8	6.3	2.5	2.0	3.0	2.1	2.9
	倾角/(°)		9	5.5	9	11.5	4	20	10
	采深上山/下山/m		101/110	248/263	100/118	95/135	268/295	78/111	408/430
	工作面尺寸走向/倾斜/m		341/70	145/162	182/110	160/182	540/140	390/93	950/132
	推进速度/(m·月⁻¹)		25	35	26	25	29	37	
	采煤方法		走向长壁	走向长壁	走向长壁	走向长壁	走向长壁	走向长壁	走向长壁
	顶板管理方法		垮落	垮落	垮落	垮落	垮落	垮落	垮落
上覆岩层厚度及性质	松散层/m		32	51	55	55	13	45.7	260
	砂岩/m		31	87.8	15.1	15	1.5	5.6	105
	页岩/m		16	23	42	42	135	14.5	39
	石灰岩/m								
	砂质页岩/m		28	98.4	8.5	8.5	57	0.8	41
	砂岩类占比/%								
	泥岩类占比/%								
	平均单向抗压强度/MPa								
	厚度>10 m的 砂岩、石灰岩	位置/m	4	21	2.1				
		厚度/m	21	16.1	9.2				
角量参数/(°)	松散层移动角 φ		45	45					
	边界角	β_0	50.7	55.5					63
		γ_0		54		79			
		δ_0	43.2	74		69			
		λ_0							
	移动角	β	64	74.7					
		γ	77.5	76.3		89			
		δ	81.7	82.5		77			
		λ							
	裂缝角	β''	74	75					
		γ''	73						
		δ''	72	70					
	充分采动角	ψ_1							
		ψ_2							
		ψ_3					59		
	超前影响角 ω								
	最大下沉速度角 ϕ								
	最大下沉角 θ		85	88.7	83.7	82.3	85	77	89
概率积分法参数	下沉系数 q		0.87	0.78	0.91	0.80	0.83	0.80	0.28
	水平移动系数 b		0.23	0.28	0.28	0.41	0.35	0.36	0.35
	主要影响角正切 $\tan\beta$		2.3	3.3	1.6	1.5	2.5	1.5	2.24
	拐点偏移距 S_1/m				-17.6			-27.2	
	拐点偏移距 S_2/m			-23.3	-16.1	-12.4	-36	-11.8	
	拐点偏移距 S_3/m		-11.7	-34.2	-4.7				
	拐点偏移距 S_4/m			-4.7		-7.4	-50	-18.7	-0.4
最大下沉速度/(mm·d⁻¹)			32	15.6	26	15		22	
地表移动延续时间/d			364	107	384	300		300	
其中,活跃期/d			138	107			210		

表 7-1（续）

序　号		22	23	24	25	26	27	28
矿区（地层）		平顶山（石炭二叠系）					义马（侏罗系、石炭二叠系）	
观　测　站		二矿 1404	二矿 2404	四矿四盘区	八矿 12031	十二矿 15061	跃进 14100	新安矿 12091
建站时代（年–月）								
采矿要素	采厚/m	1.4	1.6	1.6	2.1	2.7	2.9	2
	倾角/(°)	8	9.5	13	23	8	4~6	6~9
	采深上山/下山/m	165/191	95/111	156/195	212/255	240/274	145/155	224/196
	工作面尺寸走向/倾斜/m	266/159	174/70	444/142	794/138	1260/90	1154/134	340/118
	推进速度/(m·月⁻¹)	33	36	44	16			23~25
	采煤方法	走向长壁	走向长壁	走向长壁	走向长壁	走向长壁	综采	炮采
	顶板管理方法	垮落	垮落	垮落	垮落	垮落	垮落	垮落
上覆岩层厚度及性质	松散层/m	24	32	12	153	132	7.6	15
	砂岩/m	38.9	27.2	52	13	71	29	106.9
	页岩/m	57.7	14.1	69	35	78		
	石灰岩/m	3.9						
	砂质页岩/m	43.9	17.4	8.4	20	18		
	砂岩类占比/%							
	泥岩类占比/%							
	平均单向抗压强度/MPa						60	45
	厚度>10 m 的砂岩、石灰岩　位置/m	24.8	6.3	35	2.1	85		
	厚度/m	10.5	8.8	10	9.2	10.3		
角量参数/(°)	松散层移动角 φ							
	边界角　β_0					55		56.5
	γ_0					56		61.5
	δ_0				52	64		60
	λ_0							
	移动角　β					62		75
	γ							70.5
	δ				61	80		77.5
	λ							
	裂缝角　β''							
	γ''							
	δ''							
	充分采动角　ψ_1					64		74.5
	ψ_2					75		73.5
	ψ_3					65	83.7	60
	超前影响角 ω							
	最大下沉速度角 ϕ							
	最大下沉角 θ	83.6	83.6	83.5	84	86.7	82	87.5
概率积分法参数	下沉系数 q	0.74	0.64	0.76	0.84	0.73	0.43	0.65
	水平移动系数 b	0.2	0.48	0.23	0.35	0.34		
	主要影响角正切 $\tan\beta$	1.8	2.3	2.0	1.71	1.21	2.52	1.96
	拐点偏移距 S_1/m	-27.4		-18.6	7.3		-2	17
	拐点偏移距 S_2/m	-16		-23.1		-38	39	47.08
	拐点偏移距 S_3/m							47
	拐点偏移距 S_4/m	-45	-5.4	-7.2		-19	65	47
最大下沉速度/(mm·d⁻¹)		11	25	18		20	26.91	1.67
地表移动延续时间/d		300	306	360			525	670
其中，活跃期/d							105	159

表7-1（续）

序　号		29	30	31	32	33	34	35
矿区（地层）		义马（侏罗系、石炭二叠系）			鹤壁（下二叠统）			
观　测　站		新安矿12090	常村矿21132	耿村11061	二矿	四矿	五矿	六矿
建站时代（年-月）		1990-12	2009-10					
采矿要素	采厚/m	2	10.6	2.4	1.97	3.97	1.97	3.47
	倾角/(°)	6~9	10	12	9	8	20	19
	采深上山/下山/m	210	620	265/295	230/264	/235	216/230	113/
	工作面尺寸走向/倾斜/m	340/118	942/180	690/129	356/211	323/238	228/68	500/189
	推进速度/(m·月$^{-1}$)	23	45	65~70	22		17	
	采煤方法	走向炮采	走向综放	综采	倾斜分层	水采	倾斜分层	水采
	顶板管理方法	垮落	垮落	垮落	垮落	垮落	垮落	垮落
上覆岩层厚度及性质	松散层/m	1.2	20	17.4	77	97	157	103
	砂岩/m			10~40	52	50	30	
	页岩/m				4	30	21	
	石灰岩/m							
	砂质页岩/m				93	47	21	14
	砂岩类占比/%	55.8						
	泥岩类占比/%	36.1						
	平均单向抗压强度/MPa			60				
	厚度>10 m的砂岩、石灰岩　位置/m				102	39	51	
	厚度/m				12.8	12.5	14.4	
角量参数/(°)	松散层移动角 φ		45	42				
	边界角 β_0	56.5	55	59		61	61	
	γ_0	61.5	49	62				58
	δ_0	60	51	63	61		66	
	λ_0							
	移动角 β	75	73	78	76	72	74	
	γ	70.5	60					65
	δ	77.5	67		71			
	λ							
	裂缝角 β''							
	γ''							
	δ''							
	充分采动角 ψ_1				70			
	ψ_2							60
	ψ_3			63	72		69	
	超前影响角 ω	60						
	最大下沉速度角 ϕ	80.3						
	最大下沉角 θ	87.5	84	86			87	
概率积分法参数	下沉系数 q	0.65	0.65	0.655	0.73	0.68	0.35	0.76
	水平移动系数 b		0.3	0.282		0.22	0.23	0.28
	主要影响角正切 $\tan\beta$	/1.97/2.22	1.9	1.99	2.3	1.5	1.9	1.9
	拐点偏移距 S_1/m	17		15.9	-13.5	-43.9	-2.7	0
	拐点偏移距 S_2/m	47		0	0	0	0	-11.3
	拐点偏移距 S_3/m	4		86	0	0	0	0
	拐点偏移距 S_4/m				-10.6	0	-17	0
最大下沉速度/(mm·d^{-1})				11.24	8.3		3.4	
地表移动延续时间/d		660	982	318	393		314	
其中，活跃期/d		159	93	195	177		99	

表7-1（续）

序　　号			36	37	38	39	40	41	42
矿区（地层）			鹤壁（下二叠统）		郑州（二叠系）	彬长（侏罗系）		平庄（侏罗系）	
观　测　站			八矿	九矿	赵家寨矿11206	胡家河矿业4011	大佛寺矿40108	元宝山三井十三层走向Ⅰ线	元宝山三井十三层走向Ⅱ线
建站时代（年－月）					2009－03	2012－04	2011－03		
采矿要素	采厚/m		2	0.9	6	10	9.5	1.88	1.88
	倾角/(°)		23	13	6.5	0~5	2~4	7	7
	采深上山/下山/m		159/176	118/140	313	600	495	171/211	171/211
	工作面尺寸走向/倾斜/m		256/43	235/84	1984/	1643/193	1767/	120/420	120/420
	推进速度/(m·月⁻¹)		35	19	49.6	112			
	采煤方法		倾斜分层	单一长壁	综采	综放	综放	倾斜长壁	倾斜长壁
	顶板管理方法		垮落	垮落	垮落	垮落	垮落	垮落	垮落
上覆岩层厚度及性质	松散层/m		147	75	120	200	122.5	35.1	35.1
	砂岩/m		12	33					
	页岩/m		13	34					
	石灰岩/m								
	砂质页岩/m		28	17					
	砂岩类占比/%				35.5		35.24		
	泥岩类占比/%				23.4		63.59		
	平均单向抗压强度/MPa				20~40			30	30
	厚度>10m的砂岩、石灰岩	位置/m		55					
		厚度/m		10					
角量参数/(°)	松散层移动角 φ				45	45	50	43.2	43.2
	边界角	β_0	55	71	56	77	58		
		γ_0	51	74	56	77	58		
		δ_0	74		56	77	58	58	58
		λ_0							
	移动角	β		77	73.5	82	64		
		γ		84	75.5	82	64		
		δ			75.5	82	64	79	79
		λ							
	裂缝角	β''			80.5	83	67		
		γ''			80.5	83	67		
		δ''			80.5	83	67		
	充分采动角	ψ_1							
		ψ_2							
		ψ_3	69						
	超前影响角 ω					61	80.4	56.7	
	最大下沉速度角 φ				76.5	77	61		
	最大下沉角 θ		92	84	87.4	90	82		
概率积分法参数	下沉系数 q		0.27	0.77	0.93			0.6	0.5
	水平移动系数 b		0.2	0.25	0.3			0.3	0.36
	主要影响角正切 $\tan\beta$		1.4	3.2	2.38			2.3	2.2
	拐点偏移距 S_1/m		－0.1	－21	12.9				
	拐点偏移距 S_2/m		－0.3	－17.1	24.2				
	拐点偏移距 S_3/m		－6.1	0	31.3			－32	－32
	拐点偏移距 S_4/m		0	0				0.2	11.6
最大下沉速度/(mm·d⁻¹)			1.6	8.5				7.36	3.76
地表移动延续时间/d			98	210	552	120~160	407	483	483
其中,活跃期/d			42	90	252	30~40	193	365	365

表 7-1（续）

序　号			43	44	45	46	47	48	49
矿区(地层)			平庄(侏罗系)						
观测站			元宝山三井十三层倾斜线	五家二井四区走向线	五家二井四区倾斜Ⅰ线	五家二井四区倾斜Ⅱ线	红庙二井二区5-1层北一片走向线	红庙二井二区5-1层北一片倾向Ⅰ线	红庙二井二区5-1层北一片倾向Ⅱ线
建站时代(年-月)									
采矿要素	采厚/m		1.88	2.7	2.7	2.7	1.9	1.9	1.9
	倾角/(°)		7	14	14	14	17	17	17
	采深上山/下山/m		171/211	132/154	132/154	132/154	210/254	210/254	210/254
	工作面尺寸走向/倾斜/m		120/420	332/99	332/99	332/99	640/125	640/125	640/125
	推进速度/(m·月⁻¹)								
	采煤方法		倾斜长壁	走向长壁	走向长壁	走向长壁	高档普采	高档普采	高档普采
	顶板管理方法		垮落	垮落	垮落	垮落	垮落	垮落	垮落
上覆岩层厚度及性质	松散层/m		35.1	42.4	42.4	42.4	7	7	7
	砂岩/m								
	页岩/m								
	石灰岩/m								
	砂质页岩/m								
	砂岩类占比/%								
	泥岩类占比/%								
	平均单向抗压强度/MPa		30	30	30	30	30	30	30
	厚度>10 m的砂岩、石灰岩	位置/m							
		厚度/m							
角量参数/(°)	松散层移动角 φ		43.2						
	边界角	β_0	66		57.8	55		52	50
		γ_0	72.5			49.5			
		δ_0		65			62.5		
		λ_0							
	移动角	β	75		67.8	63.5		70	69
		γ	82		54.8	77			
		δ		83.3			82.5		
		λ							
	裂缝角	β''							
		γ''							
		δ''							
	充分采动角	ψ_1						60	
		ψ_2							62.5
		ψ_3					44		
	超前影响角 ω								
	最大下沉速度角 ϕ								
	最大下沉角 θ				87.3	85		88	88.5
概率积分法参数	下沉系数 q		0.57				0.35	0.35	0.36
	水平移动系数 b						0.3	0.48	0.48
	主要影响角正切 $\tan\beta$								
	拐点偏移距 S_1/m							-10	-15
	拐点偏移距 S_2/m								
	拐点偏移距 S_3/m						90		
	拐点偏移距 S_4/m				0				
最大下沉速度/(mm·d⁻¹)			15.4						
地表移动延续时间/d			483	645	645	645	590	590	590
其中,活跃期/d			365	545	545	545	144	144	144

表7-1（续）

序　　号	50	51	52	53	54	55	56
矿区(地层)	平庄(侏罗系)			大雁(侏罗系)			
观测站	红庙二井二区5-1层北二片走向线	红庙二井二区5-1层北二片倾向I线	红庙二井二区5-1层北二片倾向II线	大雁一矿(a)	大雁一矿(b)	大雁第三矿 I0128²05	敏东一矿南一采区 I0116³上01
建站时代(年-月)							2012-04
采矿要素　采厚/m	3	3	3	5.2	2.3		3.0~8.4
倾角/(°)	20	20	20	16	19	11	5
采深上山/下山/m	235/310	235/310	235/310	74/123	88/120	515	310
工作面尺寸走向/倾斜/m	800/175	800/175	800/175	445/174	420/150	1794	1294/1380
推进速度/(m·月⁻¹)				60	90~100	150	108
采煤方法	综采	综采	综采	综放	高普	综放	综放
顶板管理方法	垮落	垮落	垮落	垮落	垮落	垮落	垮落
上覆岩层厚度及性质　松散层/m	7	7	7	25	27	20~40	66.4
砂岩/m				40	40		
页岩/m							
石灰岩/m							
砂质页岩/m							
砂岩类占比/%						30	77.48
泥岩类占比/%						50	19.86
平均单向抗压强度/MPa	30	30	30				1.3~12.3
厚度>10 m的砂岩、石灰岩 位置/m							
厚度/m							
角量参数/(°)　松散层移动角 φ							
边界角 β_0		50	52	50	36	47~57	42
γ_0				23	25	47~57	46
δ_0	61					47~57	54
λ_0							
移动角 β		58	63	68	52	50~61	67
γ				59	56	50~61	72
δ	72			62	64	50~61	72
λ							
裂缝角 β''							83
γ''							86
δ''							84
充分采动角 ψ_1		58		48	54		
ψ_2				58	60		
ψ_3	41.5			48	48		
超前影响角 ω							62
最大下沉速度角 ϕ							72
最大下沉角 θ		85.5		81	84	84	88
概率积分法参数　下沉系数 q	0.36	0.3	0.35			0.75	0.77
水平移动系数 b	0.22	0.5	0.49				0.29
主要影响角正切 $\tan\beta$							2.3/2.6/1.8
拐点偏移距 S_1/m		-11					19
拐点偏移距 S_2/m							16
拐点偏移距 S_3/m	53						28
拐点偏移距 S_4/m							
最大下沉速度/(mm·d⁻¹)							
地表移动延续时间/d	850	850	850				420
其中,活跃期/d	365	365	365				360

表7-1(续)

序号		57	58	59	60	61	62	63
矿区(地层)		包头(侏罗系,石炭二叠系)						窑沟(石炭二叠系)
观测站		长汉沟矿东翼	大磁矿22111	大磁矿2331	河滩沟矿西二区	五当沟矿东一区西翼	五当沟矿东一区东翼	扶贫煤矿6201
建站时代(年-月)								2015-03
采矿要素	采厚/m	1.85	2.4	2.5	5.12	1.75	5.25	12
	倾角/(°)	2.5	2	5.5	30.5	47	47.4	<10
	采深上山/下山/m	90/130	78.4/80.2	66/72	100/188	185/349	204/260	280
	工作面尺寸走向/倾斜/m	350/180	90/64	254/92	348/154	342/140	330/	/150
	推进速度/(m·月$^{-1}$)	45	45	45	30	45	45	90
	采煤方法	走向长壁	走向长壁	走向长壁	走向长壁	走向长壁	走向长壁	综放
	顶板管理方法	垮落	垮落	垮落	垮落	垮落	垮落	垮落
上覆岩层厚度及性质	松散层/m	18	7	7	4	14	20	30
	砂岩/m	47	38	8	131	195	163	
	页岩/m	9	9	58	10			
	石灰岩/m							
	砂质页岩/m	34	8			58	49	
	砂岩类占比/%							60
	泥岩类占比/%							10
	平均单向抗压强度/MPa							
	厚度>10m的砂岩、石灰岩 位置/m							
	厚度/m							
角量参数/(°)	松散层移动角 φ							40
	边界角 β_0				34.8			45
	γ_0				43.5			45
	δ_0				46.6			45
	λ_0							
	移动角 β	81	81	82	37	63.4	44.2	
	γ		85.3		45.5		78.6	
	δ	75	76.5	70	78.7	86.5		
	λ							
	裂缝角 β''	80.9			45.1	55.2		
	γ''	81.2						
	δ''	80.7			70.2			
	充分采动角 ψ_1							
	ψ_2							
	ψ_3							
	超前影响角 ω							60
	最大下沉速度角 ϕ							50
	最大下沉角 θ	89.3	90	89.5	73.6	76.3	61.5	45
概率积分法参数	下沉系数 q	0.72	0.3	0.44	0.39	0.38	0.54	
	水平移动系数 b	0.34	0.16	0.16	0.38			
	主要影响角正切 $\tan\beta$	1.82	2.38	1.40	1.56	1.31	1.78	
	拐点偏移距 S_1/m				3.8			
	拐点偏移距 S_2/m	-33.6			-43.4			
	拐点偏移距 S_3/m		-19.2	-7.6			-7.3	
	拐点偏移距 S_4/m	-26.35			-30.5			
最大下沉速度/(mm·d^{-1})		27	24	45	19.3	3	2	
地表移动延续时间/d		390	134	152		950		
其中,活跃期/d		90	41	64		135		

表7-1（续）

序　号		64	65	66	67	68	69	70
矿区(地层)		棋盘井 (二叠系)	神东(侏罗系)					阜新 (侏罗系)
观 测 站		棋盘井煤矿 1020902	大柳塔煤矿 1203	榆家梁52101	补连塔煤矿 12401	三道沟煤矿 35101	三道沟煤矿 85201	恒大公司5333
建站时代(年-月)		2013-03	1992-09		2007-01	2009	2012	2009-07
采矿要素	采厚/m	3.2	3.8	3.6	3.6~4.5	2.1	6.5	3.3
	倾角/(°)	2~3	2	1~3	1~3	1~3	1~3	6
	采深上山/下山/m	550	50~65	104~107	200~260	69~188	70~255	780~870
	工作面尺寸走向/倾斜/m	1488/255	1014/	3730/281	4578/	2520/	2980/	/200
	推进速度/(m·月⁻¹)	180		458	300	110	260	78
	采煤方法	一次采全高	综采	综采	一次采全高	综采	综放	走向长壁
	顶板管理方法	垮落	垮落	垮落	垮落	垮落	垮落	垮落
上覆岩层厚度及性质	松散层/m	101	7~25	35~56	1.5~34	15~129	0~180	8
	砂岩/m							
	页岩/m							
	石灰岩/m							
	砂质页岩/m							
	砂岩类占比/%	40.8	5~35	47.3	68.2			
	泥岩类占比/%	41.5	65~95	52.7	0.77			
	平均单向抗压强度/MPa	24~51		31.9	27			20~40
	厚度>10 m 的砂岩、石灰岩 位置/m							
	厚度/m							
角量参数/(°)	松散层移动角 φ	50	62.5	45		60	61	40~50
	边界角 β₀	68.9	64.3	65		68	64	
	γ₀	68.9	64.3	65		68	64	
	δ₀	68.9	64.3	65		68	64	
	λ₀							
	移动角 β	73.3	69.7	65		72	80	73
	γ	73.3	69.7	65		72	80	73
	δ	73.3	69.7	65		72	80	73
	λ							
	裂缝角 β″		79	75		84.7	82.1	
	γ″		79	75		84.7	82.1	
	δ″		79	75		84.7	82.1	
	充分采动角 ψ₁							
	ψ₂							
	ψ₃							
	超前影响角 ω	52.9	64	79		74.5	73.9	75
	最大下沉速度角 φ		62.5	57		58	65.8	76
	最大下沉角 θ	87.6	90			76.3	71.4	
概率积分法参数	下沉系数 q	0.52	0.59	0.6	0.55	0.87		0.66
	水平移动系数 b	0.35	0.29	0.3	0.127	0.3		0.25
	主要影响角正切 tanβ	2.35	2.65	2		1.78		3
	拐点偏移距 S₁/m	50		0.4H₀				0.1H₀
	拐点偏移距 S₂/m	50		0.4H₀				0.1H₀
	拐点偏移距 S₃/m	50		0.4H₀				0.1H₀
	拐点偏移距 S₄/m	50		0.4H₀				0.1H₀
最大下沉速度/(mm·d⁻¹)								
地表移动延续时间/d						425		410
其中,活跃期/d			15			132		157

表7-1（续）

序　　号		71	72	73	74	75	76	77
矿区（地层）		阜新（侏罗系）						
观　测　站		平安五坑东一路	平安八坑东三路	东梁矿二井	东梁矿三井	清河门主井北翼南三路	清河门主井北翼南二路	清河门三坑北三路
建站时代（年-月）								
采矿要素	采厚/m	2.1	2.3	1	1.6	1.8	1.6	1.5
	倾角/(°)	30	20	9	7	13	10	7~9
	采深上山/下山/m	25/96	37/78	59/76	38/53	206/242	310/327	76/86
	工作面尺寸走向/倾斜/m	398/120	165/110	245/96	300/160	620/165	280/250.8	210/82
	推进速度/(m·月$^{-1}$)	45	30	25~30	30	31	30	45~50
	采煤方法	长壁	长壁	长壁	长壁	长壁	长壁	长壁
	顶板管理方法	垮落	垮落	垮落	垮落	垮落	垮落	垮落
上覆岩层厚度及性质	松散层/m	10	9			8.1	2.7	3.2
	砂岩/m	20	40		14	19	27	3.5
	页岩/m	20	51		25	31	5	
	石灰岩/m							
	砂质页岩/m	50	9		30	45	65	61
	砂岩类占比/%							
	泥岩类占比/%							
	平均单向抗压强度/MPa	32	32	35	35	36	31	31
	厚度>10 m的砂岩、石灰岩　位置/m							
	厚度/m							
角量参数/(°)	松散层移动角 φ							
	边界角　β_0	64		61	58	62		
	γ_0				49	62		
	δ_0	59		55	59		68	
	λ_0							
	移动角　β	56		69	66	73		76
	γ				66			
	δ	74	74	72	69			73
	λ							
	裂缝角　β''	69		83	82			
	γ''							
	δ''							86
	充分采动角 ψ_1	84		63	56			
	ψ_2	29		52	47			58
	ψ_3	48	55		61		64	
	超前影响角 ω							
	最大下沉速度角 ϕ							
	最大下沉角 θ	62		83	84	78	80	83
概率积分法参数	下沉系数 q	0.66		0.66	0.62	0.66	0.67	0.62
	水平移动系数 b	0.2		0.27	0.29		0.15	0.24
	主要影响角正切 $\tan\beta$	1.55		1.41	1.68	3.77	3.67	3.3
	拐点偏移距 S_1/m			-17.1	-8.4	-32.5		-12.5
	拐点偏移距 S_2/m			-3.9	9.9			-14.5
	拐点偏移距 S_3/m	-12.6		-18.2	-4.6		-68.2	
	拐点偏移距 S_4/m	-8.4		-10.7				
最大下沉速度/(mm·d^{-1})		25.4	54	55	112			44.6
地表移动延续时间/d		180	154	248	248		692	147
其中,活跃期/d		68	67	87	73		187	54

表 7-1 （续）

序 号		78	79	80	81	82	83	84
矿区（地层）		抚顺（古近系新近系）						
观 测 站		胜利煤矿二条带	胜利煤矿三条带	胜利煤矿四条带	504	509	405	63
建站时代（年-月）		1985-07	1985-07	1985-07				
采矿要素	采厚/m	2.16	2.19	2.13	41	20	42	26.3
	倾角/(°)	16	7	8	31	19	32	47
	采深上山/下山/m	706	705	714	507.1/548.6	516.5/554	413/454	420/480
	工作面尺寸走向/倾斜/m	127/60	161/60	103/60	320/80	320/60	405/85	250/77
	推进速度/(m·月$^{-1}$)				50~60	50~60	50~60	50~60
	采煤方法	条带	条带	条带	倾斜分层水砂充填	向上V型水砂充填	长壁水砂充填	水砂充填
	顶板管理方法	充填	充填	充填				
上覆岩层厚度及性质	松散层/m				14	19	14	11
	砂岩/m							
	页岩/m				412	389.5	260	450
	石灰岩/m							
	砂质页岩/m							
	砂岩类占比/%							
	泥岩类占比/%							
	平均单向抗压强度/MPa				20	20	20	
	厚度>10 m的砂岩、石灰岩 位置/m							
	厚度/m							
角量参数/(°)	松散层移动角 φ	44	44	44				
	边界角 β_0				46	48	41	41
	γ_0							55
	δ_0							
	λ_0							
	移动角 β				54	58	56	47.5
	γ							
	δ							70.2
	λ							
	裂缝角 β''				59	63	59	51
	γ''							
	δ''							
	充分采动角 ψ_1							
	ψ_2							
	ψ_3							
	超前影响角 ω							
	最大下沉速度角 ϕ							
	最大下沉角 θ	73.5	73.5	73.5	64		75	59
概率积分法参数	下沉系数 q	0.034	0.034	0.034				
	水平移动系数 b	0.28	0.28	0.28				
	主要影响角正切 $\tan\beta$							
	拐点偏移距 S_1/m							
	拐点偏移距 S_2/m							
	拐点偏移距 S_3/m							
	拐点偏移距 S_4/m							
最大下沉速度/(mm·d^{-1})		0.71	0.71	0.71				
地表移动延续时间/d		1044	1044	1044				
其中,活跃期/d								

表7-1（续）

序　号			85	86	87	88	89	90	91
矿区（地层）			沈阳局及本溪局（石炭二叠系）						
观　测　站			彩北第Ⅱ走向线	彩屯矿倾斜线	彩屯矿走向线	牛矿第Ⅱ倾斜线	田矿二坑Ⅰ走向线	田矿二坑Ⅱ倾斜线	田矿一坑Ⅱ倾斜线
建站时代（年-月）									
采矿要素	采厚/m		8.05	2.4	5.47	2	2.2	3.9	2.2
	倾角/(°)		19	16	15	15~27	17	29	16
	采深上山/下山/m		565/647	617/711	450/576	210/297	52/	52/73	47/71
	工作面尺寸走向/倾斜/m		400/440		630/600	350/280	110/90	124/56	76/100
	推进速度/(m·月⁻¹)		28	21	27	30	36	30	36
	采煤方法		长壁	长壁	长壁	长壁	长壁	长壁	长壁
	顶板管理方法		垮落	垮落	垮落	垮落	垮落	垮落	垮落
上覆岩层厚度及性质	松散层/m		8	13	13	3	0	0	5
	砂岩/m		312.1	344.6	327	119.6	6	41	38.4
	页岩/m		267.2	170.6	161.9	83.6	24	15.1	14.2
	石灰岩/m								
	砂质页岩/m		23.2	148.1	140.5	30	2	1.3	1.2
	砂岩类占比/%								
	泥岩类占比/%								
	平均单向抗压强度/MPa		60	65	50	25			
	厚度>10 m的砂岩、石灰岩	位置/m	155	262	262				
		厚度/m	26.2	39.8	39.8				
角量参数/(°)	松散层移动角φ								
	边界角	β₀		58		56			
		γ₀						47	51
		δ₀	56.5		68		55		
		λ₀							
	移动角	β		73			73		
		γ						76	81
		δ	83		84		78		
		λ							
	裂缝角	β″							
		γ″							
		δ″							
	充分采动角	ψ₁							
		ψ₂							
		ψ₃							
	超前影响角ω								
	最大下沉速度角φ								
	最大下沉角θ			79		80			
概率积分法参数	下沉系数q		0.65	0.65	0.68	0.65	0.72	0.62	0.72
	水平移动系数b		0.21			0.13	0.48		
	主要影响角正切tanβ		3.5	2	2.6	1.9	3.6	1.5	2.6
	拐点偏移距S₁/m			43		30		12	22
	拐点偏移距S₂/m			47		0		20	20
	拐点偏移距S₃/m		87		52		14		
	拐点偏移距S₄/m		87		52		14		
最大下沉速度/(mm·d⁻¹)			1.5	2.0	6.3	24.7	11.3	4.1	
地表移动延续时间/d			1680			1260	240	1010	
其中，活跃期/d			480				150	180	

表 7-1（续）

序　号		92	93	94	95	96	97	98
矿区（地层）		铁法（上侏罗统）	北票（下侏罗统）					蛟河（侏罗系）
观　测　站		大明一矿东一采区	三宝矿马牛河	三宝矿三家子	冠山二井小凌河	台吉矿一井	冠山一井东排风	四井
建站时代（年-月）								
采矿要素	采厚/m	1.9	1.85	2	4.9	1.6	4	1.1
	倾角/(°)	4.5	18	52	42	38		20
	采深上山/下山/m	102/110	140/160	169/285	208/321	76/164	100/310	108/
	工作面尺寸走向/倾斜/m	419/105	250/185	265/150	650/165	260/146	300/215	/
	推进速度/(m·月⁻¹)	15.5	20~30	20.2	25	36		40
	采煤方法	长壁	长壁	长壁	长壁	长壁	长壁	走向长壁
	顶板管理方法	垮落	垮落	垮落	垮落	垮落	垮落	垮落
上覆岩层厚度及性质	松散层/m	13.5	8	20~45	14	24	15~20	
	砂岩/m	68.7	48	79	51	52	41	
	页岩/m	0.2	48	68	97	29	78	
	石灰岩/m		18	32	13	9	10	
	砂质页岩/m		20	30	92	21	78	
	砂岩类占比/%							
	泥岩类占比/%							
	平均单向抗压强度/MPa		35	35	40	36	35	
	厚度>10 m 的砂岩、石灰岩　位置/m	58.7						
	厚度/m	28.5						
角量参数/(°)	松散层移动角 φ	30	45	45	45	45		45
	边界角　β_0	60			42			46
	γ_0			68	59	62		63.5
	δ_0	66.5		73.5		50		
	λ_0							
	移动角　β	74.5		37	49	43		52.4
	γ			93.5		72.5		77.8
	δ	73.5	82.5			66		80.5
	λ						50	
	裂缝角　β''				52		63.5	
	γ''							
	δ''							
	充分采动角　ψ_1							
	ψ_2							
	ψ_3	52.5						
	超前影响角 ω							
	最大下沉速度角 ϕ							
	最大下沉角 θ	86				64		
概率积分法参数	下沉系数 q	0.69	0.57	0.39	0.36	0.65		0.6
	水平移动系数 b	0.34	0.43	0.36	0.13	0.29		0.44
	主要影响角正切 $\tan\beta$	1.64	1.28	1.7	2.1	1.0		2.2
	拐点偏移距 S_1/m	-12.85		-3.9	+38.1	-7.3		
	拐点偏移距 S_2/m				+6.5	+13.9		
	拐点偏移距 S_3/m	-8.3	0			-3.0		
	拐点偏移距 S_4/m			+8.4				
最大下沉速度/(mm·d⁻¹)		16	6.7	1.7	3.9	8		
地表移动延续时间/d		394						450
其中,活跃期/d		213						100

表7-1(续)

序　号	99	100	101	102	103	104	105
矿区(地层)	蛟河(侏罗系)		辽源(侏罗系)				
观　测　站	乌林立井	乌林立井	保安一井09区一分层	保安一井09区二分层	太信矿采砂厂	西安老保井五路	西安老保井六路
建站时代(年-月)							
采厚/m	1.3	1.2	2.1	2.1	4.5	1.5	1.9
倾角/(°)	13	12	24	24	6	25	10
采深上山/下山/m	47/	92/	107/133	109/	311/	61/83	87/97
工作面尺寸走向/倾斜/m	/	/	135/66	/	/	125/45	120/60
推进速度/(m·月⁻¹)	40	30				15~30	
采煤方法 顶板管理方法	走向长壁 垮落	走向长壁 垮落	走向长壁 垮落	走向长壁 垮落	走向长壁 水砂充填	走向长壁 垮落	走向长壁 垮落
松散层/m			9.5	9.5	10	10	
砂岩/m			2.7	2.7			
页岩/m			57	57			
石灰岩/m							
砂质页岩/m			90	90			
砂岩类占比/%							
泥岩类占比/%							
平均单向抗压强度/MPa			60	60	60		
厚度>10m的砂岩、石灰岩 位置/m							
厚度/m							
松散层移动角 φ							
边界角 β_0				50		46	44
γ_0						41	51.5
δ_0	67	66		50		63	53.5
λ_0							
移动角 β			57	60	68	53	55
γ			56		59	46	65
δ	71.5	77	59~66	57		65	57
λ							
裂缝角 β''			55~58				
γ''							
δ''							
充分采动角 ψ_1							
ψ_2							
ψ_3							
超前影响角 ω							
最大下沉速度角 ϕ							
最大下沉角 θ			80	80		73	88
下沉系数 q	0.8	0.7	0.69	0.72	0.13	0.92	0.85
水平移动系数 b	0.22	0.32				0.28	0.28
主要影响角正切 $\tan\beta$	2.2	2.8				2.8	1.24
拐点偏移距 S_1/m							2.9
拐点偏移距 S_2/m							
拐点偏移距 S_3/m					12		35
拐点偏移距 S_4/m					38		
最大下沉速度/(mm·d⁻¹)						24	9
地表移动延续时间/d	90	150	240			251	534
其中,活跃期/d			90			102	358

表 7-1（续）

序　号		106	107	108	109	110	111	112
矿区（地层）		辽源（侏罗系）				鹤岗（侏罗系）		
观　测　站		平岗南小井	白泉井	梅河三井11033	梅河一井2102	富力矿工业广场	兴安矿北二层	峻德矿三层一分层
建站时代（年-月）								
采矿要素	采厚/m	0.9	2.6	2.2	2.2	2	2	2
	倾角/(°)	15	2~11	45~60	25	25	26	32
	采深上山/下山/m	58/	121/125	98/110	109/142	186/247	50/76	95/159
	工作面尺寸走向/倾斜/m	/	230/110	200/96	173/82	405/120	120/66	700/95
	推进速度/(m·月⁻¹)					60	50	40
	采煤方法	走向长壁刀柱	走向长壁	倾斜分层长壁	倾斜分层长壁	走向长壁	走向长壁	走向长壁
	顶板管理方法		垮落	垮落	垮落	垮落	垮落	垮落
上覆岩层厚度及性质	松散层/m					6.9	10	31
	砂岩/m					134	40	74
	页岩/m					6		
	石灰岩/m							
	砂质页岩/m					67		
	砂岩类占比/%							
	泥岩类占比/%							
	平均单向抗压强度/MPa			15	15			
	厚度>10 m的砂岩、石灰岩 位置/m							
	厚度/m							
角量参数/(°)	松散层移动角 φ							
	边界角 β₀			55				29
	γ₀			32				
	δ₀			65				
	λ₀							
	移动角 β	54		63	56		46	35
	γ	67	57	57	45	56	49.5	
	δ			71			49.1	
	λ							
	裂缝角 β″			62				
	γ″	72		60				
	δ″			69				
	充分采动角 ψ₁							
	ψ₂							
	ψ₃							
	超前影响角 ω							
	最大下沉速度角 φ							
	最大下沉角 θ		88	71	78	88	70	71.2
概率积分法参数	下沉系数 q	0.43	0.67	0.97	0.54	0.3	0.4	0.38
	水平移动系数 b			0.24	0.34	0.25	0.12	
	主要影响角正切 tanβ		1.48	1.54	1.9	1	0.9	1.15
	拐点偏移距 S₁/m						-6.9	-3.3
	拐点偏移距 S₂/m				5.4	5.6	-7.4	-6.7
	拐点偏移距 S₃/m	8						
	拐点偏移距 S₄/m	9		13.8			23.4	
最大下沉速度/(mm·d⁻¹)						17.2		
地表移动延续时间/d						186	210	181
其中,活跃期/d						45	105	101

表7-1（续）

序　号			113	114	115	116	117	118	119
矿区(地层)			鹤岗(侏罗系)	淮南(二叠系)					
观　测　站			新一矿一段一分层	李咀孜矿东三东C1-13	李咀孜矿东三东C2-13	新庄孜矿4413C1-13	新庄孜矿南二石门倾斜Ⅰ	李一矿二号风井C1-13	谢二矿2841(3)C13
建站时代(年-月)									
采矿要素	采厚/m		2	1.9	1.87	2	1.8	6.5	6.6
	倾角/(°)		29	37	37	15	20	42	19
	采深上山/下山/m		71/120	109/151	108/151	298/325	28/56	43.5/84	270/306
	工作面尺寸走向/倾斜/m		250/80	164/73	134/69	220/98	662/74	294/78	350/116
	推进速度/(m·月$^{-1}$)		60	31.2	26.4		54		
	采煤方法		走向长壁	倾斜分层	倾斜分层	倾斜分层	倾斜分层	倾斜分层	倾斜分层
	顶板管理方法		垮落	垮落	垮落	垮落	垮落	垮落	垮落
上覆岩层厚度及性质	松散层/m		13	34.2	34.2	36	20.2		21
	砂岩/m		44	28.5	28.5	67	15.6		132
	页岩/m			14.5	14.5	99	8.7		130
	石灰岩/m								
	砂质页岩/m		55	4	4		1.1		28
	砂岩类占比/%								
	泥岩类占比/%								
	平均单向抗压强度/MPa								
	厚度>10 m的砂岩、石灰岩	位置/m				1.52	1		218
		厚度/m				26	13		37
角量参数/(°)	松散层移动角 φ		45				42		
	边界角	β_0	46			47	35	42.5	47.5
		γ_0	48						
		δ_0		53	58				
		λ_0							
	移动角	β	50.4			72.5	50	47	64
		γ	49.7						75
		δ		63	65				
		λ							
	裂缝角	β''					67.2		
		γ''					75.1		
		δ''		72	70				
	充分采动角	ψ_1							
		ψ_2							
		ψ_3							
	超前影响角 ω								
	最大下沉速度角 φ								
	最大下沉角 θ		71.3	70	70	79	87	73	78
概率积分法参数	下沉系数 q		0.64	0.58	0.84	0.6	0.67	0.69	0.77
	水平移动系数 b			0.4	0.4	0.3			0.21
	主要影响角正切 tanβ		1.2	1.6	1.8	1.5	1.8	2	1.9
	拐点偏移距 S_1/m		-5.7				3	-6	-7
	拐点偏移距 S_2/m		1.7				8.8	-20	
	拐点偏移距 S_3/m								
	拐点偏移距 S_4/m								
最大下沉速度/(mm·d^{-1})			4.2						
地表移动延续时间/d			188						
其中,活跃期/d			100						

表7-1(续)

序　号		120	121	122	123	124	125	126
矿区(地层)		淮南(二叠系)						
观 测 站		谢一矿风井南	谢一矿A3下段	谢一矿A1 I线	谢一矿A1 II线	谢桥矿11118	谢桥矿11316工作面重复采动	张集(北区)11418(W)
建站时代(年-月)						1996	2012	2005-06
采矿要素	采厚/m	2.8	2.8	1~2.6	1.2	2.95	2.6	2.4~3.4
	倾角/(°)	22.5	22.5	22	24	13.5	13.5	0~10
	采深上山/下山/m	28/54	56/81	55/88.5	36/86	498.8	640	490~570
	工作面尺寸走向/倾斜/m	320/67	320/63	240/90	240/126	620/172	1628/236	1260/
	推进速度/(m·月$^{-1}$)					51.1	101.5	190
	采煤方法	倾斜分层	倾斜分层	倾斜分层	倾斜分层	综采	综采	倾斜长壁
	顶板管理方法	垮落	垮落	垮落	垮落	垮落	垮落	垮落
上覆岩层厚度及性质	松散层/m	21	21	21	21	403	382	374~401
	砂岩/m	23	23	23	23			
	页岩/m	5	5	5	5			
	石灰岩/m							
	砂质页岩/m	13.8	13.8	13.8	13.8			
	砂岩类占比/%					44.2	69.4	65.5
	泥岩类占比/%					55.8	30.6	34.5
	平均单向抗压强度/MPa					54.7~63	57.7~63.9	
	厚度>10 m的砂岩、石灰岩 位置/m							
	厚度/m							
角量参数/(°)	松散层移动角φ				40			67.6
	边界角 β_0					53.3	40.5	45
	γ_0					51.6	40.5	49
	δ_0					55.3	40.5	58
	λ_0							
	移动角 β			64	64	65.7		64.3
	γ					67.3	63.2	68.6
	δ					70.7	75.4	67.6
	λ							
	裂缝角 β''					70.6		
	γ''					76.9		
	δ''							
	充分采动角 ψ_1							
	ψ_2							
	ψ_3							
	超前影响角ω					62.3	51.6	65.6
	最大下沉速度角ϕ					78.4	73.5	78.5
	最大下沉角θ			68	72	87.5	86.5	82.6
概率积分法参数	下沉系数q			0.68	0.78	1.14	1.15	0.83
	水平移动系数b			0.42	0.32	0.3	0.3	0.31
	主要影响角正切$\tan\beta$			1.7	1.7	2.09	1.49/1.65	1.3/1.8/2.3
	拐点偏移距S_1/m			16	12	-10	-58	
	拐点偏移距S_2/m			5	-6	6	-49	
	拐点偏移距S_3/m					56	30	
	拐点偏移距S_4/m					16	-44	
最大下沉速度/(mm·d^{-1})								
地表移动延续时间/d						548	663	265
其中,活跃期/d						280	265	115

表7-1(续)

序号			127	128	129	130	131	132	133
矿区(地层)			淮南(二叠系)						
观测站			张集(北区)1217(1)	顾桥矿1117(1)	顾桥矿1111(3)	顾桥矿1117(3)工作面重复采动	顾桥矿1414(1)	顾北矿1232(3)	顾北矿1312(1)
建站时代(年-月)			2012	2006-09	2007-08	2009-05	2013-10	2007	2011
采矿要素	采厚/m		3	3.5	4.5	4.3	3	3.5	3.6
	倾角/(°)		0~10	5	5	5	5	5	5
	采深上山/下山/m		441~635	723~820	550~630	640~730	680~770	575.4	528
	工作面尺寸走向/倾斜/m		1800/	2620/	2730/	2740/	2120/	1626/250	629/205
	推进速度/(m·月$^{-1}$)		170	145	202	180	185	163	155.5
	采煤方法		综采	综采	综采	综采	综采	综采	综采
	顶板管理方法		垮落	垮落	垮落	垮落	垮落	垮落	垮落
上覆岩层厚度及性质	松散层/m		385	360~440	460~480	360~440	390~440	450	439.7
	砂岩/m								
	页岩/m								
	石灰岩/m								
	砂质页岩/m								
	砂岩类占比/%		76.7	35.5	30.9	52.3	14.3	53.2	81.6
	泥岩类占比/%		23.3	64.5	69.1	47.7	85.7	46.8	18.4
	平均单向抗压强度/MPa								
	厚度>10m的砂岩、石灰岩	位置/m							
		厚度/m							
角量参数/(°)	松散层移动角 φ								
	边界角	β_0		48.9	48.1	48.1	40.5	48	42.8
		γ_0	45.8	46.7	48.1	48.1	40.5	48	42.8
		δ_0	46.1	57	42.7	45.6	41.8	42.7	46.2
		λ_0							
	移动角	β		77.1	65.6	65.5	66.6	65.6	66.6
		γ	73.9	75.3	65.6	73.9	66.6	65.6	66.6
		δ	72.4	77.7	60.9	68.9	55.4	60.9	78.4
		λ							
	裂缝角	β''							
		γ''							
		δ''							
	充分采动角	ψ_1							
		ψ_2							
		ψ_3							
	超前影响角 ω		51.2	67.5	60.4	60.7	46.7	31.2	56.5
	最大下沉速度角 ϕ			76.4	80.6	78	76.6	83	85.3
	最大下沉角 θ		87.8	90	88.8	90	88.6	88.8	89
概率积分法参数	下沉系数 q		1.13	1	1.18	1.36	0.94	1.18	1.1
	水平移动系数 b		0.27	0.32/0.3/0.44	0.31/0.31/0.37	0.3/0.3/0.34	0.3	0.31/0.31/0.37	0.33
	主要影响角正切 $\tan\beta$		/3.49/1.74	2.1/2.2/2.2	1.82/1.78/2.05	2.38/2.38/2.32	2.16	1.82/1.78/2.05	2.2
	拐点偏移距 S_1/m			-35.1	23.2	42	-21	23.2	-13
	拐点偏移距 S_2/m		30	-25.8	23.2	42	-6	23.2	5
	拐点偏移距 S_3/m			62.3	8.2	38	66	8.2	50
	拐点偏移距 S_4/m		-37				45		-1
	最大下沉速度/(mm·d^{-1})								
	地表移动延续时间/d			637	263	661	423		434
	其中,活跃期/d			144	163	436	275		114

表 7-1（续）

序　号		134	135	136	137	138	139	140
矿区（地层）		淮南（二叠系）						
观　测　站		丁集矿 1262(1)	丁集矿 1141(3)	潘一矿东区 1252(1) 首采	潘一矿东区 1242(1) 重复	潘二煤矿 11125	潘二煤矿 11124	潘三矿 1731(3)
建站时代（年-月）		2007	2010	2012-01	2013-11	2009-06	2012-10	1993
采矿要素	采厚/m	2.6	3.1	2.7	2.6	1.6	3.7	3.2
	倾角/(°)	0~6	7	6	6	10	10	8
	采深上山/下山/m	890	674	802	781	391	399	504~527
	工作面尺寸走向/倾斜/m	1860/	1440/	1150/	1149/	1070/156	1420/127	896/154
	推进速度/(m·月⁻¹)	130	150	100	100	30	54.3	47.1
	采煤方法	综采	综采	综采	综采	一次采全高	一次采全高	综采
	顶板管理方法	垮落	垮落	垮落	垮落	垮落	垮落	垮落
上覆岩层厚度及性质	松散层/m	455	524	165	165	250~278	250~278	377
	砂岩/m							
	页岩/m							
	石灰岩/m							
	砂质页岩/m							
	砂岩类占比/%	35	41	23	21	21.67	28.42	47
	泥岩类占比/%	65	59	77	79	78.33	71.58	53
	平均单向抗压强度/MPa			25	4.2			40.1
	厚度>10 m 的砂岩、石灰岩 位置/m							
	厚度/m							
角量参数/(°)	松散层移动角 φ	45	45					
	边界角 β₀	49.3	49.4	51.8		53.8	47.4	48.4
	γ₀	51.8	49.7	49.9	54.4	53.8	47.4	50.9
	δ₀	54.3	50.6	54.9	58	53.8	47.4	
	λ₀							
	移动角 β	67.3	62.9	55.7		66.9	67.2	
	γ	69.6	66.4	54.7	84.9	66.9	67.2	
	δ	70.7	67.9	81	86.9	66.9	67.2	
	λ							
	裂缝角 β″		73.2				72.7	
	γ″		70.2				72.7	
	δ″		70.2				72.7	
	充分采动角 ψ₁							
	ψ₂							
	ψ₃							
	超前影响角 ω	66.9	60.1	53.8				
	最大下沉速度角 φ	77.3	78	74.1	70.4			
	最大下沉角 θ	87.7	87	87.1	78.3	88		83
概率积分法参数	下沉系数 q	1.16	1.1	0.75	1.42	1.12	1.01	0.54
	水平移动系数 b	0.32	0.38	0.3	0.468	0.15	0.36	0.42
	主要影响角正切 tanβ	1.9/2.4/2.4	1.8	1.8	1.67	1.33	1.06	2.45
	拐点偏移距 S₁/m	18	-60	90	-17.9	-15	30	-11
	拐点偏移距 S₂/m	-18	10	-29	18.7	-15	30	89
	拐点偏移距 S₃/m	29	-15	40	100.8	-15	30	
	拐点偏移距 S₄/m	46		114	2.5	-15	30	
最大下沉速度/(mm·d⁻¹)								
地表移动延续时间/d		416	266	534	628			
其中：活跃期/d		235	132	180	417			

表7-1（续）

序　号		141	142	143	144	145	146	147
矿区（地层）		淮南（二叠系）						淮北（石炭二叠系）
观　测　站		潘三矿1552(3)	潘三矿1212(3)	潘四东矿1111(3)	潘四东矿11113	朱集东矿1111(1)	谢一矿5111C13	袁庄3111
建站时代（年–月）		1997	1999	2007	2012	2011	2007	
采矿要素	采厚/m	3	2.9	3.5	3.5	1.8	3.5	2
	倾角/(°)	10	1	24	9	3	20	16
	采深上山/下山/m	621/652	524/526	477	412	920	696	315/338
	工作面尺寸走向/倾斜/m	920/160	560/140	1082/	440/	1585/	460/	645/78
	推进速度/(m·月⁻¹)	51.1	94.9	85	88	126	100	30
	采煤方法	综采	综采	综采	综采	综采	综采	炮采
	顶板管理方法	垮落	垮落	垮落	垮落	垮落	垮落	垮落
上覆岩层厚度及性质	松散层/m	387	403.5	302~320	341~351	278	25	20
	砂岩/m							51
	页岩/m							106
	石灰岩/m							
	砂质页岩/m							130
	砂岩类占比/%	23	28	43	21	27.3	40	
	泥岩类占比/%	77	72	57	79	72.7	60	
	平均单向抗压强度/MPa	60.4	104.4	31.2/44.9	17.8/48.4	18.5/85.3	102	
	厚度>10 m的砂岩、石灰岩 位置/m							5
	厚度/m							70
角量参数/(°)	松散层移动角 φ			41	41	41	41	
	边界角 β_0	54.4		45.6		47	55	
	γ_0	42.5	48.1	49.4	46.2	44.9	58	
	δ_0	49.3	53.8	48.3	46.4	58.1	49	
	λ_0							
	移动角 β			63.1	63.4	66.3	60	
	γ			65.5	66.8	69.5	70	
	δ			64.5	70.8	79.9	68	
	λ							46.5
	裂缝角 β''							76
	γ''							78
	δ''							60
	充分采动角 ψ_1							
	ψ_2							
	ψ_3							
	超前影响角 ω			58	56.9	70.9	58.9	
	最大下沉速度角 ϕ			80.4	80.3	75.4	67	
	最大下沉角 θ	87	89	81.5	87.8	88.5	77	94
概率积分法参数	下沉系数 q	0.77	0.92	0.95	0.98	0.46	0.64	0.8
	水平移动系数 b	0.32	0.3	0.35	0.33	0.34	0.38	0.31
	主要影响角正切 $\tan\beta$			2.1/2.1/1.2	1.76/1.86/1.92	1.7	1.56	1.8
	拐点偏移距 S_1/m			-2	-17	5	10	
	拐点偏移距 S_2/m			-7	-44	8	-20	
	拐点偏移距 S_3/m			20	0	110	15	
	拐点偏移距 S_4/m			-28	37	10		
	最大下沉速度/(mm·d⁻¹)							5
	地表移动延续时间/d			452	431	438	359	433
	其中,活跃期/d			328	163	122	219	320

表7-1（续）

	序　号	148	149	150	151	152	153	154
	矿区(地层)			淮北(石炭二叠系)				大屯(二叠系)
	观　测　站	杨庄641	朔里N311	百善675	石台子332	张庄3131	刘桥421	姚桥矿7269
	建站时代(年-月)							2010-09
采矿要素	采厚/m	2.4	2.4	2.1	1.9	2.7	1.7	5.4
	倾角/(°)	14	4	5	5	15	30	9
	采深上山/下山/m	95/137	88/108	202/215	67/75	79/112	176/226	820
	工作面尺寸走向/倾斜/m	360/170	300/140	500/175	150/101	650/120	400/102	864/
	推进速度/(m·月$^{-1}$)	30	50	30	36	42	24.6	72
	采煤方法	炮采	炮采	炮采	炮采	炮采	炮采	综放
	顶板管理方法	垮落	垮落	垮落	垮落	垮落	垮落	垮落
上覆岩层厚度及性质	松散层/m	69	60	145	49	48	120	171.5
	砂岩/m		20	22	7	4	56	
	页岩/m		3	7.5			6	
	石灰岩/m							
	砂质页岩/m	29				32		
	砂岩类占比/%							58
	泥岩类占比/%							34
	平均单向抗压强度/MPa		40				40	23.9
	厚度>10 m的砂岩、石灰岩　位置/m		3				6	
	厚度/m		20				56	
角量参数/(°)	松散层移动角 φ						44	
	边界角　β_0						45	
	γ_0						52	65.9
	δ_0						48	
	λ_0							
	移动角　β	64	68.6		82.6	70.9		
	γ	80	66		79		67.1	69.6
	δ	77	83		69	86.6		
	λ	46.5	46.5	46.5	46.5	46.5	46.5	
	裂缝角　β''	74			80	69	66	
	γ''	78			65	72	69	
	δ''	68			64		78	
	充分采动角　ψ_1	55	65		61			
	ψ_2	62	68		58			
	ψ_3	53	57	58	55	65		
	超前影响角 ω							63
	最大下沉速度角 ϕ							83.6
	最大下沉角 θ	87.8	88	90	86	87.5	81	
概率积分法参数	下沉系数 q	1.18	1.1	1.29	1.2	1.1	0.96	0.16
	水平移动系数 b	0.36		0.24	0.32	0.34	0.4	0.44
	主要影响角正切 $\tan\beta$	1.6	1.7	2.17	1.5	1.9	1.45	2.6/2.4/
	拐点偏移距 S_1/m	-3.7	-12	-18	-9		-2.0	15
	拐点偏移距 S_2/m	-18		-14	-8	-13	-21	15
	拐点偏移距 S_3/m	-18.0		14	-6			15
	拐点偏移距 S_4/m	-5.0		18				15
	最大下沉速度/(mm·d^{-1})	40		14	45	100		
	地表移动延续时间/d	274	260	510	132	200	400	529
	其中,活跃期/d	142	67	318	74	126	176	200

表7-1(续)

	序　号	155	156	157	158	159	160	161
	矿区(地层)	大屯(二叠系)					徐州(石炭系)	
	观　测　站	姚桥矿7267	姚桥矿7005	孔庄矿7338	孔庄矿7431	徐庄矿7215	韩桥矿755	董庄矿107
	建站时代(年-月)	2010-09	1997-01	2002-08	2006-01	1990-08		
采矿要素	采厚/m	4.3	4.85	4.6	4.9	2.7	1.9	2
	倾角/(°)	9	11	21	25	20~23	13	30
	采深上山/下山/m	805	756	655~734	808~880	512	26/52	47/156.5
	工作面尺寸走向/倾斜/m	930/	1649/159	470/	820/	1000/110	320/132	250/100
	推进速度/(m·月$^{-1}$)	99	92	59	51	74	33.5	30
	采煤方法	综放	综放	综放	综放	普采	长壁	长壁
	顶板管理方法	垮落	垮落	垮落	垮落	垮落	垮落	垮落
上覆岩层厚度及性质	松散层/m	171.5	152.5	150	179	160	12	33
	砂岩/m						56.8	14.2
	页岩/m							24
	石灰岩/m							
	砂质页岩/m						0.3	11.5
	砂岩类占比/%	58	38	35	35	46.4		
	泥岩类占比/%	34	53	65	65	2.9		
	平均单向抗压强度/MPa	23.9	40.2				43.5	34.2
	厚度>10m的砂岩、石灰岩　位置/m						直接顶	2.6
	厚度/m						56.8	14.2
角量参数/(°)	松散层移动角 φ			38	38	43.7	43.8	43.8
	边界角 β_0	63.4	51.5	65.3		31	56.5	45
	γ_0	63.4	48.7	65.3			66.5	40
	δ_0	63.4	58.6	65.3		64		60
	λ_0							
	移动角 β	72.9		71.9		44	70	56.3
	γ	72.9		71.9			71	58
	δ	72.9		71.9		79		75
	λ							
	裂缝角 β''						83	69
	γ''						78.5	78
	δ''						80	75
	充分采动角 ψ_1						67	50
	ψ_2						69.5	67
	ψ_3							50
	超前影响角 ω	68.4	63.6/76.8	67.4	70			
	最大下沉速度角 ϕ	68.4	82.3	71.4	79.7			
	最大下沉角 θ		83.2	74.1	72.5		82	78.5
概率积分法参数	下沉系数 q	—	—	—	0.54	0.84	0.78	0.83
	水平移动系数 b	0.3	0.35	0.26	0.3	0.35	0.12	0.3
	主要影响角正切 $\tan\beta$	2.2/2/	1.7		1.7	2	2	1.4
	拐点偏移距 S_1/m	15	10	30	42	30		
	拐点偏移距 S_2/m	15	25	30	42	30		
	拐点偏移距 S_3/m	15	29	30	42	30		
	拐点偏移距 S_4/m	15		30	42	30		
	最大下沉速度/(mm·d^{-1})						110	42
	地表移动延续时间/d	402	574		433		120	
	其中,活跃期/d	148	147		270		39	99

表 7-1（续）

序 号		162	163	164	165	166	167	168
矿区(地层)		徐州(石炭系)			兖州(石炭二叠系)			
观 测 站		董庄矿 113	权台矿 110	庞庄矿 102	兴隆矿 5306	兴隆矿 4314	杨村矿三采区 16 上	北宿矿六采区 16 上
建站时代(年-月)								
采矿要素	采厚/m	2.1	2.1	2	7.8	8.2	1.25	0.92
	倾角/(°)	33	31.5	16	4	4.3	6	6.5
	采深上山/下山/m	49/159.5	39/146.5	84/113	391/433	319/331	250/320	260/350
	工作面尺寸走向/倾斜/m	300/124	450/170	205/82	160/400	1580/160	560/480	440/1300
	推进速度/(m·月⁻¹)	42	40	42	61	60~134	58	60
	采煤方法	长壁	长壁	长壁	综放(走向)	综放(走向)	倾斜长壁	走向长壁
	顶板管理方法	垮落	垮落	垮落	垮落	垮落	垮落	垮落
上覆岩层厚度及性质	松散层/m	33	17	64	183	197	196	55
	砂岩/m	14.2	9.8	10.4				
	页岩/m	24	2.9	32.1				
	石灰岩/m						5.4	5
	砂质页岩/m	11.5		22.6				
	砂岩类占比/%							
	泥岩类占比/%							
	平均单向抗压强度/MPa	34.2	31.9	35	23.1	13	7	24.5
	厚度>10 m 的砂岩、石灰岩 位置/m	2.6						
	厚度/m	14.2						
角量参数/(°)	松散层移动角 φ	43.8	43.8	45				
	边界角 β_0	26	42.5	54	49.7	51.7	50.6	59
	γ_0	41	54	54				
	δ_0	54		53.1		59	58.2	60
	λ_0							
	移动角 β	51.8	54.5	65.5	70.6	69.2	65.4	
	γ	55.5	53.5	78.5				
	δ	71.5		77		72.1	71	
	λ							
	裂缝角 β''	61.5	64	73	78			
	γ''	83	71	81.5				
	δ''	78		73		76.4		
	充分采动角 ψ_1	41	52.5				54.6	45
	ψ_2	68		61				
	ψ_3	56		60.2			46	56
	超前影响角 ω							
	最大下沉速度角 ϕ							
	最大下沉角 θ	76.5		83	82.5	85.1	85.8	89
概率积分法参数	下沉系数 q	0.85	0.78	0.92	0.807	0.843	1	0.8
	水平移动系数 b	0.34		0.37	0.275	0.23	0.4	0.33
	主要影响角正切 $\tan\beta$	1.3		1.7	2.1	2.34	1.8	1.8
	拐点偏移距 S_1/m					$0.062H_0$	$0.18H_0$	$0.08H_0$
	拐点偏移距 S_2/m					$0.062H_0$		
	拐点偏移距 S_3/m					$0.062H_0$	$0.03H_0$	$0.11H_0$
	拐点偏移距 S_4/m					$0.062H_0$		0
最大下沉速度/(mm·d⁻¹)		61	47	43	116	218	20.2	7.2
地表移动延续时间/d				291			344	
其中，活跃期/d		96	90				299	

表7-1（续）

序　　号			169	170	171	172	173	174	175
矿区（地层）			兖州（石炭二叠系）				龙口（第三系）		
观　测　站			鲍店矿 1308	南屯矿 33上03-1	田庄矿 2603	新驿矿 1106	1103-1	1203-1	北皂矿 1103
建站时代（年-月）					2005-03	2009-04			1973
采矿要素	采厚/m		8.5	2.9	1.29	3.59	2.1	2.3	2.1
	倾角/（°）		4	3.5	5	7	10~12	8~14	9
	采深上山/下山/m		400/455	284	240	230/250	145/245	158/264	206/243
	工作面尺寸走向/倾斜/m		154/1270	154/1723	700/240	422/61.4	808.5/86	679/119.5	770/87
	推进速度/（m·月$^{-1}$）		110	150					81.9
	采煤方法		综放（倾斜）	综采（倾斜）	综采		走向长壁	走向长壁	
	顶板管理方法		垮落	垮落	垮落	垮落	垮落	垮落	垮落
上覆岩层厚度及性质	松散层/m		194	112			40		42.5
	砂岩/m								
	页岩/m								
	石灰岩/m								
	砂质页岩/m							2.1	
	砂岩类占比/%								
	泥岩类占比/%								
	平均单向抗压强度/MPa		22	17.2			20		
	厚度>10 m的砂岩、石灰岩	位置/m							
		厚度/m							
角量参数/（°）	松散层移动角 φ						45	45	
	边界角	β_0	65		55	47	53	62	53.6
		γ_0	70		50		67	76	51.4
		δ_0		57	49.5	57	62	71	58.5
		λ_0							
	移动角	β	73.5			50	63	67	74.5
		γ	72		83		87	90	81.9
		δ	65.5	69.2	76	59	81	83	88.8
		λ							
	裂缝角	β''							
		γ''							
		δ''		67					
	充分采动角	ψ_1	49.2						
		ψ_2	59.6						
		ψ_3							
	超前影响角 ω				56	74			
	最大下沉速度角 ϕ				68	83.5			
	最大下沉角 θ		86	89		89			85
概率积分法参数	下沉系数 q		0.83	0.78	0.7	0.93	0.93	0.93	0.59
	水平移动系数 b		0.24	0.28	0.34	0.35	0.3	0.3	0.36
	主要影响角正切 $\tan\beta$		2.53	1.65	1.34	2.8	1.7	2.1	2
	拐点偏移距 S_1/m		20		$0.08H_0$	$0.15H_0$			27.3
	拐点偏移距 S_2/m		22		$0.08H_0$	$0.15H_0$			7.3
	拐点偏移距 S_3/m		55	27.5	$0.08H_0$	$0.15H_0$			
	拐点偏移距 S_4/m		45	27.7	$0.08H_0$	$0.15H_0$			47.5
最大下沉速度/（mm·d^{-1}）			102	29.7	4.22		14.1	89.2	16.7
地表移动延续时间/d			550	295	481				110
其中，活跃期/d			370	95	122				30

表 7 - 1 (续)

序　号		176	177	178	179	180	181	182
矿区(地层)		龙口(第三系)						
观　测　站		北皂矿 1203 (重复)	北皂矿 4303	北皂矿 4410	梁家矿 1203	梁家矿 2201	梁家矿 2209	梁家矿 2610
建站时代(年 – 月)								
采矿要素	采厚/m	2.3	4.6	5.78	4.19	3.93	3.97	3.02
	倾角/(°)	9	4	8	8	9	10	11.3
	采深上山/下山/m	228/255	214/220	305/319	320/334	295/321	415/439	398/440
	工作面尺寸走向/倾斜/m	665/125	784/110	405/66	770/135	980/137	875/103	1148/154
	推进速度/(m·月⁻¹)	215.7	69		69	78	90	132.6
	采煤方法							
	顶板管理方法	垮落	垮落	垮落	垮落	垮落	垮落	垮落
上覆岩层厚度及性质	松散层/m	42.5	52.4	50	45	40	45	45
	砂岩/m							
	页岩/m							
	石灰岩/m							
	砂质页岩/m							
	砂岩类占比/%							
	泥岩类占比/%							
	平均单向抗压强度/MPa							
	厚度>10 m的砂岩、石灰岩 位置/m							
	厚度/m							
角量参数/(°)	松散层移动角 φ							
	边界角 β_0	63.3			60.5	62.1	52.8	47.7
	γ_0	53	65		59.3	61.2		56.9
	δ_0	64.3	60.9	69.2	58.3	62.2	68.2	48.6
	λ_0							
	移动角 β	66.3			77.9	74.3		67.8
	γ	85	70	75.7	86.6	88.1		
	δ	77.6		82.7	87.2	88.4		
	λ							
	裂缝角 β''							
	γ''							
	δ''							
	充分采动角 ψ_1							
	ψ_2							
	ψ_3							
	超前影响角 ω							
	最大下沉速度角 ϕ							
	最大下沉角 θ	81.3	90	85	85	80	83.8	80
概率积分法参数	下沉系数 q	1.1	0.91	0.81	0.77	0.8	0.82	0.68
	水平移动系数 b	0.32	0.32		0.33			
	主要影响角正切 $\tan\beta$	2.5	2.2	1.63	2.2	2.2	1.8	2.1
	拐点偏移距 S_1/m	20.6		4	23	48.6	32	41
	拐点偏移距 S_2/m	17.9		4.3	42	21.8	36	20.5
	拐点偏移距 S_3/m				51.5			
	拐点偏移距 S_4/m	-2.2		35.5		24.6	71	27.4
最大下沉速度/(mm·d⁻¹)		74	40		21			11.2
地表移动延续时间/d		142			445	260	480	440
其中,活跃期/d		73			170	138	153	150

表7-1（续）

序　号		183	184	185	186	187	188	189
矿区(地层)		\multicolumn{7}{c}{龙口(第三系)}						
观　测　站		梁家矿 2208D	梁家矿 2408	梁家矿 4108	梁家矿 4109	梁家矿 4111	梁家矿 4112	洼里矿 10103
建站时代(年-月)								
采矿要素	采厚/m	3.75	2.6	6.48	6.38	7.19	6.53	2.03
	倾角/(°)	11	8.5	10	7	7	9	5
	采深上山/下山/m	329/344	544/600	375/395	410/507	424/524	414/448	261/303
	工作面尺寸走向/倾斜/m	315/88	1260/134	829/133	886/113	875/123	893/147	210/768
	推进速度/(m·月⁻¹)			130.8	190.5			46.8
	采煤方法							
	顶板管理方法	垮落	垮落	垮落	垮落	垮落	垮落	垮落
上覆岩层厚度及性质	松散层/m	45	40	38	50	50	35	29.5
	砂岩/m							
	页岩/m							
	石灰岩/m							
	砂质页岩/m							
	砂岩类占比/%							
	泥岩类占比/%							
	平均单向抗压强度/MPa							
	厚度>10 m的砂岩、石灰岩　位置/m							
	厚度/m							
角量参数/(°)	松散层移动角 φ							
	边界角　β₀	67.0	62.4		58.1	58.1	60.0	58.7
	γ₀	71.3		63.6				49.8
	δ₀		68.3	60.9			76.7	60.1
	λ₀							
	移动角　β	81.7			70.0	70.0	76.8	70.5
	γ	85.6		79.7				81.4
	δ			80.6			80.5	69.4
	λ							
	裂缝角　β″							
	γ″							
	δ″							
	充分采动角　ψ₁							
	ψ₂							
	ψ₃							
	超前影响角 ω							
	最大下沉速度角 φ							
	最大下沉角 θ		90	83.5			90	90
概率积分法参数	下沉系数 q		0.37	0.71	0.54	0.48	0.55	0.95
	水平移动系数 b					0.11		0.31
	主要影响角正切 tanβ		1.49	2.74	2.2	1.66	2.53	2.5
	拐点偏移距 S₁/m		38.6	-11	17	4.9	-17	
	拐点偏移距 S₂/m		55.2	31.5		16.2	21	
	拐点偏移距 S₃/m			39.6			50	
	拐点偏移距 S₄/m							29.6
最大下沉速度/(mm·d⁻¹)				120.1				14.5
地表移动延续时间/d				269				266
其中,活跃期/d				85				172

表 7-1（续）

序　　号		190	191	192	193	194	195	196
矿区(地层)		\多column 龙口(第三系)				济北(石炭二叠系)		
观　测　站		洼里矿 1201	洼里矿 4203	洼里矿 11206	洼里矿 10208	许厂矿 4302	许厂矿 4305	许厂矿 4307
建站时代(年-月)						2008-06	2005-04	2006-08
采矿要素	采厚/m	1.4	1.97	2.0	2.0	4.2	3.7	3.6
	倾角/(°)	6	5	6	6	13	13	13
	采深上山/下山/m	63/70	61/79	261/319	260/321	119/		
	工作面尺寸走向/倾斜/m	247/55	270/113	112/676	239/790	644/161	719/198	722/194
	推进速度/(m·月$^{-1}$)	60.9	21.6	101.1				
	采煤方法					综采	综采	综采
	顶板管理方法	垮落	垮落	垮落	垮落	垮落	垮落	垮落
上覆岩层厚度及性质	松散层/m	23.5	24	26	26			
	砂岩/m							
	页岩/m							
	石灰岩/m							
	砂质页岩/m							
	砂岩类占比/%							
	泥岩类占比/%							
	平均单向抗压强度/MPa							
	厚度>10 m的砂岩、石灰岩　位置/m							
	厚度/m							
角量参数/(°)	松散层移动角 φ							
	边界角 β_0	46.8	45.4			49	63	
	γ_0	54.4				55	66	68
	δ_0	51.5	60.6	45.2				
	λ_0							
	移动角 β	65.4	59.5			54	66	
	γ	61.6				59	68	74
	δ	70.3	65.3	80.4	71.7			
	λ							
	裂缝角 β''							
	γ''							
	δ''							
	充分采动角 ψ_1							
	ψ_2							
	ψ_3							
	超前影响角 ω							
	最大下沉速度角 φ							
	最大下沉角 θ	85	87	83	82.8	87		
概率积分法参数	下沉系数 q	1.09	0.99	0.88	0.91	0.72	0.56	0.61
	水平移动系数 b	0.39	0.29	0.16	0.19	0.41	0.36	0.35
	主要影响角正切 tanβ	2.5	2.5	2.58	2.7	3/3/	3.1/3.1/	2.9/2.9/
	拐点偏移距 S_1/m	9.5	2.7			$0.11H_0$	$0.06H_0$	$0.02H_0$
	拐点偏移距 S_2/m	1.6	21.1			$0.11H_0$	$0.06H_0$	$0.02H_0$
	拐点偏移距 S_3/m	3.8		8.1	6.7	$0.11H_0$	$0.06H_0$	$0.02H_0$
	拐点偏移距 S_4/m		24	14.5	7.6	$0.11H_0$	$0.06H_0$	$0.02H_0$
	最大下沉速度/(mm·d^{-1})	31		35.1				
	地表移动延续时间/d	210						
	其中,活跃期/d	120	70	93				

表7-1（续）

序　号		197	198	199	200	201	202	203
矿区(地层)		济北(石炭二叠系)						
观测站		许厂矿 130	许厂矿 1315	岱庄矿 1303	岱庄矿 1310 条带	岱庄矿 1320 条带	岱庄矿 2301	岱庄煤矿 2351
建站时代(年-月)		2003-06	1999-12	2000-01	2000-01	2001-01	2001-01	2010-01
采矿要素	采厚/m	4.79	4.5	2.9	2.5	2.5	2.9	2.74
	倾角/(°)		10	6	6	6	6	3~11
	采深上山/下山/m			410	435	350	440	393/503
	工作面尺寸走向/倾斜/m	212/34	1220/164	1300/160	480/50	1400/50~78	650/150	960/100
	推进速度/(m·月$^{-1}$)			100	250	250	150	
	采煤方法	综采	综采	走向长壁	条带	条带	走向长壁	综采
	顶板管理方法	条带	垮落	垮落	垮落	垮落	垮落	充填
上覆岩层厚度及性质	松散层/m			245	245	245	245	245
	砂岩/m							
	页岩/m							
	石灰岩/m							
	砂质页岩/m							
	砂岩类占比/%							
	泥岩类占比/%							
	平均单向抗压强度/MPa							
	厚度>10 m 的砂岩、石灰岩 位置/m							
	厚度/m							
角量参数/(°)	松散层移动角 φ							
	边界角 β_0	68	50	44.3	53.8			
	边界角 γ_0							
	边界角 δ_0			58.4		50.3	47	
	边界角 λ_0							
	移动角 β	85	64	72.9				
	移动角 γ			72.8				
	移动角 δ			72.3		72.3		
	移动角 λ							
	裂缝角 β''							
	裂缝角 γ''							
	裂缝角 δ''							
	充分采动角 ψ_1							
	充分采动角 ψ_2							
	充分采动角 ψ_3							
	超前影响角 ω					64.8~66.8		
	最大下沉速度角 ϕ			85.4	74.2	76.2	74.4	
	最大下沉角 θ	88	89	84.3	83	85.4	83.3	
概率积分法参数	下沉系数 q	0.12	0.79	0.92	窄 0.47，条 0.24	0.24	0.92	0.08
	水平移动系数 b	0.35	0.35	0.24	0.24	0.24	0.24	
	主要影响角正切 $\tan\beta$	2.8/2.8	3.2/3.2	1.68	窄 1.49，条 1.58	1.49	1.68	
	拐点偏移距 S_1/m	$0.10H_0$	$0.045H_0$					
	拐点偏移距 S_2/m	$0.10H_0$	$0.045H_0$					
	拐点偏移距 S_3/m	$0.10H_0$	$0.045H_0$					
	拐点偏移距 S_4/m	$0.10H_0$	$0.045H_0$					
	最大下沉速度/(mm·d^{-1})			48.3	6.4	33.0	22.0	
	地表移动延续时间/d			350	小于400	150		
	其中，活跃期/d			120	40	50	120	

表 7 - 1（续）

序　号		204	205	206	207	208	209	210
矿区（地层）		济北（石炭二叠系）		肥城（石炭二叠系）				
观 测 站		唐口煤矿 1301	唐口煤矿 2301	国家庄矿 3201	国家庄矿 3504	白庄矿 3602	杨庄煤矿 8608	杨庄煤矿 8614
建站时代（年-月）		2007 - 11	2006 - 06	1991 - 03	1991 - 04	2000 - 10		2003 - 05
采矿要素	采厚/m	3.25	3	2.4	2.2	2	1.7	1.7
	倾角/(°)	6	3	3 ~ 5	2 ~ 8	4	8	16
	采深上山/下山/m	985/1040	970	239	239	295.5	266	237.7
	工作面尺寸走向/倾斜/m	1303/208	1239/110	240/130	540/260	153/	475/170	130/65
	推进速度/(m·月$^{-1}$)							
	采煤方法	综采	综采	倾斜长壁	走向长壁	倾斜长壁	综采	综采
	顶板管理方法	垮落	条带	垮落	垮落	垮落	垮落	垮落
上覆岩层厚度及性质	松散层/m							
	砂岩/m							
	页岩/m							
	石灰岩/m							
	砂质页岩/m							
	砂岩类占比/%							
	泥岩类占比/%							
	平均单向抗压强度/MPa							
	厚度>10 m 的砂岩、石灰岩　位置/m							
	厚度/m							
角量参数/(°)	松散层移动角 φ							
	边界角　β_0			68	59	67	53	59
	γ_0			77	72	72	57	80
	δ_0			73	65	69	58	69
	λ_0							
	移动角　β			69	62	72	66	67
	γ			77	75	79	71	88
	δ			73	68	75	72	77
	λ							
	裂缝角　β''							
	γ''							
	δ''							
	充分采动角　ψ_1							
	ψ_2							
	ψ_3							
	超前影响角 ω							
	最大下沉速度角 ϕ							
	最大下沉角 θ							
概率积分法参数	下沉系数 q	0.82	0.12	0.34	0.785	0.835	0.82	0.81
	水平移动系数 b	0.28	0.2	0.3	0.3	0.3	0.3	0.3
	主要影响角正切 $\tan\beta$	1.85/1.85/2	1.6/1.85/2	1.6	1.6	2	1.8 ~ 1.85	1.8
	拐点偏移距 S_1/m	$0.036H_0$			$0.094H_0$			$0.07H_0$
	拐点偏移距 S_2/m	$0.036H_0$			$0.094H_0$		$0.08H_0 \sim$	$0.07H_0$
	拐点偏移距 S_3/m	$0.036H_0$			$0.094H_0$		$0.1H_0$	$0.07H_0$
	拐点偏移距 S_4/m	$0.036H_0$			$0.094H_0$			$0.07H_0$
	最大下沉速度/(mm·d^{-1})							
	地表移动延续时间/d							
	其中,活跃期/d							

表 7-1（续）

序　号		211	212	213	214	215	216	217
矿区（地层）		肥城（石炭二叠系）						
观　测　站		曹庄煤矿 3103	曹庄煤矿 3801	曹庄煤矿 31204	曹庄煤矿 3803	曹庄东二桥	大封 3200	大封井田南部
建站时代（年-月）				1994-10	2001-03		1998-05	
采矿要素	采厚/m	1.9	6	5.68	1.87	1.87	2.2	2.2
	倾角/(°)	18.45	24.5	9	17	17	14	14
	采深上山/下山/m	156.7		410	249	249	332	339
	工作面尺寸走向/倾斜/m	262/148	302/85	181/380		915/140	1300/	
	推进速度/(m·月$^{-1}$)							
	采煤方法	综采	走向长壁	走向长壁		走向长壁	综采	
	顶板管理方法	垮落	垮落	垮落	垮落	垮落	垮落	垮落
上覆岩层厚度及性质	松散层/m							
	砂岩/m							
	页岩/m							
	石灰岩/m							
	砂质页岩/m							
	砂岩类占比/%							
	泥岩类占比/%							
	平均单向抗压强度/MPa							
	厚度>10 m 的 位置/m							
	砂岩、石灰岩 厚度/m							
角量参数/(°)	松散层移动角 φ							
	边界角 β_0			64	60		60	
	γ_0		72	70	78		76	
	δ_0			70	68		68	
	λ_0							
	移动角 β	50			70	69	73	79
	γ	66			87	72	87	80
	δ	59			78		80	79
	λ							
	裂缝角 β''							
	γ''							
	δ''							
	充分采动角 ψ_1							
	ψ_2							
	ψ_3							
	超前影响角 ω							
	最大下沉速度角 ϕ							
	最大下沉角 θ							
概率积分法参数	下沉系数 q	0.85	0.8	0.8	0.83	0.801	0.69	0.88
	水平移动系数 b	0.335/0.449/0.153	0.335/0.449/0.153	0.3	0.3	0.335/0.449/0.153	0.3	0.3
	主要影响角正切 $\tan\beta$	1.8		2	1.9		1.9	1.8
	拐点偏移距 S_1/m		$0.26H_0$	$0.1H_0$		$0.26H_0$		
	拐点偏移距 S_2/m	$0.25H_0$ ~	$0.26H_0$	$0.1H_0$		$0.26H_0$		
	拐点偏移距 S_3/m	$0.29H_0$	$0.26H_0$	$0.1H_0$		$0.26H_0$		
	拐点偏移距 S_4/m		$0.26H_0$	$0.1H_0$		$0.26H_0$		
最大下沉速度/(mm·d^{-1})								
地表移动延续时间/d								
其中,活跃期/d								

表7-1（续）

序号			218	219	220	221	222	223	224
矿区（地层）			肥城（石炭二叠系）						
观测站			大封井田中部	大封矿边界	大封矿中三井田	陶阳矿9801	陶阳矿9812	陶阳西大封	白庄矿3305
建站时代（年-月）						1994-07	2005-06	2004-01	1990-07
采矿要素	采厚/m		2.2	2.2	2.2	1.4	1.3	2.2	2.2
	倾角/(°)		14	14	14	6	8	17	5~10
	采深上山/下山/m		339	339	339	111.3	158.3	349	262.3
	工作面尺寸走向/倾斜/m					360/40	285/76	820/500	400/180
	推进速度/(m·月$^{-1}$)								
	采煤方法					长壁	长壁炮采	综采	综采
	顶板管理方法		垮落	垮落	垮落	垮落	垮落	垮落	垮落
上覆岩层厚度及性质	松散层/m								
	砂岩/m								
	页岩/m								
	石灰岩/m								
	砂质页岩/m								
	砂岩类占比/%								
	泥岩类占比/%								
	平均单向抗压强度/MPa								
	厚度>10 m的砂岩、石灰岩	位置/m							
		厚度/m							
角量参数/(°)	松散层移动角 φ								
	边界角	β_0	45		45	60	63	58	64
		γ_0	55		55	71	74	81	75
		δ_0	55		55	66	68	68	70
		λ_0							
	移动角	β	67	68	65	69	77	66	69
		γ	75	78	75	79	86	89	81
		δ	75	78	75	74	81	76	75
		λ							
	裂缝角	β''							
		γ''							
		δ''							
	充分采动角	ψ_1							
		ψ_2							
		ψ_3							
	超前影响角 ω								
	最大下沉速度角 ϕ								
	最大下沉角 θ								
概率积分法参数	下沉系数 q		0.88	0.88	0.88	0.9	0.5	0.82	0.82
	水平移动系数 b		0.3	0.3	0.3	0.33	0.3	0.3	0.25
	主要影响角正切 $\tan\beta$		1.8	2.2	1.4~2.2	1.5	1.5	1.8	2
	拐点偏移距 S_1/m				0.12H_0				0.068H_0
	拐点偏移距 S_2/m				0.12H_0				0.068H_0
	拐点偏移距 S_3/m				0.12H_0				0.068H_0
	拐点偏移距 S_4/m				0.12H_0				0.068H_0
最大下沉速度/(mm·d^{-1})									
地表移动延续时间/d									
其中，活跃期/d									

表7-1（续）

序　号		225	226	227	228	229	230	231
矿区（地层）		新汶（石炭二叠系）						
观测站		潘西矿一采区	鄂庄矿2401西	鄂庄矿任家庄2203	南冶矿站里村3115	南冶矿3115采区	南冶矿莱城35206	孙村矿一采区充填面
建站时代（年-月）			1996-06	1997-05	1994-04	1994-04		1956-01
采矿要素	采厚/m	2.2	1.55	1.5	1.2	1.2	1.4	2
	倾角/(°)	22	10~12	9	15	15	13~15	25
	采深上山/下山/m	67/115	440/468	468/480	534/665	432/492	710	120/245
	工作面尺寸走向/倾斜/m	150/344	710/135	650/126	475/120	440/170		650/270
	推进速度/(m·月⁻¹)	44	81	99		102		30
	采煤方法	走向长壁	综采	综采	综采	综采	综采	走向长壁
	顶板管理方法	垮落	垮落	充填	垮落	垮落	垮落	水砂充填
上覆岩层厚度及性质	松散层/m	0.3~9						7
	砂岩/m	14						25
	页岩/m	11						24
	石灰岩/m	7.9						
	砂质页岩/m	45						22
	砂岩类占比/%							
	泥岩类占比/%							
	平均单向抗压强度/MPa	40~50						40~50
	厚度>10 m的砂岩、石灰岩　位置/m							
	厚度/m							
角量参数/(°)	松散层移动角 φ							
	边界角　β_0	60.5	60.7	63.5	61.2			61.8
	γ_0	65.5	63	64.4	65.6			66.7
	δ_0	62.5	64.5	67	68.3	67.5		68.5
	λ_0							
	移动角　β	54	65	69.3	70.5		73.2	53
	γ	68	72.4	70	71.5		73	82
	δ	68	72	74	73	71.5	74.5	60
	λ							
	裂缝角　β''		74					
	γ''		74					
	δ''		74					
	充分采动角　ψ_1							
	ψ_2							
	ψ_3							
	超前影响角 ω		72.3	72			76.5	
	最大下沉速度角 ϕ		79.4		80			
	最大下沉角 θ	72	85.2	85	82	82	83.4	63
概率积分法参数	下沉系数 q	0.68	0.64		0.54	0.60	0.60	0.13
	水平移动系数 b	0.27	0.3		0.32	0.32	0.32	0.42
	主要影响角正切 $\tan\beta$	2.46	1.8/1.8/2.1		2.2	2.2	2.2	1.57
	拐点偏移距 S_1/m	16	$0.08H_0$		$0.04H_0$	$0.04H_0$	$0.04H_0$	41.7
	拐点偏移距 S_2/m	15	$0.08H_0$		$0.04H_0$	$0.04H_0$	$0.04H_0$	49.2
	拐点偏移距 S_3/m		$0.08H_0$		$0.04H_0$	$0.04H_0$	$0.04H_0$	
	拐点偏移距 S_4/m		$0.08H_0$		$0.04H_0$	$0.04H_0$	$0.04H_0$	
最大下沉速度/(mm·d⁻¹)		4.8	8.6					2.17
地表移动延续时间/d		610	420		680	326		
其中,活跃期/d		156	102		96			

表7-1（续）

序　号		232	233	234	235	236	237	238
矿区（地层）					新汶（石炭二叠系）			
观　测　站		孙村矿四采区	张庄矿磁莱铁路桥	张庄矿磁莱铁路桥	张庄矿三〇一仓库06/07	张庄矿磁莱铁路一采区	张庄矿磁莱铁路四采区	良庄矿二采区水砂充填面
建站时代（年－月）		1988－04	1999－01	1999－01		1987－11	1987－11	
采矿要素	采厚/m	4	3.5	2.0	3.2	6.4		1.9
	倾角/(°)	17	25	26	20~22	20~22	20~22	20
	采深上山/下山/m	580/645	196/492	211/286	140/380	435/620	472/620	60/166
	工作面尺寸走向/倾斜/m	600/500	44/130	40~60	900/660	650/600	650/	/310
	推进速度/(m·月⁻¹)	81	45	55	63			40
	采煤方法	综采	2煤条带	4煤条带	综采	综采	综采	走向长壁水砂充填
	顶板管理方法	垮落	垮落	垮落	垮落	垮落	垮落	
上覆岩层厚度及性质	松散层/m		4	4				8
	砂岩/m							
	页岩/m							
	石灰岩/m							
	砂质页岩/m							
	砂岩类占比/%							
	泥岩类占比/%							
	平均单向抗压强度/MPa							40~50
	厚度>10 m的砂岩、石灰岩 位置/m							
	厚度/m							
角量参数/(°)	松散层移动角 φ							
	边界角 β_0	59				57.5	57.5	54
	γ_0	61.5				62.9	62.9	
	δ_0	63						
	λ_0							
	移动角 β	70			71.5	69	69	
	γ	72.4			71	70	70	63
	δ	70						
	λ							
	裂缝角 β''	76.4						
	γ''	76.4						
	δ''	76.4						
	充分采动角 ψ_1							
	ψ_2							
	ψ_3							
	超前影响角 ω							
	最大下沉速度角 ϕ	81.5						
	最大下沉角 θ	84.5			78	83	83	73
概率积分法参数	下沉系数 q	0.6	0.06	0.07	0.7	0.62	0.68	0.16
	水平移动系数 b	0.32			0.45	0.35	0.35	0.4
	主要影响角正切 $\tan\beta$	2.3			//2.25	2.0	2.5//	1.15
	拐点偏移距 S_1/m				$0.1H_0$	$0.06H_0$	$0.06H_0$	
	拐点偏移距 S_2/m				$0.1H_0$	$0.06H_0$	$0.06H_0$	
	拐点偏移距 S_3/m				$0.1H_0$	$0.06H_0$	$0.06H_0$	
	拐点偏移距 S_4/m				$0.1H_0$	$0.06H_0$	$0.06H_0$	
最大下沉速度/(mm·d⁻¹)			0.25					
地表移动延续时间/d					739			
其中,活跃期/d					320			

表7-1（续）

序　号	239	240	241	242	243	244	245
矿区（地层）	新汶（石炭二叠系）						
观 测 站	良庄矿葛沟河村5210/11面	良庄矿保安村六采区	协庄矿一三采区水砂充填面	协庄矿八采区	协庄矿唐栎沟村二采区	协庄矿小胡庄村七采下山	汶南矿11501
建站时代（年-月）	1991-05	2001-06	1963-12	1971-04	1993-09	1990-11	1989-11
采矿要素 采厚/m	2.55	1.99	2.7	1.8	4.5	4.6	1.54
倾角/(°)	14～16	15	18	28	13/17	7/18	19
采深上山/下山/m	526/610	534/610	50/210	102/202	313/420	442	250
工作面尺寸走向/倾斜/m	1000/270	420/220	890/435	245/216	354/180	450/420	322/165
推进速度/(m·月$^{-1}$)		93	40	35	72		84
采煤方法	综采	综采	走向长壁水砂充填	走向长壁	综采	综采	综采
顶板管理方法	垮落	垮落		垮落	垮落	垮落	垮落
上覆岩层厚度及性质 松散层/m			10	10			
砂岩/m			38	17			
页岩/m			15	18			
石灰岩/m							
砂质页岩/m			21	93			
砂岩类占比/%							
泥岩类占比/%							
平均单向抗压强度/MPa			40～50	40～50			
厚度>10 m的砂岩、石灰岩 位置/m							
厚度/m							
角量参数/(°) 松散层移动角 φ							
边界角 β_0	60.6	62.7			55	54.5	60.5
γ_0	61	59.6	63		63	63	60.7
δ_0		61			61	61	62
λ_0							
移动角 β	70	72	63	52	58	54	68.5
γ	71.4	71.5	74		69.5	70	71.8
δ		72.8	65		67	69	71
λ							
裂缝角 β''				61.5		75	75.5
γ''						75	75.5
δ''						75	75.5
充分采动角 ψ_1							
ψ_2							
ψ_3							
超前影响角 ω	69.5						
最大下沉速度角 ϕ	83					76	
最大下沉角 θ	81.1	84	70	71	73	76	82
概率积分法参数 下沉系数 q	0.63	0.53	0.14	0.6		0.58	0.66
水平移动系数 b	0.33	0.33	0.36			0.32	0.32
主要影响角正切 $\tan\beta$	2.3	1.77	1			2.35/2.35/2.7	2.2
拐点偏移距 S_1/m		$0.08H_0$	27			$0.06H_0$	$0.05H_0$
拐点偏移距 S_2/m		$0.08H_0$				$0.06H_0$	$0.05H_0$
拐点偏移距 S_3/m		$0.08H_0$				$0.06H_0$	$0.05H_0$
拐点偏移距 S_4/m		$0.08H_0$				$0.06H_0$	$0.05H_0$
最大下沉速度/(mm·d^{-1})			3.4	7.7			
地表移动延续时间/d	390	275		284	1035		287
其中，活跃期/d	190	100		110	489		

表 7-1（续）

序　号			246	247	248	249	250	251	252
矿区（地层）			新汶（石炭二叠系）			枣庄（二叠系、石炭系）			
观　测　站			翟镇矿一采区	翟镇矿七采区南部	华丰矿1406	4110	2042	2439	331
建站时代（年－月）			1993－04	2001－05					
采矿要素	采厚/m		3.8	3.9		1.45	1.45	1.17	1.85
	倾角/(°)		20/22	12		24	12	10.5	4
	采深上山/下山/m		545/668	530/675		41/110	19/42	91/124	126/134
	工作面尺寸走向/倾斜/m		920/440	1100/570		270/165	200/96	390/174	540/136
	推进速度/(m·月$^{-1}$)		84	102			48	45	
	采煤方法		综采	综采	综采	走向长壁	走向长壁	走向长壁	走向长壁
	顶板管理方法		垮落	垮落	垮落	垮落	垮落	垮落	垮落
上覆岩层厚度及性质	松散层/m					4	5	7	71
	砂岩/m					4	1	5	30
	页岩/m					15	11	31	
	石灰岩/m					18	9	20	
	砂质页岩/m					19	3	39	31
	砂岩类占比/%								
	泥岩类占比/%								
	平均单向抗压强度/MPa						37.4	37	
	厚度>10 m的砂岩、石灰岩	位置/m							
		厚度/m							
角量参数/(°)	松散层移动角 φ								
	边界角	β_0	55.5	57	42.5		60		62
		γ_0	61	61.2	55				59
		δ_0	58	63.2	56.5	67.5	62.5	69.5	62
		λ_0							
	移动角	β	64.6	68	64	64.5	70.5	76.5	70
		γ	70.5	71.5	68	88.4	75		76.5
		δ	69.5	70.5	68	70.7	64.4	88.9	71
		λ							
	裂缝角	β''	71	71	67.5				
		γ''	71	71	67.5				
		δ''	71	71	67.5	85			
	充分采动角	ψ_1				56.7	61	55	
		ψ_2				51	65		
		ψ_3					66	51	
	超前影响角 ω		68.5	70	55				
	最大下沉速度角 φ		84.5		67				
	最大下沉角 θ		81.5	83	84.5	70	86.4	90	88
概率积分法参数	下沉系数 q		0.58	0.65		0.88	0.76	0.65	0.78
	水平移动系数 b		0.3	0.3		0.18	0.27	0.15	0.37
	主要影响角正切 tanβ		2/2/2	2.3/2.2/2.2		2.17	3	2.14	2.34
	拐点偏移距 S_1/m		$0.07H_0$	$0.07H_0$		9	1.7	4	21
	拐点偏移距 S_2/m		$0.07H_0$	$0.07H_0$		12	3.4		25
	拐点偏移距 S_3/m		$0.07H_0$	$0.07H_0$		12	3.7	36	15
	拐点偏移距 S_4/m		$0.07H_0$	$0.07H_0$					
最大下沉速度/(mm·d^{-1})						86.2	69.1	23	
地表移动延续时间/d				486		135	60	142	
其中，活跃期/d			287～312	253		30	90		

表7-1(续)

序 号	253	254	255	256	257	258	259
矿区(地层)	枣庄(二叠系、石炭系)			峰峰(石炭二叠系)			
观 测 站	付村矿1002	田陈矿100-122	新安矿12211	3532	3701	2555	0277
建站时代(年-月)	1993	1996-10	2007-12				
采厚/m		2	1.4	0.8~2.6	1.4	0.75	4.9
倾角/(°)	9	4~12	5~9	19	9	17	28
采深上山/下山/m	450	385	451	56/99	95/115	138/170	437/482
工作面尺寸走向/倾斜/m	720/230	320/160	720/400	230/127	380/134	104/180	200/96
推进速度/(m·月$^{-1}$)				60	120	30	30
采煤方法	综采	综采	综采	走向长壁	走向长壁	走向长壁	走向长壁
顶板管理方法	垮落	垮落	垮落	垮落	垮落	垮落	垮落
松散层/m				17	16	22	63
砂岩/m				26	35	13	187
页岩/m					8	117	49
石灰岩/m					10	2	
砂质页岩/m				27	44	2	124
砂岩类占比/%							
泥岩类占比/%							
平均单向抗压强度/MPa				47.7	51.8	30.8	50.6
厚度>10m的砂岩、石灰岩 位置/m				5			
厚度/m				15			
松散层移动角 φ							
边界角 β_0	61	64.5	63	50	58	52	
边界角 γ_0	71.5		68				
边界角 δ_0	66		65	60	61		
边界角 λ_0							
移动角 β	64.5		74	58	70	62.5	58
移动角 γ	74.6		76	64			
移动角 δ	70.6		73	70	69	75	
移动角 λ							
裂缝角 β''							
裂缝角 γ''							
裂缝角 δ''							
充分采动角 ψ_1					58		
充分采动角 ψ_2					57		
充分采动角 ψ_3				59	58	61	
超前影响角 ω		82.8					
最大下沉速度角 ϕ		77.5					
最大下沉角 θ		88		75	81	70	82
下沉系数 q	0.4	0.448	0.86	0.78	0.82	1.06	0.72
水平移动系数 b	0.3	0.4	0.22	0.23	0.35		
主要影响角正切 $\tan\beta$	2.3/2.3/	1.685/1.476/1.581	1.3	1.36	2.19	1.8	
拐点偏移距 S_1/m			$0.15H_0$	37	20	12	
拐点偏移距 S_2/m	$0.08H_0\sim$	$0.05H_0\sim$	$0.15H_0$	10			
拐点偏移距 S_3/m	$0.1H_0$	$0.15H_0$	$0.15H_0$	16	15		
拐点偏移距 S_4/m			$0.15H_0$			6.5	
最大下沉速度/(mm·d^{-1})				26.8	23.9	15.2	1.2
地表移动延续时间/d		281		245			
其中,活跃期/d		70		176		130	

表 7 - 1（续）

序　号	260	261	262	263	264	265	266
矿区（地层）	峰峰（石炭二叠系）						
观 测 站	1610	0252	小屯矿 14259 面	梧桐庄矿 182102	梧桐庄矿 182101	梧桐庄矿 182105	梧桐庄矿 182103
建站时代（年 - 月）			2008 - 08	2011 - 05	2004 - 05	2004 - 11	2005 - 08
采矿要素 采厚/m	1.4	2.4	2.8	2.7 ~ 3.2	1.4 ~ 3.1	3.1 ~ 3.6	2.8 ~ 3.2
倾角/(°)	12	11	3 ~ 13	4 ~ 20			
采深上山/下山/m	182/220	114/152	351/408	548/628	610	434/618	582/626
工作面尺寸走向/倾斜/m	145/176	220/180	700/120	777/155	1021/176	1454/167	600/150
推进速度/(m·月⁻¹)	45	48	30	90			51
采煤方法	走向长壁	走向长壁	综采	综采	综采	综采	综采
顶板管理方法	垮落	垮落	充填	垮落	垮落	垮落	垮落
上覆岩层厚度及性质 松散层/m	4	7		56 ~ 139			
砂岩/m	47	62					
页岩/m	82	7					
石灰岩/m	4						
砂质页岩/m	33	28					
砂岩类占比/%							
泥岩类占比/%							
平均单向抗压强度/MPa	45.6	57.9					
厚度 > 10 m 的 位置/m		50					
砂岩、石灰岩 厚度/m		12					
角 量 参 数/(°) 松散层移动角 φ				45			
边界角 β_0	56.5			60			
γ_0				60			
δ_0	59	60		60			
λ_0							
移动角 β	70						
γ	86						
δ	81	71.7					
λ							
裂缝角 β''				78.5			
γ''				76.5			
δ''							
充分采动角 ψ_1							
ψ_2							
ψ_3		67					
超前影响角 ω							
最大下沉速度角 ϕ							
最大下沉 θ	80			89	87.5		
概率积分法参数 下沉系数 q	0.91	0.84	0.04	0.4	0.61	0.74	0.73
水平移动系数 b	0.16	0.24		0.3	0.3	0.3	0.3
主要影响角正切 $\tan\beta$	2	3.1		2	2	1.99	2.01
拐点偏移距 S_1/m	21			12	0	1	0
拐点偏移距 S_2/m	12			12	0	1	0
拐点偏移距 S_3/m				12	0	1	0
拐点偏移距 S_4/m				12	0	1	0
最大下沉速度/(mm·d⁻¹)	12.5	54.2	8.1				
地表移动延续时间/d	241	509					
其中,活跃期/d	101	180			143		

表7-1（续）

序 号			267	268	269	270	271	272	273
矿区(地层)			开滦(石炭二叠系)						
观 测 站			马家沟矿小屈庄	范各庄矿南一区	林西矿建州营	林西矿任家套	林西矿黑鸦子	林西矿吕家坨	钱家营矿2075西工作面(倾向)
建站时代(年-月)									2012-07
采矿要素	采厚/m		4.5	7.4	5.6	6.3	2.3	7.4	4
	倾角/(°)		30	14	25	22	23	20	7
	采深上山/下山/m		180/239	176/340	342/440	244/306	120/165	102/289	682
	工作面尺寸走向/倾斜/m		150/77	350/178	220/230	290/160	280/120	260/80	1038
	推进速度/(m·月⁻¹)		45	50	33	42	54	45	150
	采煤方法		走向长壁	走向长壁	走向长壁	走向长壁	走向长壁	走向长壁	综采
	顶板管理方法		垮落	垮落	垮落	垮落	垮落	垮落	垮落
上覆岩层厚度及性质	松散层/m		30	105	40	40	55	55	100
	砂岩/m		116	71	91	91	14	14	
	页岩/m		49	25	78	78	51	51	
	石灰岩/m								
	砂质页岩/m		41	37	61	61	15	15	
	砂岩类占比/%								
	泥岩类占比/%								
	平均单向抗压强度/MPa		50						
	厚度>10 m的砂岩、石灰岩	位置/m							
		厚度/m							
角量参数/(°)	松散层移动角 φ								
	边界角	β_0			51	50	43	56	51
		γ_0	37						51
		δ_0	56	35		54	46		51
		λ_0						53	
	移动角	β			59	65	64	66	73
		γ	51	72				74	73
		δ	74	72					73
		λ							
	裂缝角	β''	71		61	69	66		
		γ''						76	
		δ''							
	充分采动角	ψ_1							
		ψ_2							
		ψ_3							
	超前影响角 ω								
	最大下沉速度角 ϕ								
	最大下沉角 θ		79	84	68	76	77	78	
概率积分方法参数	下沉系数 q		0.6	0.89	0.69	0.55	0.67	0.61	0.96
	水平移动系数 b		0.36	0.36	0.47	0.47	0.34	0.3	0.23
	主要影响角正切 $\tan\beta$		1.5	1.3	1.4	1.5	1.5	1.5	1.89
	拐点偏移距 S_1/m								$0.1H_0$
	拐点偏移距 S_2/m								$0.1H_0$
	拐点偏移距 S_3/m								$0.1H_0$
	拐点偏移距 S_4/m								$0.1H_0$
最大下沉速度/(mm·d⁻¹)			17.2	26.9	11.9	11.0	12.2	25.5	
地表移动延续时间/d			540		1260	1188	648		877
其中,活跃期/d			330			756	324	420	60

表 7-1（续）

		序　号	274	275	276	277	278	279	280
		矿区(地层)	\multicolumn{7}{c}{邢台(二叠系)}						
		观　测　站	邢东矿 1100 采区	东庞矿 2107	东庞矿 2108	东庞矿 2702	葛泉矿 11912	邢台矿 22201	邢台矿 7606 面
		建站时代(年-月)	2001-12	1988-12	1998-12	1998-12	2011	2002	2008-12
采矿要素		采厚/m	4.65	3.5	2.4	4.2	6.5	2.9	2.79
		倾角/(°)	9	7	12	10	11	8	9
		采深上山/下山/m	760	264	316	372	130	440	295/335
		工作面尺寸走向/倾斜/m	745/	1055/	840/	510/	926/	/115	460/50
		推进速度/(m·月$^{-1}$)	60	59	55	78	71	60	
		采煤方法	综采	综采	走向长壁	走向长壁	综放	综采	综采
		顶板管理方法	垮落	垮落	垮落	垮落	垮落	垮落	充填
上覆岩层厚度及性质		松散层/m	230	140	166	169	30	230	
		砂岩/m							
		页岩/m							
		石灰岩/m							
		砂质页岩/m							
		砂岩类占比/%						48	
		泥岩类占比/%							
		平均单向抗压强度/MPa							
	厚度>10 m 的砂岩、石灰岩	位置/m							
		厚度/m							
角量参数/(°)		松散层移动角 φ						45	
	边界角	β_0	63	54	51	43	65	63	
		γ_0	61	60	60	59	76	48.5	
		δ_0	52	60	60	60	71	58.5	
		λ_0							
	移动角	β	68	68	70	70	69		
		γ	82	73	74		77		
		δ	71	73	75	82	74		
		λ							
	裂缝角	β''		71	80	71			
		γ''		71	80				
		δ''	42	76	78	83			
	充分采动角	ψ_1							
		ψ_2							
		ψ_3							
		超前影响角 ω	83.3	68	68	73	59.6	68.2	
		最大下沉速度角 φ	56.9	77	75	72		70	
		最大下沉角 θ	83.3	83	81	76		84	
概率积分法参数		下沉系数 q	0.66	0.94	0.88	0.46	0.83	0.7	0.11
		水平移动系数 b	0.34	0.42	0.52	0.41	0.3	0.3	0.3
		主要影响角正切 tanβ	1.9				2.8	1.9	1.5
		拐点偏移距 S_1/m	-2	36	20	26	15	—	0.03H_0
		拐点偏移距 S_2/m	19.5	16	16		15	36	
		拐点偏移距 S_3/m	18	20	23	38	15		
		拐点偏移距 S_4/m					15		
		最大下沉速度/(mm·d^{-1})							
		地表移动延续时间/d	477	426	375	469		300	
		其中,活跃期/d	362	158	157	199		120	

表7-1（续）

序　号			281	282	283	284	285	286	287
矿区（地层）			西山（石炭三叠系）						
观　测　站			西曲矿 12208	西曲矿 12209	西曲矿 22101	西曲矿 22108	官地矿 42203	镇城底矿 12101	镇城底矿 12105
建站时代（年-月）									
采矿要素	采厚/m		3.2	3.25	3.18	3	3.1	3	2.15
	倾角/(°)		4	3	2.5	5	3	2	2
	采深上山/下山/m		65/150	65/90	220/255	224/228	195/280	104/154	125/162
	工作面尺寸走向/倾斜/m		920/125	1005/150	440/120	770/138	745/130	815/110	448/90
	推进速度/(m·月⁻¹)		60	114	78	60	45	90	45
	采煤方法		走向长壁	走向长壁	走向长壁	走向长壁	走向长壁	走向长壁	走向长壁
	顶板管理方法		垮落	垮落	垮落	垮落	垮落	垮落	垮落
上覆岩层厚度及性质	松散层/m		0	4	80	61	0	6	10
	砂岩/m		106	7	82	138	12	90	90
	页岩/m		3	0	2	15	40	3	3
	石灰岩/m								
	砂质页岩/m		31	25	9	17	49	109	109
	砂岩类占比/%								
	泥岩类占比/%								
	平均单向抗压强度/MPa								
	厚度>10 m的砂岩、石灰岩	位置/m							
		厚度/m							
角量参数/(°)	松散层移动角 φ								
	边界角	β_0	60	71	67		57		
		γ_0	58			70	72		65
		δ_0		67	58			70	
		λ_0							
	移动角	β	65	71	74		71		
		γ	76		72	75			73
		δ		74				70	
		λ							
	裂缝角	β''	85	80	79				
		γ''			79				
		δ''		80	79			76	
	充分采动角	ψ_1	52	52		57			
		ψ_2					58		
		ψ_3			54			61	
	超前影响角 ω								
	最大下沉速度角 φ								
	最大下沉角 θ		76	86		87	86		
概率积分法参数	下沉系数 q		0.78	0.78	0.79	0.8	0.8	0.85	0.8
	水平移动系数 b		0.26	0.26	0.33	0.33	0.3	0.28	0.33
	主要影响角正切 tanβ		2.2	2	2.4	2.2	2.2	2	2.2
	拐点偏移距 S_1/m		-20	-20	-8	-24	-22	-20	0
	拐点偏移距 S_2/m		-17	-10	-22	-30	-22	-20	-20
	拐点偏移距 S_3/m		-10	-10	-25	-24	-22	-20	-16
	拐点偏移距 S_4/m		-23	-23	-22	-23	-20	-15	-22
最大下沉速度/(mm·d⁻¹)				193.1	190	52	33	13.7	52
地表移动延续时间/d				140	151	284	370	220	248
其中，活跃期/d				68	41	150	180	155	90

表7-1（续）

序　号		288	289	290	291	292	293	294
矿区(地层)		西山(石炭三叠系)		阳泉(石炭二叠系)				
观　测　站		西铭矿 32814	西铭矿 32903	四矿	三矿	二矿	二矿	一矿
建站时代(年-月)								
采矿要素	采厚/m	2	2	1.8	2.3	1.5	2	2.1
	倾角/(°)	6	3	5	6	3	5	4
	采深上山/下山/m	214/238	164/290	100	240	140	120	190
	工作面尺寸走向/倾斜/m	870/126	790/140	400/145	500/180	410/120	310/90	200/90
	推进速度/(m·月⁻¹)	30	36	39	39	41	57	60
	采煤方法	走向长壁	走向长壁	长壁	长壁	长壁	长壁	长壁
	顶板管理方法	垮落	垮落	垮落	垮落	垮落	垮落	垮落
上覆岩层厚度及性质	松散层/m	0	3	0	0	1	1	2
	砂岩/m	177	95	34	113	50	36	93
	页岩/m	110	42	27		36	4	38
	石灰岩/m							
	砂质页岩/m	71	54	39	117	53	79	57
	砂岩类占比/%							
	泥岩类占比/%							
	平均单向抗压强度/MPa							
	厚度>10 m的 砂岩、石灰岩 位置/m							
	厚度/m							
角量参数/(°)	松散层移动角 φ							
	边界角 β_0							
	γ_0	79	60					
	δ_0			65	70	52	66	62
	λ_0							
	移动角 β			68		63		
	γ	79	71					
	δ				79		71	67
	λ							
	裂缝角 β''							
	γ''							
	δ''			78		72		78
	充分采动角 ψ_1			61				
	ψ_2							
	ψ_3							
	超前影响角 ω							
	最大下沉速度角 ϕ							
	最大下沉角 θ		87					
概率积分法参数	下沉系数 q	0.5	0.8	0.83	0.83	0.9	0.65	0.76
	水平移动系数 b	0.25	0.3					
	主要影响角正切 $\tan\beta$	2.5	2.2	1.9	2.3	2.5	1.9	2
	拐点偏移距 S_1/m	-27	-14	18	29	13	23	20
	拐点偏移距 S_2/m	-24	-14					
	拐点偏移距 S_3/m	50	-14					
	拐点偏移距 S_4/m	-10	-17					
最大下沉速度/(mm·d⁻¹)		24	4	36	18	24	17.8	8
地表移动延续时间/d		310	398	145	325	180	220	450
其中, 活跃期/d		120	130	88	165	60	126	120

表7-1（续）

序　号		295	296	297	298	299	300	301
矿区(地层)		潞安(二叠系)						
观　测　站		五阳7305 (顶)	五阳7305 (底)	五阳 7806	王庄 6206	王庄 8101	高河 W1303	高河 E1302
建站时代(年-月)								
采矿要素	采厚/m	3	3.8	5.5	6.5	5.85	7	7
	倾角/(°)	8	8	4	3	9	8	3
	采深上山/下山/m	198/227	198/227	295/374	302/330	350/410	499/540	392/437
	工作面尺寸走向/倾斜/m	770/180	740/166	1030/240	1780/248	538/270	550/205	2140/230
	推进速度/(m·月⁻¹)	76	97	82	90	6~108	9~88	56
	采煤方法	综采	综采	综放	综放	综采一次 采全高	综放	综放
	顶板管理方法	垮落	垮落	垮落	垮落	垮落	垮落	垮落
上覆岩层厚度及性质	松散层/m	22	22	17	110	122	189.4	45
	砂岩/m			121.9	59.2	71.1	166.63	216.15
	页岩/m			154.6	71	160	120.94	20.62
	石灰岩/m							
	砂质页岩/m			45.7	33.5		215.47	127.9
	砂岩类占比/%							
	泥岩类占比/%							
	平均单向抗压强度/MPa	5.2						
	厚度>10 m的 位置/m							
	砂岩、石灰岩 厚度/m							
角量参数/(°)	松散层移动角 φ	45	45		55	55	55	50
	边界角 β_0	64	59		59	62		59
	γ_0	68	82	64	63		62	60
	δ_0	67	62		66	59	66	58
	λ_0							
	移动角 β	68	70		72	72		70
	γ	84	86	70	74		76	69
	δ	80			73	69	74	71
	λ							
	裂缝角 β''	73	73		77	77		79
	γ''	80	86	78	81		84	81
	δ''	81	87		80	76	84	80
	充分采动角 ψ_1							
	ψ_2							
	ψ_3							
	超前影响角 ω							
	最大下沉速度角 ϕ							
	最大下沉角 θ	82	82	86	89	85.5	87	87
概率积分法参数	下沉系数 q	0.72	1	0.81	0.82	0.91	0.84	0.8
	水平移动系数 b	0.26	0.33	0.27	0.29	0.24	0.25	0.3
	主要影响角正切 $\tan\beta$	2.5	3.2	2.7	2.7	2.7	2.8	2.8
	拐点偏移距 S_1/m	34	25		37.3	31.5		45.3
	拐点偏移距 S_2/m	30	22	38.4	35.5	28.6	37.1	44.7
	拐点偏移距 S_3/m				36.3	30		
	拐点偏移距 S_4/m							45.6
最大下沉速度/(mm·d⁻¹)		61	111	64.3	144.3	157.9	66.2	72.7
地表移动延续时间/d					261			484
其中，活跃期/d		107	87	92	114	90		177

表7-1（续）

序　号			302	303	304	305	306	307	308
矿区(地层)			潞安(二叠系)						
观测站			五阳7506	五阳7503	常村矿S1-2上分层	常村矿S1-2下分层	常村矿S6-7	郭庄矿2309	五阳矿7511
建站时代(年-月)					2005-09	2005-09	2012-08	2012-08	2010-08
采矿要素	采厚/m		6.53	6.87	2.8	3.2	7	6	6
	倾角/(°)		7	4	2~6	2~6	2~6	6~14	2~8
	采深上山/下山/m		307/493	295/335	410	410	360	390	270
	工作面尺寸走向/倾斜/m		1450/200	716/188	1840/207	1840/207	1390/270	800/208	1200/230
	推进速度/(m·月⁻¹)		34	55	45	45	108	78	66
	采煤方法		综放	综放	综采	综采	综放	综放	综放
	顶板管理方法		垮落	垮落	垮落	垮落	垮落	垮落	垮落
上覆岩层厚度及性质	松散层/m		30	47	48	48	130	45	38
	砂岩/m		67.5						
	页岩/m								
	石灰岩/m								
	砂质页岩/m			29.9					
	砂岩类占比/%				82	82	80	80	80
	泥岩类占比/%				8	8	10	10	10
	平均单向抗压强度/MPa				36	36	38	46	40
	厚度>10 m的砂岩、石灰岩	位置/m							
		厚度/m							
角量参数/(°)	松散层移动角 φ				45	45	55	50	45
	边界角	β_0	62	64	63	62	62	63	59
		γ_0	66	63	63	62	62	62	59
		δ_0		66	63	62	62	63	59
		λ_0							
	移动角	β	69	68	71	70	70	72	71
		γ	74	71	71	70	70	72	71
		δ		74	71	70	70	72	71
		λ							
	裂缝角	β''	80	79	64	63	79	81	81
		γ''	81	82	64	63	79	81	81
		δ''		80	64	63	79	81	81
	充分采动角	ψ_1							
		ψ_2							
		ψ_3							
	超前影响角 ω						67	71.4	69
	最大下沉速度角 ϕ						73	74.5	73.8
	最大下沉角 θ		84.4	86	86	86	85	85	87
概率积分法参数	下沉系数 q		0.82	0.86	0.74	0.79	0.74	0.77	0.86
	水平移动系数 b		0.28	0.33	0.37	0.33	0.4	0.23	0.31
	主要影响角正切 $\tan\beta$		2.7	2.71	2.5	2.4	2.7	2.4	2.7
	拐点偏移距 S_1/m			43.6	$0.1H_0$	$0.05H_0$	$0.11H_0$	$0.13H_0$	$0.14H_0$
	拐点偏移距 S_2/m		69.4		$0.1H_0$	$0.05H_0$	$0.11H_0$	$0.13H_0$	$0.14H_0$
	拐点偏移距 S_3/m		68.9	41	$0.1H_0$	$0.05H_0$	$0.11H_0$	$0.13H_0$	$0.14H_0$
	拐点偏移距 S_4/m		67.2		$0.1H_0$	$0.05H_0$	$0.11H_0$	$0.13H_0$	$0.14H_0$
最大下沉速度/(mm·d⁻¹)			38.1	59.9					
地表移动延续时间/d					450	450	450	357	261
其中,活跃期/d				120	150	140	118	203	114

表7-1（续）

序 号		309	310	311	312	313	314	315
矿区（地层）		大同（石炭二叠系）		平朔（石炭系）		晋城（石炭系）	晋城（二叠系）	
观 测 站		塔山 8104	塔山 8105	井工一矿 14106	井工一矿 14107	王台铺煤矿 XV2317（南）	东峰煤矿 3114	东峰煤矿 3108
建站时代（年－月）		2010－09	2012－10	2009－12	2009－12	2012－05	2011－12	2012－11
采矿要素	采厚/m	13.2	13	8.7	9.6	2.5	5.9	5.9
	倾角/(°)	2	1~3	2~10	2~10	1~2	2~8	1~7
	采深上山/下山/m	400	470	216/234	204/244	235	150/170	250/290
	工作面尺寸走向/倾斜/m	2578/250	1757/200	2870/300	2790/300	290/134~180	900/	1350/
	推进速度/(m·月⁻¹)	135	160	165	155		90	90
	采煤方法	综放	综放	倾斜综放	综放	旺格维利充填	综放	综放
	顶板管理方法	垮落	垮落	垮落	垮落		垮落	垮落
上覆岩层厚度及性质	松散层/m	10	10	50	50		20	19
	砂岩/m							
	页岩/m							
	石灰岩/m							
	砂质页岩/m							
	砂岩类占比/%	25		25.9	25.9		37	36
	泥岩类占比/%	75		37	37		52	53
	平均单向抗压强度/MPa			38.4	38.4		53	52
	厚度>10 m的砂岩、石灰岩 位置/m							
	厚度/m							
角量参数/(°)	松散层移动角 φ	45		45	45	45	45	45
	边界角 β₀	76.7	65	53.7	53.7	64.1	65	68
	γ₀	76.7	65	56.5	56.5		65	68
	δ₀	76.7	65	54	54		65	68
	λ₀							
	移动角 β	78.6	70	69.4	69.4		70	72
	γ	78.6	70	71.8	71.8		70	72
	δ	78.6	70	71.1	71.1		70	72
	λ							
	裂缝角 β″	78.8		≥80	≥80		75	79
	γ″	78.8		≥80	≥80		75	79
	δ″	78.8		≥80	≥80		75	79
	充分采动角 ψ₁							
	ψ₂							
	ψ₃							
	超前影响角 ω	65	82	52.7	52.7	82.3	81	84
	最大下沉速度角 φ		60.6	62.9	62.9		67	67
	最大下沉角 θ			64.1	64.1		86	87
概率积分法参数	下沉系数 q	0.47	0.4	0.62~0.64	0.62~0.64	0.07~0.115	0.69	0.65
	水平移动系数 b	0.3	0.25	0.15~0.42	0.15~0.42	0.22	0.28	0.28
	主要影响角正切 tanβ	2	2.2	1.7~2.4	1.7~2.4	2.3	1.8	1.8
	拐点偏移距 S₁/m	0.1H₀	－0.11H₀	28~58	28~58	0	26	24
	拐点偏移距 S₂/m	0.1H₀	－0.11H₀	28~58	28~58		26	24
	拐点偏移距 S₃/m	0.1H₀	－0.11H₀	28~58	28~58		26	24
	拐点偏移距 S₄/m	0.1H₀	－0.11H₀	28~58	28~58		26	24
最大下沉速度/(mm·d⁻¹)						2.4		
地表移动延续时间/d			420	293	293	120	475	530
其中,活跃期/d			141	119	119	58	295	380

表7-1（续）

序　　号		316	317	318	319	320	321	322
矿区（地层）		河东（二叠系）		马兰（石炭系）	官地（石炭系）	辛置（二叠系）	乡宁（二叠系）	离柳（石炭系）
观　测　站		斜沟矿18111	斜沟矿23103	马兰矿18101	官地矿29401	辛置矿百亩沟条带煤柱回采地表	王家岭矿首采	沙峪矿142032
建站时代（年-月）		2008-06	2011-11	2011-06	2010-04	2011-10	2012	2008-03
采矿要素	采厚/m	4.2	14.4	4.2	7.5	3	6.53	2.54
	倾角/(°)	8	9	≤5	5	7	3	5
	采深上山/下山/m	300	338	278	260	450	270	445
	工作面尺寸走向/倾斜/m	1702/	2940/	1000/116	571/164	567/410		950/
	推进速度/(m·月$^{-1}$)	150	120	150	57	233	111.4	52.8
	采煤方法	一次采全高	综放	一次采全高	综放	综采	走向长壁	综采
	顶板管理方法	垮落	垮落	垮落	垮落	垮落	垮落	垮落
上覆岩层厚度及性质	松散层/m	20~40	30			337	0~60	106.3
	砂岩/m							
	页岩/m							
	石灰岩/m							
	砂质页岩/m							
	砂岩类占比/%	32.3	43.9	50	41	55	38.45	58
	泥岩类占比/%	59.6	48.3	36	47	45	54.23	42
	平均单向抗压强度/MPa				26.75		26.97	15~42.7
	厚度>10 m的砂岩、石灰岩 位置/m							
	厚度/m							
角量参数/(°)	松散层移动角 φ	45	45			45		45
	边界角 β₀	57	54.2	55.5	57.4	41	70.1	67
	γ₀	67	56.8	51.6	58.6	49	70.1	67
	δ₀	61	55.8	59.9	56.8	50	70.1	67
	λ₀							
	移动角 β	62	55.9	69.3	64.6	52	75.2	73
	γ	74	68.8	64	66.8	58	75.2	73
	δ	68	63.6	74.9	65.2	60	75.2	73
	λ							
	裂缝角 β″	67	77.1	74.2	72		78.5	60
	γ″	79	66.7				78.5	60
	δ″	76	72.6		68		78.5	60
	充分采动角 ψ₁							
	ψ₂							
	ψ₃							
	超前影响角 ω	82.6	62.6	65.3	75		74.8	57
	最大下沉速度角 φ	78.7	59.6	65	83.9		74.1	67
	最大下沉角 θ			87	86.2	79	82	86.5
概率积分法参数	下沉系数 q	0.74	0.84	0.72	0.85	0.74	0.61	0.62
	水平移动系数 b	0.56	0.28	0.29	0.35	0.3/0.38/	0.52	0.58
	主要影响角正切 tanβ	2.1	2.33	3.14	2.08	1.6	2.5	2
	拐点偏移距 S₁/m			16.4	5	-0.05H₀	23	-1.05
	拐点偏移距 S₂/m	0.04H₀~	0.10H₀~	8	36	0.04H₀	23	-1.05
	拐点偏移距 S₃/m	0.22H₀	0.24H₀	50	27.5	0.04H₀	23	-1.05
	拐点偏移距 S₄/m					-0.13H₀	23	-1.05
最大下沉速度/(mm·d^{-1})								
地表移动延续时间/d		380	608	516	744	280	304	411
其中，活跃期/d		95	152	129	186	195	208	247

表7-1（续）

序 号		323	324	325	326	327	328	329
矿区（地层）		朔南（石炭系）	榆林（侏罗系）	黄陵（侏罗系）				
观 测 站		麻家梁矿14101	榆阳煤矿2308工作面	建庄矿4-2101、102	马村矿14506	黄陵矿业一号矿302	陕西双龙煤业102	陕西瑞能煤业107
建站时代（年-月）		2014-11	2012-08	2010-04	1986-12	2006-01		
采矿要素	采厚/m	3.6	3.3	6.7	2	2.48	2.6	1.65
	倾角/(°)	2~4	0.28	2~3	11	5~8	2~5	2~5
	采深上山/下山/m	550/630	175	370/608	320	280/290	150/320	80/255
	工作面尺寸走向/倾斜/m	2849/159	310/150	1650/200	586/130	3500/201	1915/	1320/
	推进速度/(m·月⁻¹)	150	30	170		364	150	220
	采煤方法	综放	综采	综放	走向炮采	综采	综采	综采
	顶板管理方法	垮落	充填	垮落	垮落	垮落	垮落	垮落
上覆岩层厚度及性质	松散层/m	279~283	80	2.6	180	147	58.98	0~8.87
	砂岩/m		68					
	页岩/m							
	石灰岩/m							
	砂质页岩/m							
	砂岩类占比/%	20	38.9	94		56	67.6	47~51.74
	泥岩类占比/%	80	13.8	6		44	6.1~8.8	10.8~12.4
	平均单向抗压强度/MPa	25	28.6	45.1	45.1	33~127.7	15.9	24.4
	厚度>10 m的砂岩、石灰岩 位置/m		139					
	厚度/m		20.1					
角量参数/(°)	松散层移动角 φ	46	45		55	65		
	边界角 β₀	43				56	40	40
	γ₀	43				56	40	40
	δ₀	43				56	40	40
	λ₀							
	移动角 β	68		72	75	70	70~75	60
	γ	68				70	70~75	60
	δ	68		72	75	70	70~75	60
	λ							
	裂缝角 β″			70	71	82.8		
	γ″			70	71	82.8		
	δ″			70	71	82.8		
	充分采动角 ψ₁							
	ψ₂							
	ψ₃							
	超前影响角 ω	38		74	64	85	85	75
	最大下沉速度角 φ	72		71.4	76	69		
	最大下沉角 θ	89		90				
概率积分法参数	下沉系数 q	0.86	0.01			0.85	0.7	0.71
	水平移动系数 b	0.28				0.39	0.31	0.31
	主要影响角正切 tanβ	1.8				2.29	2.13	2.3
	拐点偏移距 S₁/m	0.28H₀				19.8	0.8	1.2
	拐点偏移距 S₂/m	0.28H₀				19.8	0.8	1.2
	拐点偏移距 S₃/m	0.28H₀				19.8	0.8	1.2
	拐点偏移距 S₄/m	0.28H₀				19.8	0.8	1.2
最大下沉速度/(mm·d⁻¹)								
地表移动延续时间/d				1165	510	335		
其中，活跃期/d				255	210	112		

表7-1（续）

序 号		330	331	332	333	334	335	336
矿区（地层）		韩城（石炭二叠系）			澄合矿区（石炭二叠系）			
观 测 站		象山矿井 21306	桑树坪矿井 4310	下峪口煤矿 4313	CD1250	CR22508	CQ5316	CQ5208
建站时代（年-月）		2013-02	1997-04	2005-09				
采矿要素	采厚/m	1.8	2.6	3	2.19	1.93	2.1	2.15
	倾角/(°)	2~10	4~9	4.7	7	8	6	
	采深上山/下山/m	589	264~423	511.5	285/301	206/201	139/165.8	240
	工作面尺寸走向/倾斜/m	1800/220	1042/150	650/130	520/125	575/105	256/236	573/282
	推进速度/(m·月$^{-1}$)	90		42	42			
	采煤方法	综采垮落	倾斜分层垮落	炮采垮落	炮采垮落	炮采垮落	炮采垮落	高档垮落
	顶板管理方法							
上覆岩层厚度及性质	松散层/m	88	76	88.1	106.3	26.2	77.5	110
	砂岩/m							
	页岩/m							
	石灰岩/m							
	砂质页岩/m							
	砂岩类占比/%	34.7	29	34.7				
	泥岩类占比/%	63.8	63	63.8				
	平均单向抗压强度/MPa	37.84	64.1	37.8				
	厚度>10 m的砂岩、石灰岩　位置/m							
	厚度/m							
	松散层移动角 φ				42			
角量参数/(°)	边界角 β_0	76.6	51.6	63.1	60	74	69.5	
	γ_0	76.6	51.6	63.1	64	75		66
	δ_0	76.6	51.6	63.1	64			
	λ_0							
	移动角 β	78.4	73.9	74.8	72	75.6		
	γ	78.4	73.9	74.8	70	74	74	
	δ	78.4	73.9	74.8	77.5		77.5	72
	λ							
	裂缝角 β''	83.5	74.8	75.2	73	76		
	γ''	83.5	74.8	75.2	74	77	78	
	δ''	83.5	74.8	75.2	82		80	74
	充分采动角 ψ_1							
	ψ_2							
	ψ_3				56	69		
	超前影响角 ω	48.2	56	69				
	最大下沉速度角 ϕ	63.7	76.3	78.2				
	最大下沉角 θ	88.7	88	84.4	86	88		
概率积分法参数	下沉系数 q	0.8	0.76	0.76	0.75	0.73	0.6	
	水平移动系数 b	0.34	0.31	0.34	0.35	0.36	0.26	
	主要影响角正切 $\tan\beta$		1.98		2.1	2.5	2.1	
	拐点偏移距 S_1/m		$0.16H_0$		40	24	-4	
	拐点偏移距 S_2/m		$0.16H_0$		40	24	-4	
	拐点偏移距 S_3/m		$0.16H_0$		5	36	-4	
	拐点偏移距 S_4/m		$0.16H_0$		7	26	-4	
最大下沉速度/(mm·d^{-1})								
地表移动延续时间/d		252	243	280	360			
其中，活跃期/d		67	106	80	270			

表7-1（续）

序　号		337	338	339	340	341	342	343
矿区（地层）		澄合矿区（石炭二叠系）		神府（侏罗系）				
观　测　站		CQ5118	CW11501	2304	龙华矿 20102	龙华矿 10103	张家峁矿 14202	张家峁矿 15201 试采
建站时代（年-月）				2009-04	2014-11	2014-12	2011-02	2010-03
采矿要素	采厚/m	2.1	5.7	4.1	2.88	3.29	3.7	5.6
	倾角/(°)	2~10	2	1~3	1	1	2	2
	采深上山/下山/m	230/256	210/239	125	108	52	39.5/104	89/133
	工作面尺寸走向/倾斜/m	465/100	158/158	1730/240	2550/232	1198/50	734/295	1352/260
	推进速度/(m·月⁻¹)						240	300
	采煤方法	高档	综采	一次采全高	一次采全高	一次采全高	一次采全高	一次采全高
	顶板管理方法	垮落	垮落	垮落	垮落	垮落	垮落	垮落
上覆岩层厚度及性质	松散层/m	120	175.5	63	22	18.5	58	88.74
	砂岩/m							
	页岩/m							
	石灰岩/m							
	砂质页岩/m							
	砂岩类占比/%			94.06	65	57	30.68	42.9
	泥岩类占比/%			5.94	1	4	1.92	0
	平均单向抗压强度/MPa			15~21.2	33~36	31~36	21.3	27.44
	厚度>10 m的砂岩、石灰岩 位置/m							
	厚度/m							
角量参数/(°)	松散层移动角φ		59.9		45	45		
	边界角 β₀	54	59.9	58.2	64	62	52	54
	γ₀		59.9	58.2	64	62	52	54
	δ₀	61	59.9	58.2	64	62	61	63
	λ₀							
	移动角 β	72	63	62.5	70	70	72	74
	γ		60	62.5	70	70	72	74
	δ	71	63	62.5	70	70	68	71
	λ		63					
	裂缝角 β″	78	69.1	86	78	76	90	90
	γ″		69.1	86	78	76	90	90
	δ″	77	69.1	86	78	76	80	80
	充分采动角 ψ₁		70					
	ψ₂		70					
	ψ₃		70					
	超前影响角 ω			85.5	81	83	57.3	59.6
	最大下沉速度角 φ			50	59	62	52.8	54.9
	最大下沉角 θ	87			85	87	84.9	86.3
概率积分法参数	下沉系数 q	0.7	0.9	0.553	0.75	0.8	0.62	0.648
	水平移动系数 b	0.36	0.27	0.28	0.3	0.32	0.47	0.51
	主要影响角正切 tanβ	3	2	2.02	1.6	1.8	2.48	2.87
	拐点偏移距 S₁/m	5	24	0.05H₀~ 0.1H₀	0.35	0.35	21.83	25.67
	拐点偏移距 S₂/m	5	24		0.35	0.35	21.83	25.67
	拐点偏移距 S₃/m	5	24		0.35	0.35	21.83	25.67
	拐点偏移距 S₄/m	5	24		0.35	0.35	21.83	25.67
最大下沉速度/(mm·d⁻¹)								
地表移动延续时间/d				147	328		360	385
其中，活跃期/d				65	102	72	45~65	50~70

表7-1(续)

序　号		344	345	346	347	348	349	350
矿区(地层)		神府(侏罗系)		铜川(石炭二叠系)				英岗岭(二叠系)
观　测　站		红柳林矿15201	柠条塔矿N1201	鸭口905	王石凹矿2502	王石凹矿291	东坡矿508	东村矿
建站时代(年-月)		2009-05	2010-07		2003-09	2000-01	2002-03	
采矿要素	采厚/m	6	3.9	1.94	2.8	2	2.4	1.6
	倾角/(°)	0~2	9.5	6	6		7	9
	采深上山/下山/m	149	67~158	173/189	422.2	455	180	303/287
	工作面尺寸走向/倾斜/m	2330/305	2740/295	300/102	800/156	680/150	645/136	553/88
	推进速度/(m·月$^{-1}$)	220	120~150	21	135	24	42.6	27
	采煤方法	一次采全高	综采	长壁	走向长壁	走向长壁	走向长壁	走向长壁
	顶板管理方法	垮落	垮落	垮落	垮落	垮落	垮落	垮落
上覆岩层厚度及性质	松散层/m	84.62	0~60	110	37.2	60	103	8
	砂岩/m			61				
	页岩/m							
	石灰岩/m							
	砂质页岩/m							
	砂岩类占比/%	38.5	83.05		80	80	80	
	泥岩类占比/%		14.68		20	20	20	
	平均单向抗压强度/MPa		3.2~43.1	24.5	30~40	30~40	30~40	35
	厚度>10m的砂岩、石灰岩　位置/m							
	厚度/m							
角量参数/(°)	松散层移动角 φ	58.9	55		55	55	55	
	边界角 β_0	58	68.5		66	62	73	68
	边界角 γ_0	58	69.5	45.5	66	62	73	
	边界角 δ_0	58	69	56.5	66	62	73	60
	边界角 λ_0							
	移动角 β	73	72.6			68	75	70.3
	移动角 γ	73	72.6	60.3		68	75	
	移动角 δ	73	72	77.5		68	75	73
	移动角 λ							
	裂缝角 β''	86	77.2			76	80	80
	裂缝角 γ''	86	77.2	81		76	80	
	裂缝角 δ''	86	83.5	76		76	80	
	充分采动角 ψ_1							54
	充分采动角 ψ_2							
	充分采动角 ψ_3							
	超前影响角 ω	60.2	54			82	50~63	
	最大下沉速度角 ϕ	57.3	46			65	61	
	最大下沉角 θ	87.6	61.4	84	88	89	84	89
概率积分法参数	下沉系数 q	0.71	0.513	0.86				
	水平移动系数 b	0.64	0.24	0.3	0.3	0.36	0.42	
	主要影响角正切 $\tan\beta$	2.35	1.95	1.8				
	拐点偏移距 S_1/m	30.1	45	19				
	拐点偏移距 S_2/m	30.1	45	17.3				
	拐点偏移距 S_3/m	30.1	45	18.1				
	拐点偏移距 S_4/m	30.1	45	18.1				
最大下沉速度/(mm·d^{-1})								5.19
地表移动延续时间/d		350	100~200	425	450	1125	265	540
其中,活跃期/d		50~70	40~80	176	120	190	150	210

表7-1（续）

序　　号		351	352	353	354	355	356	357
矿区(地层)		灵武(侏罗系)			丰城(上二叠统)			
观　测　站		枣泉矿120201	灵新矿051504	羊场湾矿130201	坪湖矿617长壁面	坪湖矿617西	坪湖矿二次条带	坪湖矿两次条采
建站时代(年-月)		2014-03	2013-06	2012-12	2002-05	2004-01	2004-01	2004-01
采矿要素	采厚/m		2.9	5.6	2.4	2.3	2.3~2.6	2.3~2.6
	倾角/(°)	4~6	12	7.5	10	10	9	9
	采深上山/下山/m	120	210	512	547/581	546/566	557/615	546/615
	工作面尺寸走向/倾斜/m	820/	1436/	1210/	340/150	310/110	335/110	320/110
	推进速度/(m·月⁻¹)	137	150	150	45	55	70	65
	采煤方法	综采	走向长壁	走向长壁	走向长壁	一次条带	二次条带	两次条采
	顶板管理方法	垮落	垮落	垮落	垮落	垮落	垮落	垮落
上覆岩层厚度及性质	松散层/m	8		13.3	27	27	27	27
	砂岩/m							
	页岩/m							
	石灰岩/m				130~250	130~250	130~250	130~250
	砂质页岩/m							
	砂岩类占比/%	97.27		96.1				
	泥岩类占比/%	2.14		3.9				
	平均单向抗压强度/MPa			20.5~30.5				
	厚度>10 m的砂岩、石灰岩 位置/m							
	厚度/m							
角量参数/(°)	松散层移动角 φ	45	45	45				
	边界角 β₀		60	58				
	γ₀							
	δ₀							
	λ₀							
	移动角 β	56.7	72	74.1				
	γ	56.7	72	74.1				
	δ	56.7	72	74.1				
	λ							
	裂缝角 β″							
	γ″							
	δ″							
	充分采动角 ψ₁							
	ψ₂							
	ψ₃							
	超前影响角 ω		46.5	46.5				
	最大下沉速度角 φ		73	73				
	最大下沉角 θ		81.4	82.1				
概率积分法参数	下沉系数 q			0.73	0.64	0.17	0.41	0.60
	水平移动系数 b				0.3	0.27	0.3	0.3
	主要影响角正切 tanβ		3	3	2.0	1.6	2.0	2.0
	拐点偏移距 S₁/m		12.4	12.4				
	拐点偏移距 S₂/m		12.4	12.4				
	拐点偏移距 S₃/m		12.4	12.4				
	拐点偏移距 S₄/m		12.4	12.4				
最大下沉速度/(mm·d⁻¹)								
地表移动延续时间/d			420	420				
其中，活跃期/d			90	90				

表7-1（续）

序　　号		358	359	360	361	362	363	364
矿区（地层）		萍乡（三叠系）						
观　测　站		高坑6219补站	高坑6219（棚）	高坑6219（最终）	高坑701	王家源龙家冲	高坑707	王家源变电所
建站时代（年-月）								
采矿要素	采厚/m	1.1	1.05	2.25	1.7	1.5	1	2
	倾角/(°)	40	40	45	18	12	4	20
	采深上山/下山/m	90/160	120/220	120/220	220/240	85/110	144/150	141/154
	工作面尺寸走向/倾斜/m	120/90	300/74	300/160	256/110	270/90	230/76	200/50
	推进速度/(m·月⁻¹)	36		36	36			36
	采煤方法	长壁	长壁	长壁	水采	长壁	长壁	长壁
	顶板管理方法	垮落	垮落	垮落	垮落	垮落	垮落	垮落
上覆岩层厚度及性质	松散层/m	80	80	80	3	7		10
	砂岩/m					120		120
	页岩/m							
	石灰岩/m							
	砂质页岩/m							
	砂岩类占比/%							
	泥岩类占比/%							
	平均单向抗压强度/MPa				41.6	50		
	厚度>10 m的砂岩、石灰岩 位置/m							
	厚度/m							
角量参数/(°)	松散层移动角 φ							
	边界角 β₀		40				34	
	γ₀	47	53			46		
	δ₀		48		63			58
	λ₀							
	移动角 β		41.7	37		62	43	
	γ	75.5	76.3	74		65	75	
	δ		79	77	74		75	66
	λ							
	裂缝角 β″			41.5			60	
	γ″	53						
	δ″							
	充分采动角 ψ₁						73	
	ψ₂						72	
	ψ₃					78		
	超前影响角 ω							
	最大下沉速度角 φ							
	最大下沉角 θ		52.3	52				
概率积分法参数	下沉系数 q	0.4	0.46	0.635(初) 0.698(重)	0.61	0.62	0.47	0.7
	水平移动系数 b							0.3
	主要影响角正切 tanβ							
	拐点偏移距 S₁/m							
	拐点偏移距 S₂/m							
	拐点偏移距 S₃/m							
	拐点偏移距 S₄/m							
最大下沉速度/(mm·d⁻¹)		11.3	3.4			10.2		7.1
地表移动延续时间/d		169			383	500		540
其中,活跃期/d		48			102	102		360

表7-1（续）

序　号		365	366	367	368	369	370	371
矿区(地层)		华亭(侏罗系)	涟邵(上二叠统)				南桐(上二叠统)	
观　测　站		杨矿2426	牛马司矿222	牛马司矿1128	洪山殿矿1612	洪山殿矿西四	2309	4106
建站时代(年-月)								
采矿要素	采厚/m	2.2	2.2	2.2	2	2	2.5	3
	倾角/(°)	16	27	21	34	43	15	37
	采深上山/下山/m	90/110	290/362	240/270	105/124	70.6/167	73	138/154
	工作面尺寸走向/倾斜/m	350/105	1260/153	400/100	190/62	85/70	75/75	217/56
	推进速度/(m·月$^{-1}$)	38	23	33	32	13	23	35
	采煤方法	长壁	长壁	长壁	长壁	长壁	长壁	长壁
	顶板管理方法	垮落	垮落	垮落	垮落	垮落	垮落	垮落
上覆岩层厚度及性质	松散层/m	4~10	3	3	4.5	0		
	砂岩/m	91.6	25	16			4.5	5
	页岩/m	1.45	12	10	33.7	45.6	10.3	19.3
	石灰岩/m		280	244	23	28.1	39	97
	砂质页岩/m			4	18.4	17.6	18.6	24
	砂岩类占比/%							
	泥岩类占比/%							
	平均单向抗压强度/MPa		71	72	50	57	62	65
	厚度>10 m的砂岩、石灰岩　位置/m							90
	厚度/m							56
角量参数/(°)	松散层移动角 φ		45					
	边界角　β_0	54	49	46	44	40		50
	γ_0	65	57	51	50	49		
	δ_0	70	57	55	57	57	54	
	λ_0							
	移动角　β	63			47	46		55
	γ	69			55	51		
	δ	74			70	71	70	
	λ							
	裂缝角　β''	68.3				63		
	γ''	77.5				60		
	δ''					80		
	充分采动角　ψ_1					44		
	ψ_2					51		
	ψ_3					57		
	超前影响角 ω							
	最大下沉速度角 ϕ							
	最大下沉角 θ	81	78	81	65	61		73
概率积分法参数	下沉系数 q	0.68			0.63	0.63	0.6	0.6
	水平移动系数 b	0.278			0.24	0.24	0.11	0.17
	主要影响角正切 $\tan\beta$	2.4			1.6	1.6	1.4	1.5
	拐点偏移距 S_1/m	5.4						$0.05H_0$
	拐点偏移距 S_2/m	8.8						$-0.02H_0$
	拐点偏移距 S_3/m	6.0			-6	-6	$-0.18H_0$	
	拐点偏移距 S_4/m	6.0			-6	-3	$-0.31H_0$	
最大下沉速度/(mm·d^{-1})					26.5	4.6		
地表移动延续时间/d		395	720	420	315	840		
其中,活跃期/d			180	120	90	270		

表7-1（续）

序 号		372	373	374	375	376	377	378
矿区(地层)		南桐(上二叠统)						
观 测 站		4305	0362 一分层	0362 二分层	1101 一分层	1101 二分层	1102 一分层	1102 二分层
	建站时代(年-月)							
采矿要素	采厚/m	3	1.2	2.5	1.2	2.4	1.2	2.7
	倾角/(°)	38	31	31	31	31	31	31
	采深上山/下山/m	153/186	128/270	80/210	90/238	92/186	183/340	170/210
	工作面尺寸走向/倾斜/m	267/56	322/280	166/254	312/270	94/174	280/154	210/84
	推进速度/(m·月⁻¹)	38						
	采煤方法	长壁	长壁	长壁	长壁	长壁	长壁	长壁
	顶板管理方法	垮落	垮落	垮落	垮落	垮落	垮落	垮落
上覆岩层层厚度及性质	松散层/m							
	砂岩/m	5.1	9.3	9.3	8.5	8.5	8.5	8.5
	页岩/m	19.5	28.8	28.8	54.3	54.3	54.3	54.3
	石灰岩/m	119	126	126	85	85	182	182
	砂质页岩/m	24.4	34.4	34.4	16	16	16	16
	砂岩类占比/%							
	泥岩类占比/%							
	平均单向抗压强度/MPa	66	68	68	64	64	71	71
	厚度>10 m的砂岩、石灰岩 位置/m	90	90	90			90	90
	厚度/m	79.5	85	85			140	140
角量参数/(°)	松散层移动角 φ							
	边界角 β_0	50	55	55	51	51	49	49
	γ_0				70	70	69	69
	δ_0							
	λ_0							
	移动角 β	52	60	60	55	55	63	63
	γ				75	75	82.5	82.5
	δ							
	λ							
	裂缝角 β''							
	γ''							
	δ''							
	充分采动角 ψ_1							
	ψ_2							
	ψ_3							
	超前影响角 ω							
	最大下沉速度角 ϕ							
	最大下沉角 θ	80	78	78	76	76	78.5	78.5
概率积分法参数	下沉系数 q	0.6	0.6	0.6	0.6	0.6	0.6	0.6
	水平移动系数 b	0.23					0.25	0.25
	主要影响角正切 $\tan\beta$	1.3	1.45	1.45	1.45	1.45	1.79	1.79
	拐点偏移距 S_1/m	$-0.11H_0$	$-0.16H_0$	$-0.16H_0$	$-0.04H_0$	$-0.04H_0$	$-0.16H_0$	$-0.16H_0$
	拐点偏移距 S_2/m	$0.05H_0$	$-0.19H_0$	$-0.19H_0$	$-0.29H_0$	$-0.29H_0$	0	0
	拐点偏移距 S_3/m							
	拐点偏移距 S_4/m							
最大下沉速度/(mm·d⁻¹)								
地表移动延续时间/d								
其中,活跃期/d								

表7-1（续）

	序　号	379	380	381	382	383	384	385
	矿区（地层）	松藻（二叠系）			羊场（上二叠统）			
	观　测　站	打通一煤矿N1713	打通一煤矿E2707	松藻煤矿2316	293	295	191、193	2191
	建站时代（年·月）	1984-02	2009-07	2008-04				
采矿要素	采厚/m	1.2	1.1	2.3	1.9	1.9	1.8	1.72
	倾角/(°)	6	9	24	40.5	43	62	52
	采深上山/下山/m	345.3	416	550	168/213	218/260	58/128	139/182
	工作面尺寸走向/倾斜/m	1031/228	928/290	1660/156	340/90	340/82	200/73	180/78
	推进速度/(m·月$^{-1}$)	34.4	33.4	60	24	48	18	25
	采煤方法 顶板管理方法	倾斜长壁垮落	倾斜长壁垮落	综采垮落	长壁垮落	长壁垮落	掩护支架垮落	掩护支架垮落
上覆岩层厚度及性质	松散层/m							
	砂岩/m							
	页岩/m							
	石灰岩/m							
	砂质页岩/m							
	砂岩类占比/%	17.1	17.1	3.4				
	泥岩类占比/%	26	26	38.5				
	平均单向抗压强度/MPa	13.6~136	13.6~136	13~135				
	厚度>10 m的砂岩、石灰岩 位置/m 厚度/m							
角量参数/(°)	松散层移动角 φ							
	边界角 β_0	70	66	55	35		33.3	44
	γ_0	70	66	55	54		41.6	47.5
	δ_0	70	66	55	70		50	64.7
	λ_0							
	移动角 β		87	81	46.5		33.5	56
	γ		87	81				78
	δ		87	81	70.5		53	79
	λ							
	裂缝角 β'' γ'' δ''							
	充分采动角 ψ_1 ψ_2 ψ_3							
	超前影响角 ω	80						
	最大下沉速度角 ϕ							
	最大下沉角 θ		80	88	69	71	68	65
概率积分法参数	下沉系数 q	0.52			0.8		0.93	
	水平移动系数 b	0.74//0.62			0.3	0.5	0.36	0.3
	主要影响角正切 $\tan\beta$	1.91			1.4	1.3	1.7	1.5
	拐点偏移距 S_1/m	-87.6			10.7	13	6.6	12.7
	拐点偏移距 S_2/m				8.4	20		
	拐点偏移距 S_3/m	-75.6						
	拐点偏移距 S_4/m							
	最大下沉速度/(mm·d^{-1})				5.4		3.5	2.4
	地表移动延续时间/d	977	540	980	227		335	309
	其中，活跃期/d	228	122	260	117		152	107

表7-1(续)

序　号		386	387	388	389	390	391	392
矿区(地层)		田坝(上二叠统)		合山(上二叠统)		盘江(二叠系)	长广(二叠系)	白杨河(侏罗系)
观　测　站		1216	1218	柳花岭矿404	柳花岭矿504	老矿丘田沟		宽沟煤矿岩移观测站
建站时代(年-月)								2014-09
采矿要素	采厚/m	1.84	2.05	1.7	1.5	2.5	1.8	12.4
	倾角/(°)	15~18	14~18	6	6	10	70~80	15
	采深上山/下山/m	82/110	110/136	84/89	86/90	160	367/502	354/560
	工作面尺寸走向/倾斜/m	430/87	430/91	380/86	222/110	660/105		1067/1426
	推进速度/(m·月⁻¹)	33	33	30	30	110		105
	采煤方法	长壁	长壁	走向长壁	走向长壁	走向长壁	水平分层	综放
	顶板管理方法	垮落	垮落	垮落	垮落	垮落	垮落	垮落
上覆岩层厚度及性质	松散层/m	0~19	0~22	0~3	0~3	3.5		7.63
	砂岩/m	60	63			124		
	页岩/m							
	石灰岩/m							
	砂质页岩/m	34	57			15		
	砂岩类占比/%							79.3
	泥岩类占比/%							19.5
	平均单向抗压强度/MPa							54.74
	厚度>10m的砂岩、石灰岩 位置/m	5	5					
	厚度/m	13	13					
角量参数/(°)	松散层移动角 φ							
	边界角 β_0	56	57.6	72	71	63.5	56	
	γ_0	58.3	53.7	81		54		
	δ_0	60.8	63.9	82	82	59.3	65.5	
	λ_0							
	移动角 β	64.6	65.8	74	73	67.5	62	73
	γ	63	62	83		59.5		73
	δ	72	73.6	83	84	65.5	71.5	73
	λ						65.5	
	裂缝角 β''	63	66	88	88			
	γ''	62.5						
	δ''	69.3	66.4					
	充分采动角 ψ_1	46.5	53.5	65	66			
	ψ_2	66.3	65.8	55	55			
	ψ_3	64.2	61	52	55			
	超前影响角 ω							
	最大下沉速度角 ϕ							
	最大下沉角 θ	80.3	80.2	83	84	80		
概率积分法参数	下沉系数 q	0.636	0.657	0.6	0.57			
	水平移动系数 b	0.29	0.22	0.15	0.15		0.384	
	主要影响角正切 $\tan\beta$	1.82	1.79	2.16	2.56		2.2	
	拐点偏移距 S_1/m	6.2	14.5	-11	-10			
	拐点偏移距 S_2/m	-1.8	-6.4	-29				
	拐点偏移距 S_3/m	9.2	9.6		-22		$0.1H_0$	
	拐点偏移距 S_4/m			-36	-26			
最大下沉速度/(mm·d⁻¹)		15.4	16.9	31	29	36.4		
地表移动延续时间/d		294	315	160	165			
其中,活跃期/d		98	110	87	67			

表7-1（续）

序　号		393	394	395	396	397	398
矿区（地层）		乌东（侏罗系）				华蓥山（二叠系）	
观　测　站		碱沟矿东一+495mB3-6	碱沟矿东一+495mB1+2	乌东矿北区+575水平45#煤层	乌东矿南区+475水平B1+2煤层	龙滩煤矿3115南地表	绿水洞煤矿5632
建站时代（年-月）						2012-01	1994-05
采矿要素	采厚/m	23	23	25	25	2.5	2.8
	倾角/(°)	83	83	43~45	86~88	9	4.5
	采深上山/下山/m	255	255	172	325	596	250
	工作面尺寸走向/倾斜/m	1945/	1917/	/34	/30	744/	1175/142
	推进速度/(m·月⁻¹)	65	70	150	150	93	50
	采煤方法	分层综放	分层综放	综放	综放	综采	一次采全高
	顶板管理方法	垮落	垮落	垮落	垮落	垮落	垮落
上覆岩层厚度及性质	松散层/m	10	10	30~40	30~35	0~12	6.2
	砂岩/m						
	页岩/m						
	石灰岩/m						
	砂质页岩/m						
	砂岩类占比/%	6	12.8	80	80	32	64
	泥岩类占比/%	0.1	0.07	10	10	68	36
	平均单向抗压强度/MPa			20~40	20~40	46	63.45
	厚度>10m的砂岩、石灰岩　位置/m						
	厚度/m						
角量参数/(°)	松散层移动角 φ						45
	边界角　β₀					55	69
	γ₀					55	71
	δ₀					55	
	λ₀						
	移动角　β					70	74
	γ					70	78
	δ					70	63
	λ						
	裂缝角　β″	71.1	71.1			75	69
	γ″	71.1	71.1			75	71
	δ″	71.1	71.1			75	
	充分采动角　ψ₁						
	ψ₂						
	ψ₃						
	超前影响角 ω	60.5	60.5			80.5	68
	最大下沉速度角 φ					54	89.2
	最大下沉角 θ					86	87
概率积分法参数	下沉系数 q					0.68	0.78
	水平移动系数 b					0.32	
	主要影响角正切 tanβ					1.5	3.49
	拐点偏移距 S_1/m					0.05H_0	28
	拐点偏移距 S_2/m					0.05H_0	28
	拐点偏移距 S_3/m					0.05H_0	28
	拐点偏移距 S_4/m					0.05H_0	28
最大下沉速度/(mm·d⁻¹)							
地表移动延续时间/d						720	630
其中，活跃期/d						360	240

表7-1(续)

序　号		399	400	401	402	403	404
矿区(地层)		达竹(三叠系)	石嘴山(石炭二叠系)		靖远(侏罗系)		扎赉诺尔(侏罗系)
观测站		金刚煤矿4113	石嘴山2266(底)	石嘴山2332(底)	大水头煤矿西202	大水头煤矿西101	十一井340
建站时代(年-月)		2001-08			2013-11	2013-04	
采矿要素	采厚/m	0.9	4.7	5.88	7.5	6.5	4.2
	倾角/(°)	14	19	22	7~12	2~12	8
	采深上山/下山/m	320	252/284	140/184	502/572	510/515	108/123
	工作面尺寸走向/倾斜/m	568/	750/138	440/135	890/	507/	500/215
	推进速度/(m·月$^{-1}$)	33.4	72	72	50	64	60
	采煤方法	炮采	综放	综放	综放	综放	走向长壁
	顶板管理方法	垮落	垮落	垮落	垮落	垮落	垮落
上覆岩层厚度及性质	松散层/m	4.3			0~32.2	0~32.2	15
	砂岩/m		145	115			288
	页岩/m		54	21			
	石灰岩/m						
	砂质页岩/m		144	114			
	砂岩类占比/%	34.5			47	47	
	泥岩类占比/%	65.5			52.9	52.9	
	平均单向抗压强度/MPa		33.3	35.6	36.9~62.5	36.9~62.5	14
	厚度>10m的砂岩、石灰岩　位置/m						
	厚度/m						96
角量参数/(°)	松散层移动角 φ				48	48	
	边界角　β_0	50		57	62		52
	γ_0	61	71		62		58
	δ_0	55	71	66	62		
	λ_0						
	移动角　β	63	58	58	76	70	69
	γ	73	75	66	76	70	72
	δ	70		74	76	70	
	λ						
	裂缝角　β''	81	61	61	84		
	γ''				84		
	δ''	88			84		
	充分采动角　ψ_1						
	ψ_2						
	ψ_3		81	65			
	超前影响角 ω	64			56	65	
	最大下沉速度角 φ				80	85	
	最大下沉角 θ	75	73	69	87	86	83
概率积分法参数	下沉系数 q	0.68	0.86	0.60			1.14
	水平移动系数 b	0.39	0.14	0.25			0.21
	主要影响角正切 tanβ	2	3	2.2~3.3			1.25
	拐点偏移距 S_1/m	$0.177H_0$		26			-19.6
	拐点偏移距 S_2/m	$0.177H_0$	24	9			45.8
	拐点偏移距 S_3/m	$0.177H_0$	25	52			
	拐点偏移距 S_4/m	$0.177H_0$	20	34			
最大下沉速度/(mm·d^{-1})			53.5	46.1			127
地表移动延续时间/d			200	281	550	280	360
其中,活跃期/d			127	146	350	140	120

表7-1（续）

序　号		405	406	407	408
矿区（地层）		扎赉诺尔（侏罗系）	硫磺沟（侏罗系）	东胜（侏罗系）	纳日松（侏罗系）
观　测　站		北斜井311	屯宝煤矿岩移观测站	宏测5102	伊东炭窑渠煤矿6104
建站时代（年-月）			2011-08	5.2	2012-05
采矿要素	采厚/m	5.9	8.6	5.2	4.6
	倾角/(°)	6	17	0~3	0~3
	采深上山/下山/m	37/51	321/386	120	86
	工作面尺寸走向/倾斜/m	1120/320	1239/	1780/	1307/145
	推进速度/(m·月$^{-1}$)	60	120	150	65
	采煤方法	走向长壁	综放	综采	倾斜长壁
	顶板管理方法	水砂充填	垮落	垮落	垮落
上覆岩层厚度及性质	松散层/m	22	2~5	64.55	43
	砂岩/m				
	页岩/m				
	石灰岩/m				
	砂质页岩/m	292			
	砂岩类占比/%		25	7	10.8
	泥岩类占比/%		0	91	32.6
	平均单向抗压强度/MPa	14	13.3	17.2	
	厚度>10 m的砂岩、石灰岩　位置/m				
	厚度/m	175			
角量参数/(°)	松散层移动角 φ		50		45
	边界角　β_0	45			40
	γ_0	45			40
	δ_0				40
	λ_0				
	移动角　β	59			45
	γ	68			45
	δ				45
	λ				
	裂缝角　β''				
	γ''				
	δ''				
	充分采动角　ψ_1	46			
	ψ_2	49			
	ψ_3				
	超前影响角 ω		70	15	60
	最大下沉速度角 ϕ		77.1	60	55
	最大下沉角 θ	82	80.1	90	40
概率积分法参数	下沉系数 q	0.15		0.92	
	水平移动系数 b	0.26		0.17	
	主要影响角正切 $\tan\beta$	1.06			
	拐点偏移距 S_1/m	-4.4		0.7	
	拐点偏移距 S_2/m	4.8		0.7	
	拐点偏移距 S_3/m			0.7	
	拐点偏移距 S_4/m			0.7	
最大下沉速度/(mm·d^{-1})		6.1		45	
地表移动延续时间/d		350	1190		
其中，活跃期/d		120	660		

注：①采厚指一次采全高的开采厚度或者放顶煤开采的采放合计厚度。②H_0为平均采深。③主要影响角正切 $\tan\beta$ 中 $\tan\beta_1$/$\tan\beta_2$/$\tan\beta_3$ 表示下山/上山/走向方向的主要影响角正切，水平移动系数方向表示与之相同。④拐点偏移距 S_1、S_2、S_3、S_4 分别表示下山、上山、走向左右两侧的拐点偏移距。⑤在概率积分法下沉系数中，下标标注"窄"指按多个条带工作面（窄长壁工作面）叠加拟合下沉系数；标注"条"指按条带开采区整体拟合下沉系数。

7.2.2　部分矿区地表移动实测分析参数

现将我国 20 个矿区实测的比较完整的资料，经综合分析后得出的地表移动参数列于表 7 - 2，供类似条件矿区或工作面预计地表移动与变形时参考。松散层移动角 φ 值见表 7 - 3。

在进行保护煤柱和压煤开采设计时，无地表移动观测资料和参数的矿区，除了参照表 7 - 1、表 7 - 2 中参数进行类比外，可按本矿区的覆岩平均抗压强度，参照《规范》附表 3 - 1 岩性与预测参数相关关系表选取地表移动计算参数。

表 7 - 2　20 个矿区综合分析地表移动实测参数

序　号	1	2
矿　区	峰　峰	抚　顺
地质采矿条件	石炭二叠系，主要为砂岩、页岩、砂质岩层、薄层灰岩互层。松散层厚 0 ~ 30 m，为砂质黏土。上四层煤总厚 8 ~ 9 m，煤层倾角 8° ~ 30°，采深 90 ~ 460 m，走向长壁全部陷落法开采	新生代第三系，主要为油母页岩、泥岩、页岩。主采煤层平均厚 50 m，煤层倾角 20° ~ 50°，采深 350 ~ 550 m。采区走向长 320 m，倾斜长 60 ~ 100 m，用倾斜分层上行 V 型长壁水砂充填法开采。充填材料为废油母页岩
松散层移动角	$\varphi = 56°$	$\varphi = 45°$
边界角	$\delta_0 = 58°$ $\beta_0 = 58° - 0.3\alpha$ $\gamma_0 = 58°$	$\delta_0 = 54°$ $\beta_0 = 53° - 0.27\alpha$（$14° \leqslant \alpha \leqslant 47°$） $\gamma_0 = 56°$
移动角	$\delta = 74°$ $\beta = 70° - 0.6\alpha$ $\gamma = 63° + \alpha$	$\delta = 70°$ $\delta = 65°$（重采） $\beta = 70° - 0.6\alpha$（西部） $\beta = 77° - 0.6\alpha$（东部） $\gamma = 63° + 0.1\alpha$（$20° \leqslant \alpha \leqslant 40°$）
裂缝角		$\delta'' = 78°$ $\beta'' = 72° - 0.44\alpha$（$14° \leqslant \alpha \leqslant 47°$）
最大下沉角	$\theta = 90° - 0.6\alpha$	$\theta = 90° - 0.8\alpha$（西部）（$15° \leqslant \alpha \leqslant 32°$） $\theta = 97° - 0.8\alpha$（东部）（$24° \leqslant \alpha \leqslant 47°$）
开采影响传播角	$\theta = 90° - 0.8\alpha$（$50 < H_0 < 300$ m） $\theta = 90° - 0.97\alpha$（$300 < H_0 < 550$ m）	
充分采动角	$\psi_3 = 58°$ $\psi_1 = 64° - 0.55\alpha$ $\psi_2 = 55° + 0.4\alpha$	$\psi_3 = 63°$ $\psi_1 = 57°$ $\psi_2 = 80°$
下沉系数（初采、重采）	$q = 0.78$（初采） $q = 0.88$（厚煤层分层重复采动） $q = 0.94$（近距煤层重复采动）	
水平移动系数	$b = 0.25$	$b = 0.314$
主要影响角正切		
拐点偏移距		

表7-2（续）

序　号	3	4
矿　区	阜　新	淮　南
地质采矿条件	晚侏罗系，以页岩、砂质页岩、砂岩为主，坚固性系数 $f=15$。可采煤层总厚22 m，煤层倾角 $10°\sim31°$，采深 $50\sim350$ m，用走向长壁全部陷落法、刀柱法、水砂充填法和条带法开采	二叠系，以页岩、砂岩、砂质页岩为主，第四系厚 $18\sim128$ m。倾斜、缓倾斜煤层用倾斜分层人工假顶全部陷落法和单一长壁全部陷落法开采；急倾斜煤层用平板型掩护支架、伪倾斜柔性掩护支架、水平分层、倒台阶采煤法、全部陷落法管理顶板
松散层移动角	$\varphi=40°$（砂质黏土、含水较丰富） $\varphi=50°$（砂质黏土、含水一般）	$\varphi=41°$
边界角	$\delta_0=64°$（69 m$\leqslant H\leqslant$475 m） $\beta_0=61°$（$\alpha<10°$） $\beta_0=65°-0.7\alpha$（$\alpha>10°$） $\gamma_0=63°$（$10°<\alpha<31°$）	$\delta_0=49°$ $\beta_0=49°-15°\sin\alpha$ $\gamma_0=54°$ $\lambda_0=40°$
移动角	$\delta=72°$（56 m$<H\leqslant$119 m） $\beta=73°$（$\alpha<9°$） $\beta=79.6°-0.7\alpha$（$10°\leqslant\alpha\leqslant31°$） $\gamma=76°$（$\alpha\leqslant10°$）	$\delta=66°$ $\gamma=70°$（$\alpha<55°$） $\beta=66°-22°\sin\alpha$（$0<\alpha<90°$） $\lambda=55°-\exp\{0.16\alpha-12\}$（$55°<\alpha<90°$）
裂缝角	$\beta''=91.4°-0.9\alpha$	
最大下沉角	$\theta=90°-0.9\alpha$	$\theta=90°-0.6\alpha$（$\alpha\leqslant55°$） $\theta=1.42\alpha-18°$（$55°\leqslant\alpha\leqslant76°$） $\theta=\arctan(2H_0/D_{IS})$（$\alpha>76°$）
开采影响传播角	$\theta=90°-0.83\alpha$	
充分采动角	$\psi_3=55°$；$\psi_1=49°+1.1\alpha$；$\psi_2=60°-1.1\alpha$	
下沉系数（初采、重采）	走向长壁全陷法：$q=0.8$（50 m$<H_0<$350 m），$q=0.66$（$H_0<$50 m） 刀柱采煤法：$q=0.38$ 水砂充填法：$q=0.18$ 冒落条带法：$q=0.12$ 重复开采（活化系数）： （$56\leqslant H_0\leqslant241$）$q_1=0.22$（一次重采），$q_2=0.09$（二次重采），$q_3=0.03$（三次重采） （$360\leqslant H_0\leqslant550$）$q_1=0.19$（一次重采），$q_2=0.06$（二次重采），$q_3=0.06$（三次重采）	$q=0.6+0.12\ln n$（不包括急倾斜煤层，n 回采分层数）
水平移动系数	$b=0.25$（$H\leqslant100$ m），$b=0.18$（$H>100$ m）	$b=0.25+0.0043\alpha$（$15°<\alpha<50°$）
主要影响角正切	$\tan\beta=1.2$（$H\leqslant50$ m） $\tan\beta=1.7$（50 m$<H\leqslant$100 m） $\tan\beta=2.6$（100 m$<H\leqslant$300 m） $\tan\beta=2.74\sim3.6$（360 m$<H\leqslant$550 m） $\tan\beta=2.48+0.325n$（重采，n 为重采次数）	$\tan\beta=1.97-1.72\alpha/H_0$（不包括急倾斜煤层）
拐点偏移距	$S=0.14H$（$H\leqslant50$ m） $S=0.3H$（50 m$<H\leqslant$300 m）	$S=0.1H$（不包括急倾斜煤层）

表 7 – 2（续）

序　号	5	6
矿　区	鸡　西	阳　泉
地质采矿条件	侏罗系，主要为砂岩、砂质页岩、页岩，坚固性系数 $f = 3 \sim 10$。第四系厚 $2 \sim 10$ m，煤层厚度 $0.7 \sim 2.4$ m，煤层倾角 $3° \sim 24°$，采深 $23 \sim 456$ m，用走向长壁全部陷落法开采，少部分采用长壁带状充填法开采	石炭二叠系，主要为砂岩、砂质页岩，综合平均坚固性系数 $f = 7.6$。可采煤层总厚约 10 m，煤层倾角 $3° \sim 6°$，局部 $10° \sim 15°$。主要地貌为山地，山势陡峭，覆盖层很薄。采深 $50 \sim 450$ m，采用走向长壁全部陷落法开采
松散层移动角		$\varphi = 55°$（黄土层） $\varphi = 45°$（风化坡积物） $\varphi = 35°$（含水坡积物）
边界角	$\delta_0 = 63°$ $\beta_0 = 59°$ $\gamma_0 = 60.5°$	$\delta_0 = \beta_0 = \gamma_0 = 65°$（按下沉 10 mm 确定） $\delta_0 = \beta_0 = \gamma_0 = 50°$（按水平移动 10 mm 确定）
移动角	$\delta = 73.5°$ $\gamma = 70.8°$ $\beta = 67°$	$\delta = \gamma = \beta = 72°$（煤层及地表倾角小于 5°） $\delta = \gamma = 72°$，$\beta = 72° - 0.5\alpha$（煤层倾角大于 5°）
裂缝角	$\gamma'' = 83°$ $\beta'' = 80°$	$\delta'' = \gamma'' = \beta'' = 78°$
最大下沉角	$\theta = 90° - 0.64\alpha$（初次采动） $\theta = 98° - 0.75\alpha$（重复采动）	$\theta = 90° - 0.6\alpha$
开采影响传播角		
充分采动角		$\psi_1 = \psi_2 = \psi_3 = 55°$（$\alpha < 5°$） $\psi_1 = 58°$，$\psi_2 = 53°$，$\psi_3 = 55°$（$\alpha > 5°$）
下沉系数（初采、重采）	全陷初采： $q = 1.21 - 0.09 \ln H$（$32 \leqslant H \leqslant 365$） 全陷重采：$q = 0.75 \sim 0.80$	$q = 0.83$（反坡、山地） $q = 0.70$（正坡、平地） $q_1 = 1.1q$（一次重采） $q_2 = 1.15q$（二次重采）
水平移动系数	$b = 0.25 \sim 0.30$（$200 \leqslant H \leqslant 400$） $b = 0.20 \sim 0.25$（$80 \leqslant H \leqslant 200$） $b = 0.15 \sim 0.20$（$40 \leqslant H \leqslant 80$）	$b = 0.22$
主要影响角正切	$\tan\beta = 0.518 + 0.268 \ln H$ （35 m $\leqslant H \leqslant 365$ m）	$\tan\beta = 2.1$（初采） $\tan\beta = 2.5$（重采）
拐点偏移距	$S_1 = (0.2 \sim 0.35)H_1$ $S_2 = (0.12 \sim 0.28)H_2$ $S_3 = 0.20H_0$ $S_4 = (0.22 \sim 0.35)H_0$	$S = (0.2 \pm 0.02)H$（50 m $\leqslant H < 100$ m） $S = (0.12 \pm 0.03)H$（100 m $\leqslant H < 300$ m）

表7-2（续）

序　号	7	8
矿　区	枣　庄	平　顶　山
地质采矿条件	二叠系，以页岩、砂质页岩、薄层灰岩为主。可采6层，总厚10～11 m，煤层倾角0°～30°，大部分地区为8°～15°，采深36～300 m。采用走向长壁全部陷落法开采	石炭二叠系，为钙质页岩、页岩、砂质页岩及砂岩互层。第四系厚10～260 m，为残积、坡积、洪积物。可采10层，总厚约15 m，煤层倾角5°～50°，一般8°～12°，采深67～650 m。采用走向长壁全部陷落法开采
松散层移动角	$\varphi = 45°$	$\varphi = 45°(h:H_0 \geqslant 50\%$，$h$ 为第四系厚度$)$ $\varphi = 50°(h:H_0 < 50\%)$
边界角	$\delta_0 = \gamma_0 = 63°$ $\beta_0 = 70° - 0.7\alpha$	$\delta_0 = 54°$ $\beta_0 = 59° - 0.5\alpha$ $\gamma_0 = 60°$
移动角	$\delta = \gamma = 76°$ $\beta = 87° - \alpha$	$\delta = 68°$ $\gamma = 70°$ $\beta = 70° - 0.65\alpha$
裂缝角		
最大下沉角	$\theta = 90° - 0.6\alpha$	1. 基岩：$\theta_岩 = 90° - 0.75\alpha$ 2. 综合：$\theta = \arctan(\tan\theta_岩 \times H_0/H_岩)$ $(H_岩$ 为基岩厚，m$)$
开采影响传播角		$\theta = \arctan(\tan\theta_岩 \times H_0/H_岩)$
充分采动角	$\psi_1 = 59.9° - 0.5\alpha$ $\psi_2 = 56.3° + 0.43\alpha$	$\psi_1 = 60.5° - 0.87\alpha$ $\psi_2 = 57.5° + 0.34\alpha$
下沉系数（初采、重采）	$q = 0.75$	$q = 1.06e^{-0.479H_0/D_1}$　$(D_1$ 为工作面斜长，m$)$
水平移动系数	$b = 0.21$	
主要影响角正切		
拐点偏移距		

表 7-2（续）

序　号	9	10
矿　区	本　溪	双　鸭　山
地质采矿条件	石炭二叠系和侏罗系,以砂岩、页岩、砂页岩为主,坚固性系数 $f=3\sim6$,采深 $48\sim668$ m,煤层倾角 $5°\sim29°$,采用走向长壁全陷法开采	含煤地层为中生界侏罗系的城子河组及穆棱组。煤层直接顶和基本顶由粉砂岩、细砂岩、中砂岩组成,属中硬岩层。煤层倾角 $5°\sim20°$,采厚 $1\sim2.1$ m,采深 $45\sim250$ m,全部垮落法管理顶板,少数采用带状充填法开采
松散层移动角		
边界角	$\delta_0=69.5°$(初采) $\beta_0=62.2°$(初采)	$\delta_0=61°(H<100$ m$)$ $\delta_0=67°(H>100$ m$)$ $\beta_0=65°-0.76\alpha$ $\gamma_0=65°$
移动角	$\beta=73°$(初采)	$\delta=\gamma=70°$ $\beta=70°-0.25\alpha$ $\gamma=70°$
裂缝角		$\gamma''=83°$ $\beta''=89°-0.14H/m$
最大下沉角		$\theta=90°-0.64\alpha$
开采影响传播角	$\theta=11.2°-1.95\alpha$	$\theta=90°-0.64\alpha$
充分采动角		$\psi_3=42°$ $\psi_2=55°$ $\psi_1=53°$
下沉系数（初采、重采）	$q=1.2-0.011Q$(Q 为上覆岩层砂岩所占百分数) $q_1=0.05$(一次重采)	$q=0.66$(中硬) $q=0.50$(有玄武岩时) $q=0.72$(中硬偏软)
水平移动系数	$b=-2.043+0.57\ln Q$(Q 为砂岩所占百分数)	$b=0.02\alpha+0.04$($\alpha=6°\sim15°$,安邦河区、扁食河区) $b=0.39$(七星河区、厚冲击岩时)
主要影响角正切	$\tan\beta=2.0$(初采) $\tan\beta=2.6$(重采)	$\tan\beta=1.56+0.005H$(中硬) $\tan\beta=0.93+0.005H$(中硬偏软)
拐点偏移距	$S=0.103H$(初采) $S=0.122H$(重采,边界未对齐)	$S_3=S_4=-0.19H_0$ $S_1=-0.13H_0$ $S_2=-0.17H_0$

表7-2（续）

序　号	11	12
矿　区	淮北（包括部分皖北矿区）	大　雁
地质采矿条件	冲积层为第四纪，第三纪，厚 $30 \sim 300$ m，煤系地层为石炭二叠纪，以砂岩、泥岩为主，硬度为中等，可采煤层 $1 \sim 5$ 层，煤厚 $1 \sim 14$ m，单层厚大多在 $2 \sim 4$ m，采深 $60 \sim 700$ m，以炮采为主，少数为综采	煤系地层属侏罗系上统，上覆第四系松散沉积物，厚度为 $10 \sim 30$ m，煤层倾角 $13° \sim 25°$，采深 $50 \sim 200$ m，岩性为软岩，开采方法为走向长壁全部垮落法
松散层移动角	$\varphi = 40°(h < 100$ m$)$ $\varphi = 42°(h > 100$ m$, m \geqslant 2.5$ m$)$ $\varphi = 45°(h > 100$ m$, m < 2.5$ m$)$	$\varphi = 38°$
边界角	$\delta_0 = \gamma_0 = 69°$ $\beta_0 = 69° - 0.7\alpha$ $\gamma_0 = 40°$	$\beta_0 = 43°$ $\gamma_0 = 24°$
移动角	$\delta = 73.0°$ $\gamma = 73.3°$ $\beta = 73° - 0.57\alpha$	$\delta = 63°$ $\gamma = 58°$ $\beta = 60°$
裂缝角	$\gamma'' = 67°$ $\delta'' = 78°$ $\beta'' = 78° - 0.4\alpha$	
最大下沉角		$\theta = 82°$
开采影响传播角	$\theta_{岩} = 94.09 - 0.89\alpha$（重采与初采相同）	$\theta_0 = 83°$
充分采动角	$\psi_1 = \psi_2 = \psi_3 = 60°$	$\psi_1 = 51°$ $\psi_2 = 59°$ $\psi_3 = 48°$
下沉系数（初采、重采）	$q = 0.5905 + 0.117D_0/H_0 + 0.5198h/H_0 - 0.0001H_{基} \pm 0.104$ $q_1 = 0.18$（一次重采）	
水平移动系数	$b = 0.2801 + 0.0037\alpha$ 或 $b = 0.225 + 0.2116h/H_0$ $b_{重} = b_{初}$	
主要影响角正切	$\tan\beta = 1.593 + 0.17564h/H + 0.0004H - 0.0088\alpha \pm 0.28$（重采 $\tan\beta$ 较初采增加 0.25）	
拐点偏移距	$S_2 = (-0.1949 - 0.2341 \lg D_0/H_0 + 0.11h/H_2)H_2$ $S_1 = (-0.1531 - 0.088 \lg D_0/H_0 + 0.1355h/H_1)H_1$	

表 7 - 2（续）

序　号	13	14
矿　区	铜　川	乌鲁木齐
地质采矿条件	煤系地层为石炭二叠系，上覆岩层主要为砂岩、泥岩、砂质泥岩，松散层为第四纪黄土，厚度为 0～200 m，采厚 1.3～5.0 m，煤层倾角 6°～10°，采深 150～500 m，采用全向长壁全部垮落法开采	侏罗系，主要为砂岩、砂质页岩、泥岩。第四系厚 20～30 m，可采煤层 33 层，总厚 130～170 m，煤层倾角 60°～88°，采深 70～200 m，采用仓储式采煤法
松散层移动角	$\varphi = 64°$	
边界角	$\delta_0 = 69°$ $\gamma_0 = 80°$	
移动角	$\delta = 80°$ $\gamma = 84°$	顶板 35° 底板 65° 走向 70°
裂缝角		
最大下沉角	$\theta = 90° - 0.6\alpha$	
开采影响传播角		
充分采动角		
下沉系数（初采、重采）	$q = (H_{土} + 0.765 H_{岩})/H_0$	
水平移动系数		
主要影响角正切		
拐点偏移距		

表 7-2 (续)

序　号	15	16
矿　区	开　滦	萍乡、高安
地质采矿条件	煤系地层为石炭二叠系，上覆岩层主要为砂岩、砂质页岩、页岩及泥岩。第四系松散层厚 15～250 m 不等，部分含水丰富。可采煤层 5～7 层，有薄、中厚及厚煤层，煤层倾角 10°～20°，局部为急倾斜及倒转	上三叠安源煤系，主要为砂岩、粉砂岩，东部上覆第三系红色砂砾层，底部为茅口灰岩含水层，可采煤层 5 层，总厚度 10 m 左右
松散层移动角	$\varphi = 45°$（黄土、黏土为主） $\varphi = 35°$（含水砂层为主） $\varphi = 30°$（流砂层为主）	$\varphi = 55°$ $\varphi_{砂} = 55°$
边界角	$\delta_0 = 55°$ $\beta_0 = 40° - 0.6(\alpha - 40°)$ $(28° \leqslant \beta_0 \leqslant 55°)$ $\gamma_0 = 46° + 0.5(H - 50)$ $(30° \leqslant \gamma_0 \leqslant 55°)$	$\delta_0 = 60°$ $\beta_0 = 60° - 0.6\alpha$ $\gamma_0 = 46°$
移动角	$\delta = 70°$ $\beta = 72° - 0.67\alpha (30° \leqslant \beta \leqslant 72°)$ $\gamma = 55° + 0.5(H - 50)$ $(35° \leqslant \gamma \leqslant 72°)$	$\delta = \gamma = 74°$ $\beta = 74° - 0.8\alpha (20° \leqslant \alpha \leqslant 40°)$ $\beta = 74° - \alpha$ $(\alpha < 20°)$
裂缝角	$\beta'' = 74° - 0.59\alpha$ $(33° \leqslant \alpha \leqslant 74°)$	$\delta'' = 75°$ $\gamma'' = 53°$ $\beta'' = 42°$
最大下沉角	$\theta = 90° - 0.6\alpha (\alpha \leqslant 55°)$ $\theta = 57° - 0.8(\alpha - 55°)(\alpha > 55°)$	$\theta = 90° - 0.95\alpha$
开采影响传播角		
充分采动角		
下沉系数（初采、重采）	$q = 0.74$（缓倾斜） $q = 0.11$（急倾斜）	$q = 0.64$ $q = 0.48$（上覆岩层有第三系红色砂砾层 80 m） $q_1 = 1.1$
水平移动系数	$b = 0.34$（缓倾斜） $b = 0.96$（急倾斜）	$b = 0.3$
主要影响角正切	$\tan\beta = 1.8 \sim 2.0$（上山） $\tan\beta = 1.4 \sim 1.6$（下山）	
拐点偏移距		

表 7 - 2（续）

序　号	17	18
矿　区	英　岗　岭	盘　江
地质采矿条件	二叠纪乐平煤系,主要为砂岩、泥岩互层。松散层 0 ~ 8 m,为第四纪红土,开采煤层 6 号煤,平均厚度 1.6 m,倾角 9°,采深 287 ~ 303 m	三叠系,主要为砂岩、泥岩。煤层倾角 10°。主要地貌为山地。采深 129 ~ 290 m,采用走向长壁全部垮落法开采,煤层厚度 2 ~ 6 m,倾角 2° ~ 10°
松散层移动角		
边界角	$\delta_0 = 60°$ $\beta_0 = 68°$	$\delta_0 = 59.5°$ $\beta_0 = 63.5°$ $\gamma_0 = 54°$
移动角	$\delta = 73°$ $\beta = 70°20'$	$\delta = 65.5°$ $\gamma = 59.5°$ $\beta = 67.5°$
裂缝角	$\beta'' = 80°$	
最大下沉角	$\theta = 89°$	$\theta = 80°$
开采影响传播角		
充分采动角		
下沉系数（初采、重采）	$q = 0.633$	
水平移动系数	$b = 0.254$	
主要影响角正切		
拐点偏移距		

表7-2（续）

序 号	19	20
矿 区	澄 合	西 山
地质采矿条件	石炭二叠纪煤田,松散层为黄土,基岩为砂岩、粉砂岩、砂质泥岩和泥岩互层缓倾斜煤层,采用走向长壁全部垮落法开采。煤层厚度2.6 m,煤层倾角2°~10°	石炭二叠系,主要为砂岩、砂质泥岩,主要可采煤层6层,总厚度约16~18 m,倾角一般3°~8°,局部10°~20°。主要地貌为山地,山势陡峭,地形起伏剧烈,盖上厚度变化较大,采深一般小于400 m,大多为100~300 m。采用走向长壁全部陷落法开采
松散层移动角	$\varphi = 43°$	$h = 10$ m,$\varphi = 45°$ $h = 10 \sim 20$ m,$\varphi = 50°$ $h = 20 \sim 40$ m,$\varphi = 55°$ $h = 40 \sim 60$ m,$\varphi = 60°$ $h \geqslant 60$ m,$\varphi = 65°$ 如松散层含水量较大,上述φ值应减少5°
边界角	$\delta_0 = 72.59° - 27.513°h/H_0$ $\beta_0 = 70.444° - 30.39°h/H_0$ $\gamma_0 = 76.590° - 25.644°h/H_0$	$\alpha \leqslant 5°, H \leqslant 100$ m 时,$\delta_0 = \beta_0 = \gamma_0 = 55°$ 100 m $< H < 300$ m 时,$\delta_0 = \beta_0 = \gamma_0 = 60°$ $H \geqslant 300$ m 时,$\delta_0 = \beta_0 = \gamma_0 = 65°$ $\alpha > 5°, \delta_0 = \gamma_0, \beta_0 = \delta_0 - 0.5\alpha$
移动角	$\delta = 78.164° - 46.571°h/H_0$ $\beta = 75.869° - 14.451°h/H_0$ $\gamma = 76.003° - 15.553°h/H_0$	$\alpha \leqslant 5°, H \leqslant 100$ m 时,$\delta = \beta = \gamma = 68°$ 100 m $< H < 300$ m 时,$\delta = \beta = \gamma = 72°$ $H \geqslant 300$ m 时,$\delta = \beta = \gamma = 76°$ $\alpha > 5°, \delta = \gamma, \beta = \delta - 0.6\alpha$
裂缝角	$\delta'' = 85.322° - 21.14°h/H_0$ $\beta'' = 76.280° - 10.563°h/H_0$ $\gamma'' = 79.151° - 13.34°h/H_0$	$\alpha \leqslant 5°, H \leqslant 100$ m 时,$\delta'' = \beta'' = \gamma'' = 70°$ 100 m $< H < 300$ m 时,$\delta'' = \beta'' = \gamma'' = 75°$ $H \geqslant 300$ m 时,$\delta'' = \beta'' = \gamma'' = 80°$ $\alpha > 5°, \delta'' = \gamma'', \beta'' = \delta'' - 0.6\alpha$
最大下沉角	$\theta = 87°$	$\theta = 90° - 0.8\alpha(\alpha \leqslant 3°)$ $\theta = 90° - 0.6\alpha(\alpha > 3°)$
开采影响传播角	$\beta = 90° - K\alpha$	本区煤倾角较小,开采影响传播角与最大下沉角可取相同值
充分采动角		走向充分采动角 $\psi_3 = 58° \pm 3°$ 下山充分采动角 $\psi_1 = \psi_3 - 0.5\alpha$ 上山充分采动角 $\psi_2 = \psi_3 + 0.5\alpha$ 开采深厚比 $H/M < 30$,覆岩性质较软的用上限值 开采深厚比 $H/M > 30$,覆岩性质较硬的用下限值
下沉系数（初采、重采）		在充分采动条件下,下沉系数为 $q = 0.8 \pm 0.1$,式中上限用于重复开采或工作面宽深比 $L/H > 1.0$,下限用于工作面宽深比 $L/H < 0.3$ 的极不充分采动条件

表7-2（续）

序　号	19	20
矿　区	澄　　合	西　　山
水平移动系数		在充分采动条件下地表水平移动系数： ① 开采深厚比 $H/M < 30$；或采深 $H < 50$ m 且地表为马兰黄土新地或厚度较大的风化松散层时，$b = 0.4$ ② 初次开采深厚比 $H/M > 100$ 且地表为基岩，或风化层厚度小于 2 m，或地表有植被的砂质黏土层，$b = 0.25$ ③ 一般条件下，$b = 0.33$
主要影响角正切	$\tan\beta = 0.209$	在充分采动条件下，$\tan\beta = 2.0 \pm 0.2$，上限用于开采深厚比 $H/M < 30$ 或采深 $H < 50$ m 且地表松散层较厚的条件，下限用于 $H/M > 100$ 或地表松散层较薄的条件
拐点偏移距	$S = (0.01 \sim 0.14)H$	在充分采动条件下，拐点偏移距 $S_i = (0.1 \pm 0.05)H_i$。上限为深厚比 $H/M < 30$ 且顶板较硬条件；下限为深厚比 $H/M > 50$ 且顶板较软条件，一般取 $S_i = 0.1H_i$，i 取值为1、2、3、4

表7-3　不同条件下松散层移动角 φ 值

松散层厚度 $h/$m	干燥、不含水/(°)	含水较强/(°)	含流砂层/(°)
<40	50	45	30
40 ~ 60	55	50	35
>60	60	55	40

7.2.3　重复采动时的地表移动参数

表7-1和表7-2所列参数除注明者外，均属垮落法管理顶板、初次采动条件下的参数。煤层群开采（或厚煤层分层开采）时，若下层煤开采的影响超过上层煤开采时已经移动的覆岩，则地表受下层煤开采的重复采动参数按以下方法计算。

1. 下沉系数

表7-2列入了部分矿区初次和重复采动条件下的地表移动参数，可供类似矿区选择使用。

（1）方法一。对于不同岩性的覆岩，各次重复采动条件下的下沉活化系数见表7-4。利用表7-4中系数计算的 q 值对于非厚含水层条件下应小于1.1。利用表中数据，分别按式（7-1）和式（7-2）计算一次和二次重复采动下沉系数：

$$q_{复1} = (1 + a)q_{初} \tag{7-1}$$

$$q_{复2} = (1 + a)q_{复1} \tag{7-2}$$

式中　　　　　a——表7-4中所列的下沉活化系数；

$q_{初}$——初次采动下沉系数；

$q_{复1}$、$q_{复2}$——一次重复采动、二次重复采动下沉系数。

（2）方法二。采用式（7-3）计算重复采动下沉系数：

$$q_{复} = 1 - \frac{(H_2^2 - H_1^2)(1 - q_{初})M_2}{H_1 H_2} - k\frac{(1 - q_{初})M_1}{M_2} \qquad (7-3)$$

$$k = 0.2453 \exp\left\{0.00502\frac{H_1}{M_1}\right\} \quad \left(31 < \frac{H_1}{M_1} \leqslant 250.4\right)（中硬覆岩）$$

$$k = -27.5807 + 0.6294\frac{H_1}{M_1} \quad （厚含水冲积层地区，如淮北）$$

式中　H_1、H_2——第一层煤和第二层煤与基岩面的距离，m；

　　　M_1、M_2——第一、二层煤的采厚，m；

　　　$q_{初}$——第一层煤开采时的下沉系数；

　　　k——系数。

表7-4　按覆岩性质区分的重复采动下沉活化系数 a

岩　性	一次重复采动	二次重复采动	三次重复采动	四次及四次以上重复采动
坚硬	0.15	0.20	0.10	0
中硬	0.20	0.10	0.05	0

2. 水平移动系数

重复采动条件下，水平移动系数与初次采动相同，即

$$b_{复} = b_{初}$$

3. 主要影响范围角正切

重复采动时 $\tan\beta$ 较初次采动增加 0.3 ~ 0.8。

对于中硬岩层可按式（7-4）计算：

$$\tan\beta_{复} = \tan\beta_{初} + 0.06236\ln H - 0.017 \qquad (7-4)$$

式中　$\tan\beta_{初}$——初次采动时主要影响范围角正切；

　　　$\tan\beta_{复}$——重复采动时主要影响范围角正切；

　　　H——第二层煤的采深，m。

4. 拐点偏移距

重复采动时拐点偏移距与上、下工作面的相对位置有关。当上、下工作面对齐时，一般认为重复采动时的拐点偏移距小于初次采动时的拐点偏移距。

对于中硬覆岩，当上、下工作面对齐时，可采用式（7-5）计算重复采动时的拐点偏移距：

$$S_{复} = S_{初} f\left(\frac{H}{M}\right) \qquad\qquad (7-5)$$

$$f\left(\frac{H}{M}\right) = 0.4263 + 9.36 \times 10^{-4} \frac{H}{M} \quad （在上山侧）$$

$$f\left(\frac{H}{M}\right) = 0.4644 \ln \frac{H}{M} - 0.81 \quad （在走向侧）$$

式中　　　$S_{复}$——重复采动时的拐点偏移距，m；

　　　　　$S_{初}$——初次采动时的拐点偏移距，m；

　　　$f(H/M)$——系数函数；

　　　　　H——第二层煤的采深，m；

　　　　　M——第二层煤的采厚，m。

也可采用式（7-6）和式（7-7）直接计算上山侧和走向侧重复采动时的拐点偏移距：

$$S_1 = 1.13 - 0.1562 \frac{H}{M} \quad \left(30 \leqslant \frac{H}{M} \leqslant 160\right)（在上山侧） \qquad (7-6)$$

$$S_{2,4} = 95.38 - 27.676 \ln \frac{H}{M} \quad \left(30 \leqslant \frac{H}{M} \leqslant 169\right)（在走向侧） \qquad (7-7)$$

5. 影响传播角、最大下沉角

重复采动时的影响传播角较初次采动增加 1°～5°（$10° \leqslant \alpha \leqslant 30°$）。

重复采动时最大下沉角较初次采动增大，其增大值为：坚硬覆岩，增大 $(0.05 \sim 0.20)\alpha$；中硬覆岩，增大 0.15α；软弱覆岩，增大 0.1α。

6. 边界角、移动角

重复采动时，边界角减小 2°～7°，移动角减小 5°～10°。

7. 充分采动角、超前影响角、最大下沉速度角

重复采动时，充分采动角增大 1°～5°，超前影响角减小 10°～15°，最大下沉速度角增大 5°～10°。

表7-3 和表7-4 是根据各主要矿区的实测资料综合分析得出的，多属中硬岩性、缓倾斜及倾斜煤层、中等开采深度（$H_0 < 350$ m）等条件。选用参数时，还应根据本矿区的特点，综合分析选定。

7.2.4 覆岩离层注浆减沉工程案例技术参数和减沉效果参数

覆岩离层注浆是一种基于覆岩移动规律而提出的减损开采煤矿注浆新技术。工作面煤层开采后，覆岩产生垮落带、裂缝带和弯曲下沉带。在弯曲下沉带形成过程中，当覆岩中存在上部岩层坚硬关键层或亚关键层、下部岩层松软的特殊地层结构时，将出现下部岩层下沉速度大于上部岩层下沉速度，从而形成在特定时间上下层的下沉差（即离层）。覆岩离层注浆就是利用这个特殊地层结构和特定

时间向离层空间充填浆液，以支撑上覆岩层、降低地表移动与变形。

该技术自20世纪90年代首先在辽宁抚顺老虎台煤矿成功应用，之后在山东兖州东滩矿、济宁二号井、枣庄田陈矿、新汶华丰矿、微山崔庄矿，安徽淮南李一矿、淮北刘店矿，山西长治赵庄二号井、潞安夏店矿，内蒙古鄂尔多斯门克庆矿等矿区煤矿进行了广泛应用。根据各矿试验结果，覆岩离层注浆技术在特定地质结构、非充分开采、多钻孔和大注系比条件时减沉效果较好。我国煤矿9个工作面覆岩离层注浆技术参数和减沉效果见表7-5，可为类似地质条件的采煤工作面覆岩离层注浆提供参考。

表7-5 9个工作面覆岩离层注浆技术参数和减沉效果

序　号	1	2	3	4	5
矿　区	长治	潞安	东胜	兖州	兖州
煤　矿	赵庄二号井	夏店矿	门克庆矿	东滩矿	东滩矿
工作面	2309 二段	3117	3101	14307（东）	14308（东）
采厚/m	4.2	5.93	4.92	5.6 ~ 6.9	5.6 ~ 6.9
煤层倾角/(°)	2 ~ 10	10	1 ~ 4	1 ~ 5	1 ~ 5
采深/m	490 ~ 510	450	693 ~ 721	580	580
推进长度/m	303.4	234	850	800 ~ 930	800 ~ 930
采宽/m	155.6	187	260	178.5 ~ 186	178.5 ~ 186
采煤方法	长壁综放	长壁综放	长壁综采	长壁综放	长壁综放
减沉方法	离层注浆	离层注浆	离层注浆	离层注浆	离层注浆
松散层厚度/m	15	20	28	110	110
覆岩岩性	坚硬			中硬	中硬
关键层距煤层高度/m	主 273 亚Ⅱ 109	主 183 亚Ⅰ 165	主 364 亚Ⅱ 228		
注浆层位	亚Ⅱ关键层下方离层	主、亚Ⅰ关键层下方离层	亚Ⅱ关键层下方离层	侏罗系底部，距煤层200 m	侏罗系底部，距煤层200 m
采出体积/万 m³	19.8	37.5	108.7		40.2
压实湿灰体积/万 m³	8.89	17.98	56.3		6.9（干灰量）
注采比	0.45	0.48	0.52		0.17
预计下沉/mm	625		610	53 ~ 1979	2286
实测下沉/mm	97	86	109	28 ~ 1159	1496
注浆减沉率/%	84.5		80	平均41.6	34.6
备　注	非充分采动		煤矸消纳、减沉和防冲		

表 7-5（续）

序　号	6	7	8	9
矿　区	淮北	淮北	淮南	济宁
煤　矿	刘店矿	刘店矿	李一矿	崔庄矿
工作面	1044	1042	$W_石 W - 602C13$ 第一分层	$73_上 01$
采厚/m	3	3.2	2	4.3
煤层倾角/(°)	9	9	19	4
采深/m	570~670	570~670	599	230~260
推进长度/m	490	420	394	注浆段 380
采宽/m	150	145	100~150	151
采煤方法	长壁综采	长壁综采	长壁综采	长壁综放
减沉方法	离层注浆	离层注浆	离层注浆	离层注浆
松散层厚度/m	350	350	35	70~80
覆岩岩性	坚硬	坚硬	中硬	中等偏软
关键层距煤层高度/m	主　231 亚　149	主　231 亚　149	主　200 亚　150	无典型关键层
注浆层位	亚及下方关键层 离层	亚及下方关键层 离层	煤层上方 107~200 m	煤层上方 100 m
采出体积/万 m³	65.4		4.0	31.22
压实湿灰体积/万 m³	11.2（干灰量）	14.3（干灰量）	0.4	12.28
注采比	0.39		0.10	0.39
预计下沉/mm	1500		注浆位置 185	1084
实测下沉/mm	298		注浆位置 102	151
注浆减沉率/%	80		45	86
备　注	首采区首采面	与首采面隔离煤柱 25~54 m		非典型关键层

7.3 覆岩破坏实测数据

现将《建筑物、水体、铁路及主要井巷煤柱留设与压煤开采规范》修订过程中调研获得的我国煤矿 138 组工作面的地质采矿条件和覆岩破坏"两带"高度实测数据列于表 7-6，供类似条件工作面煤柱留设与压煤开采设计时参考。

表 7-6 138 组工作面覆岩破坏"两带"高度实测数据

序 号	1	2	3	4	5	6	7	8	9
矿 区	大　屯				淮　南				
煤 矿	姚桥煤矿	姚桥煤矿	孔庄煤矿	徐庄煤矿	顾北煤矿				
工作面	7507	8503	7192	8172	1232(3)	1242(1)	1212(1)	1312(1)	12326
采厚/m	4.9	2.5	5	4.49	3.5	3.1	3.04	3.6	2.8
覆岩岩性	中硬	中硬	中硬	中硬	软弱-中硬	坚硬	坚硬	坚硬	中硬
采煤方法	综放	综放	综放	综放	一次采全高	一次采全高	一次采全高	一次采全高	一次采全高
煤层倾角/(°)	5	7	23	21.6	5	5	5	5	5
采深/m	355~390	296~369	183~241	197~296					
松散层厚度/m	135.1	131	137.5	105	460.5~487	472.6~495	467.1~486.4	441~442.5	446.4~448
垮落带高度/m		16.5	32		17.33	16.92	11.99	11	9
导水裂缝带高度/m	63.6		61.1	84.2	24.09	23.51	35	37	25
观测方法	井下钻孔、双端堵水器观测	井下钻孔、双端堵水器观测	钻孔电视、冲洗液漏失量法	井下仰斜孔、冲洗液漏失量法	地面钻孔探查	地面钻孔探查	井下网络并行电法	井下网络并行电法	井下网络并行电法
备 注									

表 7-6（续）

序 号	10	11	12	13	14	15	16	17	18
矿 区	淮 南								
煤 矿	丁集矿		潘一矿（中央区）						
工作面	1141(3)	1262(1)	1421(3)			1412(3)		1402(3)	1401(3)
采厚/m	2.88	2.6	3	3	3.4	3.4	3.4	2.2	1.8
覆岩岩性	中硬	中硬	软弱	软弱	软弱	软弱	软弱	软弱	软弱
采煤方法	一次采全高	一次采全高	综采	综采	综采	综采	综采	综采	普采
煤层倾角/(°)	0~15	0~8	6	6	6	4	4	6	5
采深/m			437.1	423.1	422	445.37	427.82	414.6	405
松散层厚度/m	510~520	500~520	336.2	334.8	335.8	349.07	348.5	338.2	335.85
垮落带高度/m	14~16	13.8~18.5	10.9	15.64	11.92	11.27	16.24	7.3	6.0
导水裂缝带高度/m	46.5~55	44.5~57.5	47.55	30.29	32.83	48.9	45.1	35.4	22.6
观测方法	高密度电阻率法	钻孔观测	地面钻孔探查			地面钻孔探查		地面钻孔探查	地面钻孔探查
备 注									

序 号	19	20	21	22	23	24	25	26	27
矿 区	淮 南								
煤 矿	潘一矿（中央区）		潘一矿（东区）	潘 二 矿					
工作面	$140_2$1(3)	$140_2$2(3)	1231(1)	1102(3)	1201(1)	12128	12118	12027	12117
采厚/m	2	2.2	2.7	3	1.8	3	3	2.4	2.4
覆岩岩性	软弱	软弱	坚硬	中硬	中硬	中硬	中硬	软弱	中硬
采煤方法	普采	普采	一次采全高	炮采	炮采	炮采	炮采	炮采	炮采
煤层倾角/(°)	5	5	4	18	19.5	18	17	17	17
采深/m	389.8	391.2	520	316.3	320.3	351.3	357.7	336.4	362.8
松散层厚度/m	332.43	338.17	213	247.6	247.5	277.2	263.7	270.4	261
垮落带高度/m	7.7	6.7	8	6.6	12.7	10.7	10.7	7.1	21.6
导水裂缝带高度/m	17.6	19.4	31	31.6	33	37	44.9	27.3	50.6
观测方法	地面钻孔探查	地面钻孔探查	井下网络并行电法	地面钻孔探查	地面钻孔探查	地面钻孔探查	地面钻孔探查	地面钻孔探查	地面钻孔探查
备 注									

表7-6（续）

序 号	28	29	30	31	32	33	34	35	36
矿 区	淮 南								
煤 矿	潘二矿		潘 三 矿						潘四东矿
工作面	16028		1221(3)	1211(3)	1622(3)	1612(3)	1711(3)	17010(3)	11113顶
采厚/m	3	3	3.4	3.3	3.8	3.8	3.4	3.5	3
覆岩岩性	中硬	中硬	中硬	中硬	中硬	中硬	坚硬	坚硬	中硬
采煤方法	炮采	炮采	综采	综采	一次采全高	一次采全高	综采	普采	分层开采
煤层倾角/(°)	6	6	9	13	7	7	4	3	16
采深/m	335	360							
松散层厚度/m	295.2	295	398~420	396~420	450~461	434~468	358~362	362~364	340
垮落带高度/m	10.5	10	15/17	14.5	12	11	11.6/16.3	13	7.8
导水裂缝带高度/m	32	38	32.2/40.2	30.9	50	43	70.7/75.8	48	30.6
观测方法	地面钻孔探查		地面钻孔探查	地面钻孔探查	井下网络并行电法	井下网络并行电法	地面钻孔探查	地面钻孔探查	地面钻孔探查
备 注									

序 号	37	38	39	40	41	42	43	44	45
矿 区	淮 南								
煤 矿	张 集 煤 矿							谢桥煤矿	
工作面	1221(3)		1212(3)		1215(3)	1611(3)	17116	1121(3)	
采厚/m	3.7	3.7	2.6	3.8	4	6	3.8	6	5.2
覆岩岩性	中硬		中硬		中硬	中硬	软弱	中硬	
采煤方法	一次采全高		一次采全高		一次采全高	一次采全高	一次采全高	综放	
煤层倾角/(°)	7		6		6	10	4	13	
采深/m	584	598	443	450	429	442	446	534.8	514.8
松散层厚度/m	335	335	372.5	372.5	372	382	417	370	374
垮落带高度/m	14.6	16.2	10.9	14.5	14.7	12.5	15/17	20.5	
导水裂缝带高度/m	57.5	60.1	52.2	49.1	52	41	30	67.9	46
观测方法	地面钻孔探查		地面钻孔探查		地面钻孔探查	地面钻孔探查	地面钻孔探查	地面钻孔探查	
备 注									

表 7-6（续）

序　号	46	47	48	49	50	51	52	53	54
矿　区	淮　南				淮　北			皖　北	
煤　矿	谢桥煤矿				桃园煤矿	张庄煤矿	朱仙庄煤矿	任楼煤矿	五沟煤矿
工作面	1121(3)		1211(3)		1031	514	865	7212	1017
采厚/m	4.8	5	4	4	3.7	3.5	13.4	4.7	3.5
覆岩岩性	中硬		中硬		中硬	中硬	中硬	中硬	中硬
采煤方法	综放		综放		一次采全高	一次采全高	综放	综放	一次采全高
煤层倾角/(°)	13		13			11	15	17	
采深/m	499.9	490.1	445.8	483.2	326~442		480		
松散层厚度/m	374.1	363	372.9	369.3					
垮落带高度/m	21.5	32.2	22.7	30.7	11.7	8.1	55.6	21	
导水裂缝带高度/m	54.8	73.3	38.8	45	54.3	34	130.8	56	48.4
观测方法	地面钻孔探查		地面钻孔探查					井下仰斜孔观测	
备　注									

序　号	55	56	57	58	59	60	61	62	63
矿　区	潞安	朔南	晋　城					西山	
煤　矿	郭庄煤矿	麻家梁矿	东　峰　煤　矿				王坡煤矿	镇城底矿	斜沟煤矿
工作面	2309	14101	3111	3110	3114	3108	3302	28103	18102
采厚/m	6.5	5~11	5.8	5.9	5.9	5.9	5.8	4.5	5.8
覆岩岩性	坚硬	中硬	坚硬	坚硬	坚硬	坚硬	坚硬	中硬	中硬
采煤方法	综放	综放	综放	综放	综放	综放	综放	一次采全高	一次采全高
煤层倾角/(°)	14	2~4	4~8	2~7	2~8	1~7		11	9~11
采深/m	390	500~628	130~180	270~295	150~170	250~290	552~615	308	233~463
松散层厚度/m	45	260~279	19	21	20	19			
垮落带高度/m	23.8	74.9	11.4	12.6	11.9	11.8	22.9	16.7	
导水裂缝带高度/m	103	220.5	97.6	105.4	98.5	102.3	104.9	58	74.8
观测方法	地面打钻	钻孔冲洗液漏失量观测	钻孔分段注水法	钻孔分段注水法				井下仰斜孔观测	井下钻孔压水实验
备　注									

表7-6（续）

序　号	64	65	66	67	68	69	70	71	72
矿区		郑州		焦作		开滦			邢台
煤矿		超化煤矿		赵固二矿	唐山煤矿	东欢坨煤矿	钱家营矿	林南仓煤矿	邢台煤矿
工作面		22081		（二₁煤层）	T2291	2186	1672	1221	7807
采厚/m	8.5	9	9	6.2	10	3.7	3	4	6.4
覆岩岩性	中硬 - 软弱	中硬	中硬 - 软弱	软弱	中硬	中硬	中硬	软弱	软弱
采煤方法	综放	综放	综放	一次采全高	综放	一次采全高	综采	综放	综放
煤层倾角/(°)	17	15	15	0 ~ 11	12	23	17	8	20
采深/m	372.5	368.93	365.12		636	360	484	232	300
松散层厚度/m	73.85	75.3	87.3		160	160	345	144	223
垮落带高度/m	30.66	26.4	28.12	15					9.5
导水裂缝带高度/m	148.2	159.49		51.4	161	56.8	40	33	28.5
观测方法				井下仰斜孔观测	钻孔冲洗液	双端堵水器	双端堵水器	双端堵水器	钻孔
备　注									

序　号	73	74	75	76	77	78	79	80	81
矿　区	铁法	阜新			兖州				
煤　矿	小康煤矿	兴阜煤矿		鲍店煤矿				南屯煤矿	
工作面	S1W3	N1N4	3417	1303	1316	6305	5306(2)	63上10	93上01
采厚/m	10.7	11.4	7.4	8.7	8.6	7.5	6.9	5.8	5.3
覆岩岩性	坚硬	坚硬	中硬	中硬	中硬	软弱	中硬	中硬	中硬
采煤方法	综放	综放	综放	综放	综放	综放	综放	综放	综放
煤层倾角/(°)	2 ~ 10	7 ~ 8	15	4 ~ 15	4 ~ 11		5	2 ~ 8	12 ~ 19
采深/m	580	460	690 ~ 840	352 ~ 517		367	335 ~ 398	342 ~ 394	476 ~ 607
松散层厚度/m			12						
垮落带高度/m			29.6					26	28
导水裂缝带高度/m	198.4	194.6	70	71	65.5	61.8	69.7	70.7	67.5
观测方法		巷探	井下仰斜孔观测					井下仰斜孔观测	EH4物探
备　注									

表 7-6（续）

序　号	82	83	84	85	86	87	88	89	90
矿　区	兖　州								
煤　矿	兴隆庄煤矿					济宁三号井煤矿			杨村煤矿
工作面	6302	4320	5306	2303(2)	1301	1031	1034	1301	301
采厚/m	4.2	8	7.1	7.8	6.4	6.8	3.7	6.3	6.4
覆岩岩性	中硬	中硬	中硬	中硬	中硬	中硬	软弱	中硬	软弱
采煤方法	综放	综放	综放	综放	综放	综放	综放	一次采全高	综放
煤层倾角/(°)		8	6~13	8	6~13			0~10	0~10
采深/m				255~318				445~515	
松散层厚度/m									
垮落带高度/m		36.8		27.6					34
导水裂缝带高度/m	53.4	86.8	74.4	44.2	72.9	80.2	42.3	68.6	62
观测方法	钻孔冲洗液漏失量	微震	井下仰斜孔观测		井下仰斜孔观测	钻孔冲洗液漏失量	钻孔冲洗液漏失量	钻孔冲洗液漏失量	瞬变电磁
备　注									

序　号	91	92	93	94	95	96	97	98	99
矿　区	兖州	龙口		肥城	枣庄		国投煤炭公司		淄博
煤　矿	东滩煤矿	梁家煤矿		白庄煤矿	付村煤矿	高庄煤矿	崔庄煤矿		唐口煤矿
工作面	1305	H2101	H2106	7507	3401	3509	3301	3302	2309
采厚/m	8.7	3.6	4.1	4.9	5.4	5.2	5	5.2	4.1
覆岩岩性	中硬	软弱	软弱	中硬	中硬	软弱	中硬	中硬	中硬
采煤方法	综放	综放	综放	综放	综放	综放	综放	综放	综放
煤层倾角/(°)	6	0~5	7		15	19	6	6	5
采深/m	560~640				420	370	200	210	915
松散层厚度/m									
垮落带高度/m	29.4								
导水裂缝带高度/m	78.8	30	38.8	63.6	61.5	49.4	59.6	66	50.9
观测方法			井下仰斜孔观测						井下仰上孔双端堵水器
备　注									

表7-6（续）

序号	100	101	102	103	104	105	106	107	108
矿区	山东裕隆矿业	巨野	多伦		平庄	神府			大雁
煤矿	唐阳煤矿	新巨龙煤矿	协鑫煤矿		老公营子煤矿	韩家湾矿	张家峁煤矿	张家峁煤矿	第三煤矿
工作面	3上109	1302N	1703-1		103	2304	14202	15201	IO128^{2}05
采厚/m	4.4	8.6	9.6	9.1	3.5	4.1	4	6.2	7.2
覆岩岩性	中硬	中硬	软弱	软弱	软弱			中硬	中硬
采煤方法	综放	综放	综放	综放	一次采全高	一次采全高	一次采全高	一次采全高	综放
煤层倾角/(°)	13	0~6	7	7		1~3	1~3	1~3	11
采深/m	460	850	302	310		125	39.5~104	88.6~133	515
松散层厚度/m						63	58	88.74	20~40
垮落带高度/m			54	51	6.7	1~1.5	9~12.4	10.5~14.9	22.68
导水裂缝带高度/m	65	94.7	112	111	36.7	104.58	32.36~72	72.5~89.6	80.84
观测方法		井下仰上孔双端堵水器	钻孔冲洗液漏失量	钻孔冲洗液漏失量		GPS快速静态相对定位	静态GPS测量技术	静态GPS测量技术	
备注									

序号	109	110	111	112	113	114	115	116	117
矿区	神南		黄陵					碎石井	乌海
煤矿	红柳林煤矿	红柳林煤矿	一号煤矿	二号煤矿	二号煤矿	建庄煤矿	建庄煤矿	灵新煤矿	公乌素煤矿
工作面	15204	25202	603	405	406	4^{-2}101	4^{-2}102	Q51405	1604
采厚/m	6.5	5.8	2.6	5.7	5.5	6.7	8.2	2.5	7.2
覆岩岩性			中硬-坚硬	中硬	中硬	中硬	中硬	中硬	中硬-坚硬
采煤方法	一次采全高	一次采全高	一次采全高	一次采全高	一次采全高	综放	综放	一次采全高	综放
煤层倾角/(°)	0~2	0~2	1~3	1~2	0~3	2~3	2~3	11	18
采深/m	166.6	151.4	280~400	590~730	340~460	370~608	466~590	258	106
松散层厚度/m	100.3	68.1	110	40.2	31.8	2.6	2.6	20	0.4
垮落带高度/m	34.5	30.5	14.8	21	20	24.3	24.3	15.62	21.81
导水裂缝带高度/m	70.5	60.7	65.5	66	65	81.6	81.6	57.62	79.63
观测方法	冲洗液漏失量、钻孔电视	冲洗液漏失量、钻孔电视	井上仰孔分段注水	井上仰孔分段注水	井上仰孔分段注水			钻孔冲洗液、彩色电视	钻孔冲洗液漏失量观测和孔壁成像
备注									

表 7-6（续）

序 号	118	119	120	121	122	123	124	125
矿 区	神 东						神华新疆能源有限责任公司	
煤 矿	大柳塔煤矿	活鸡兔井	补连塔煤矿	补连塔煤矿	锦界煤矿	沙吉海煤矿	碱沟煤矿	碱沟煤矿
工作面	52306	12上307	12406	12401	31104	B1003 W01	东+495m B3-6	东+495m B1+2
采厚/m	7.2	3.7	3.4~5.8	3.0~6.0	3.3	6.8	51.2	31
覆岩岩性	中硬	中硬	中硬	坚硬	中硬-坚硬			
采煤方法	一次采全高	一次采全高	一次采全高	一次采全高	一次采全高	综放	水平分层综放	水平分层综放
煤层倾角/(°)	1~3	1~3	1~3	1~3	1~2	10~16	83~87	83~87
采深/m	177	125	180~235	200~260	105	285	255	255
松散层厚度/m	14	1.6	8~27	1.5~34	44	25	10	10
垮落带高度/m	19.82		34~45	17.0~19.7	12.1	19.7	33.2	175.52
导水裂缝带高度/m	117.5	48.1	74~89	120~161	43.6	82.3	66.4	87.76
观测方法	实测	地表实测	钻探、抽水试验	钻探、抽水试验	实测	钻孔冲洗液漏失量法、彩色钻孔电视	地表观测	地表观测
备 注								

序 号	126	127	128	129	130	131	132	133	134
矿 区	神华新疆能源有限责任公司	彬 长					灵武	万利	韩城
煤 矿	宽沟煤矿	胡家河煤矿	大佛寺煤矿	大佛寺煤矿	大佛寺煤矿	下沟煤矿	枣泉煤矿	李家壕	桑树坪煤矿
工作面	I010201	401101	40108	40108	40108	2801	120201	31110	4310
采厚/m	12.4	13.5	11.22	12.55	12.12	9.9	8	4.03	8
覆岩岩性						中硬	软弱	中硬	坚硬
采煤方法	综放	综放	综放	综放	综放	综放	一次采全高	一次采全高	分层开采
煤层倾角/(°)	15	3	2~4	2~4	2~4	2	4~6	3	4~9
采深/m	354~560	530~680	350~500	350~500	350~500	316~347	120	210	264~423
松散层厚度/m	7.63	200	249.4	122.5	122.5		8	30	19.6
垮落带高度/m			33.6~56	37.6~62.7	36.3~60.6			12.4~25.9	15
导水裂缝带高度/m	294.96	225.4	202.2	189.1	202.2	125.8	62	53.29~65.86	85.27
观测方法	水平测量、三角高程测量	钻孔窥视	钻孔窥视	钻孔窥视	钻孔窥视			动态监测	
备 注									

表7-6（续）

序 号	135	136	137	138
矿 区	靖远	华 蓥 山		焦坪
煤 矿	大水头煤矿	龙滩煤矿	绿水洞煤矿	玉华煤矿
工作面	西202	3115 南	5632	1405
采厚/m	7.5	2.5	2.6	8
覆岩岩性	中硬	坚硬	中硬	中硬
采煤方法	综放	综采	一次采全高	综放
煤层倾角/(°)	7 ~ 12	15	4.5	5
采深/m	502 ~ 577	400	250	476
松散层厚度/m	0.5 ~ 32.5	0 ~ 12	6	11.8
垮落带高度/m	12.5	9.4	13	61
导水裂缝带高度/m	115.37	56.37	68.98	156
观测方法	钻孔注水法	钻空探测注水试验		钻探
备 注				

8 采空区地基稳定性评估和建设场地适宜性分区

8.1 地基稳定性评估

8.1.1 地基稳定性评估方法、适用条件和评估结果

（1）评估方法。采空区地基稳定性评估方法有地表移动变形值判别法、采空区稳定性分析法、煤（岩）柱稳定性分析法等。

（2）适用条件。根据采空区条件选择适宜的评估方法。对于长壁式开采采空区可采用地表移动变形值判别法、采空区稳定性分析法进行综合评价；对于条带开采、房柱式开采等采空区可采用地表移动变形值判别法、采空区稳定性分析法、煤（岩）柱稳定性分析法进行综合评价。

当评估区存在较大断层构造可能影响地表移动变形分布及大小时，应当对断层构造稳定性进行评估。

（3）评估结果。综合分析得出评估范围内每个区块的地基稳定性程度，按不利条件得出评估结果。地基稳定性分为稳定、基本稳定和不稳定三种结果。

8.1.2 地表移动变形值判别法

（1）地表移动变形值。地表移动变形值可通过选取地表移动变形计算参数采用概率积分法等计算（见本书地表移动变形计算及其参数求取方法）。

（2）地表残余移动变形值。地表残余移动变形值可通过选取地表残余移动变形计算参数采用概率积分法等计算，也可通过采空区探测确定的残余空间转换为等价采厚，再采用概率积分法计算。

通过选取地表残余下沉系数进行地表残余移动变形值计算时，计算开采厚度按实际煤层开采厚度考虑，地表残余下沉系数按式（8-1）计算：

$$q_{残} = (1-q) \cdot k \cdot \left[1 - \mathrm{e}^{-\left(\frac{50-t}{50}\right)}\right] \tag{8-1}$$

式中 $q_{残}$——残余下沉系数；

q——下沉系数；

k——调整系数，一般取为 $0.5 \sim 1.0$；

t——距开采结束时间，a。

通过采空区探测确定的残余空间转换为等价采厚计算地表残余移动变形值时，其下沉系数按本区相应开采方法和顶板管理方法的地表下沉系数选取。

（3）地基稳定性。依据计算得到的评估区内在建（构）筑物建设后可能产生的地表（残余）移动变形大小与分布情况，按地表（残余）移动变形数值范围对采空区地基稳定性进行评估，其地基稳定性评估准则见表8-1。

表8-1　按地表（残余）移动变形值评估采空区地基稳定性评估准则

稳定性程度	水平变形 $\varepsilon/(\mathrm{mm \cdot m^{-1}})$	曲率 $K/(10^{-3} \cdot \mathrm{m^{-1}})$	倾斜 $i/(\mathrm{mm \cdot m^{-1}})$	判定条件
稳定	$\varepsilon \leq 2.0$	$K \leq 0.2$	$i \leq 3.0$	同时具备
基本稳定	$2.0 < \varepsilon \leq 4.0$	$0.2 < K \leq 0.4$	$3.0 < i \leq 6.0$	具备其一
不稳定	$\varepsilon > 4.0$	$K > 0.4$	$i > 6.0$	具备其一

注：判定稳定性时应由不稳定到稳定以最先符合者确定。

8.1.3　采空区稳定性分析法

采空区稳定性分析法需计算覆岩破坏高度（即导水裂缝带高度）和建筑荷载影响深度，再根据采空区上覆岩层的最小开采深度，进行稳定性判别。

（1）覆岩破坏高度。覆岩破坏高度 H_p，可采用矿区已有的覆岩破坏高度实测资料或对评估区进行钻探实测取得。未进行覆岩破坏高度探测的矿区，覆岩破坏高度 H_p 可按《建筑物、水体、铁路及主要井巷煤柱留设与压煤开采规范》和本书第2章中导水裂缝带高度计算公式计算取得。

（2）建筑荷载影响深度。建筑荷载影响深度 H_y，按建筑荷载在该深度处地基中的附加应力等于该处地基中的自重应力的10%确定。当地面建筑对地表变形相对较为敏感时，可将计算附加应力等于相应位置处自重应力的5%作为建筑物荷载影响深度的计算标准。

地基中的自重应力用式（8-2）计算：

$$\sigma_\mathrm{c} = \gamma_1 h_1 + \gamma_2 h_2 + \cdots + \gamma_n h_n = \sum_{i=1}^{n} \gamma_i h_i \qquad (8-2)$$

式中　　　　　σ_c——地表下任意深度处的自重应力，kPa；

γ_1、γ_2、$\cdots$、γ_n——地基中自上而下各层土或岩石的容重，$\mathrm{kN/m^3}$；

h_1、h_2、$\cdots$、h_n——地基中自上而下各层土或岩石的厚度，m。

地下水位面也应当作为分层的界面，地下水位以下的土岩层取浮容重。地下水位以下如有隔水层，隔水层面及其下的自重应力应当按上覆岩土层的水土总重计算。

地基中的附加应力用式（8-3）计算：

$$\begin{cases} \sigma_z = K_z P_0 \\ P_0 = P - \gamma_0 D \end{cases} \qquad (8-3)$$

式中　K_z——各种荷载（矩形、圆形、三角形、条形等）下的竖向附加应力系数，可从《建筑地基基础设计规范》附录中查表求出；

　　　P_0——地表荷载作用于基础底面平均附加压力，kPa；

　　　P——作用于基础底面处竖向荷载，kPa；

　　　γ_0——基础底面标高以上各土层按厚度的加权平均容重，处于地下水位以下的土层取浮容重，kN/m^3；

　　　D——基础底面埋深，m。

当地表有多个荷载作用时，计算地基附加应力时应当考虑相邻荷载的迭加影响。

（3）地基稳定性分析。为保证覆岩破坏高度不会受到地表新建建（构）筑荷载扰动而重新移动，采空区最小开采深度（$H_{\min}$）应当满足式（8-4）：

$$H_{\min} > H_p + H_y + h \qquad (8-4)$$

式中　H_p——覆岩破坏（导水裂缝带）高度，m；

　　　H_y——建筑荷载影响深度，m；

　　　h——考虑计算误差的安全高度，m，一般取 5~20。

当采空区埋深满足式（8-4）时，采空区地基处于稳定状态；当实际采深不满足式（8-4）时，采空区地基处于不稳定状态。

8.1.4　煤（岩）柱稳定分析法

煤（岩）柱稳定分析法主要计算煤（岩）柱安全稳定性系数。采空区内煤（岩）柱安全稳定性系数（F_s）可按式（8-5）计算：

$$F_s = \frac{P_u}{P_s} \qquad (8-5)$$

式中　P_u——煤（岩）柱能承受的极限荷载，kN；

　　　P_z——煤（岩）柱实际承受的荷载，kN。

依据稳定性系数的大小，按表8-2的准则评估煤（岩）柱上方采空区地基稳定性。

表8-2　按煤（岩）柱安全稳定性系数评估采空区地基稳定性评估准则

稳定性	稳定	基本稳定	不稳定
稳定性系数 F_s	$F_s > 2.0$	$1.2 \leq F_s \leq 2.0$	$F_s < 1.2$

8.1.5 断层构造稳定性评估法

采用地质剖面法。沿垂直断层构造走向绘制地质剖面，推断断层在基岩与第四系松散层交界面的位置，再按松散层移动角向两侧划定地表影响范围。该范围圈定的区域为断层构造不稳定区域。

8.2 建设场地适宜性分区

8.2.1 基本要求

在煤矿开采沉陷区上兴建不同建（构）筑物时，应进行建设场地适宜性评估，针对不同保护等级的建（构）筑物，建立相应的建设场地适宜性分区评估准则。

8.2.2 分区准则

不同保护等级建（构）筑物的建设适宜性的分区准则，一般应当考虑建设目标的允许和极限地表变形值情况、采空区地基稳定性评估结果、防治措施难度及经济成本等因素。表8-3为建（构）筑物建设适宜性分区评估准则。

判定适宜性分区时，应由适宜性差区到适宜性好区以最先符合者确定。

表8-3 建（构）筑物建设适宜性分区评估准则

适宜性分区	采空区地基稳定性程度	地表下沉值 W/mm	地表最大变形值			判定条件	防治措施
			水平变形 $\varepsilon/$ $(mm \cdot m^{-1})$	曲率 $K/$ $(10^{-3} \cdot m^{-1})$	倾斜 $i/$ $(mm \cdot m^{-1})$		
适宜性好区	稳定	$\leq W_{允}$	$\leq \varepsilon_{允}$	$\leq K_{允}$	$\leq i_{允}$	同时具备	简易抗变形结构措施
适宜性中等区	基本稳定	$\leq W_{极}$	$\leq \varepsilon_{极}$	$\leq K_{极}$	$\leq i_{极}$	具备其一	抗变形结构措施、简易采空区治理措施或综合措施
适宜性差区	不稳定	$> W_{极}$	$> \varepsilon_{极}$	$> K_{极}$	$> i_{极}$	具备其一	采空区治理和抗变形结构措施或异地建设

注：1. $W_{允}$、$\varepsilon_{允}$、$K_{允}$、$i_{允}$ 分别为建设目标允许地表下沉值、水平变形、曲率、倾斜变形值。

2. $W_{极}$、$\varepsilon_{极}$、$K_{极}$、$i_{极}$ 分别为建设目标极限地表下沉值、水平变形、曲率、倾斜变形值。

8.2.3 适宜性分区

依据相应的评估准则进行适宜性分区。建设适宜性分为适宜性好区、适宜性中等区、适宜性差区三个等级，并给出工程建设建议及防治措施。

9 压煤开采经济评价的计算方法

9.1 增量净收益的计算方法

增量净收益按照式（9-1）计算：

$$\Delta R = \sum_{t=1}^{n} (\Delta CI - \Delta CO) \tag{9-1}$$

式中　ΔCI——增量现金流入；

　　　ΔCO——增量现金流出；

　　　n——计算期（$n \leqslant 3$ 年）。

9.2 增量净现值的计算方法

增量净现值按照式（9-2）计算：

$$\Delta NPV = \sum_{t=1}^{n} (\Delta CI - \Delta CO)(1 + i_c)^{-t} \tag{9-2}$$

式中　ΔCI——增量现金流入；

　　　ΔCO——增量现金流出；

　　　i_c——最低内部收益率，取值可等于同期银行利率；

　　　n——计算期（$n > 3$ 年；当 $n > 20$ 年时，取 $n = 20$ 年）。

9.3 增量净收益与增量净现值计算表

效益和费用能与原系统分开时，增量净收益与增量净现值按表 9-1 计算；效益和费用不易与原系统分开时，增量净收益与增量净现值按表 9-2 计算。

表 9-1　效益和费用能与原系统分开时增量净收益与增量净现值计算表

序号	项　目	合计	1	2	3	…	n
1	增量现金流入（ΔCI） (1.1 + 1.2)						
1.1	增量销售收入						
1.2	回收增量流动资金						

表9-1（续）

序号	项　目	合计	1	2	3	…	n
2	增量现金流出（ΔCO） （2.1+2.2+2.3+2.4+2.5+2.6）						
2.1	增量自有资金						
2.2	增量借款本金偿还						
2.3	增量借款利息支付						
2.4	增量经营成本 （2.4.1+2.4.2+…+2.4.7）						
2.4.1	增量材料费						
2.4.2	增量电费						
2.4.3	增量工资及福利						
2.4.4	增量修理费						
2.4.5	增量50%维简费						
2.4.6	增量地面塌陷补偿费						
2.4.7	增量措施费、科研费等其他费用						
2.5	增量销售税金及附加 （2.5.1+2.5.2+2.5.3+2.5.4）						
2.5.1	增量增值税						
2.5.2	增量城市建设维护费						
2.5.3	增量教育费及附加						
2.5.4	增量资源税						
2.6	增量更新改造投资						
3	增量净现金流量（$\Delta CI - \Delta CO$） （1-2）						
4	增量净收益 $\Delta R = \sum (\Delta CI - \Delta CO)$						
5	折现率$(1 + i_c)^{-t}$						
6	增量净现金流量现值（3×5） $(\Delta CI - \Delta CO)(1 + i_c)^{-t}$						
7	增量净现值 $\Delta NPV = \sum (\Delta CI - \Delta CO)(1 + i_c)^{-t}$						

表9-2 效益与费用不易与原系统分开时增量净收益与增量净现值计算表

序号	项 目	合计	1	2	3	…	n
1	新系统现金流入（$CI_{新}$） （1.1+1.2）						
1.1	销售收入						
1.2	回收流动资金						
2	新系统现金流出（$CO_{新}$） （2.1+2.2+2.3+2.4+2.5+2.6）						
2.1	自有资金						
2.2	借款本金偿还						
2.3	借款利息支付						
2.4	经营成本 （2.4.1+2.4.2+…+2.4.7）						
2.4.1	材料费						
2.4.2	电费						
2.4.3	工资及福利						
2.4.4	增量修理费						
2.4.5	50%维简费						
2.4.6	地面塌陷补偿费						
2.4.7	措施费、科研费等其他费用						
2.5	销售税金及附加						
2.6	更新改造投资						
3	新系统净现金流量（$CI_{新}-CO_{新}$） （1-2）						
4	原系统现金流入（$CI_{原}$） （4.1+4.2）						
4.1	销售收入						
4.2	回收流动资金						
5	原系统现金流出（$CO_{原}$） （5.1+5.2+5.3+5.4+5.5+5.6）						
5.1	自有资金						
5.2	借款本金偿还						
5.3	借款利息支付						

表9-2（续）

序号	项 目	合计	1	2	3	…	n
5.4	经营成本 （5.4.1+5.4.2+…+5.4.7）						
5.4.1	材料费						
5.4.2	电费						
5.4.3	工资及福利						
5.4.4	增量修理费						
5.4.5	50%维检费						
5.4.6	地面塌陷补偿费						
5.4.7	措施费、科研费等其他费用						
5.5	销售税金及附加						
5.6	更新改造投资						
6	原系统净现金流量（$CI_{原}-CO_{原}$） （4-5）						
7	增量净现金流量（$\Delta CI-\Delta CO$） （3-6）						
8	增量净收益 $\Delta R=\sum(\Delta CI-\Delta CO)$						
9	折现率$(1+i_c)^{-t}$						
10	增量净现金流量现值（7×9） $(\Delta CI-\Delta CO)(1+i_c)^{-t}$						
11	增量净现值 $\Delta NPV=\sum(\Delta CI-\Delta CO)(1+i_c)^{-t}$						

附1　专用名词解释

岩层移动：因采矿引起围岩的移动、变形和破坏的现象和过程。

地表移动：因采矿引起的岩层移动波及地表而使地表产生移动、变形和破坏的现象和过程。

保护煤柱：为了保护建筑物（构筑物）、水体、铁路及主要井巷而在其下方按一定规则和方法设计并保留不采的煤层和岩层区段。

建筑物（构筑物）、水体、铁路压煤：建筑物（构筑物）、水体、铁路下需要采取一定技术措施才能开采的或者保留不采的煤炭资源，简称"三下"压煤；其压煤开采，称为"三下"采煤。

缓倾斜、倾斜和急倾斜煤层：依据地表移动规律和覆岩破坏形态特征，在地表移动计算中，将煤层划分为缓倾斜煤层（0°~15°）（含水平煤层）、倾斜煤层（16°~54°）和急倾斜煤层（55°~90°）等三种类型；在覆岩破坏计算中，将煤层划分为缓倾斜煤层（0°~35°）（含水平煤层）、倾斜煤层（36°~54°）和急倾斜煤层（55°~90°）等三种类型。

地表下沉盆地：由采煤引起的采空区上方地表移动的范围，通常称地表移动盆地或地表塌陷盆地。一般按边界角或者下沉10 mm点划定其范围。

地表移动盆地主断面：通过地表移动盆地最大下沉点沿煤层走向或倾向的垂直断面，分为走向主断面和倾向主断面。

地表移动与变形：一般指在采煤影响下地表产生的下沉、水平移动、倾斜、水平变形和曲率。

地表动态变形：在开采影响过程中，地表随时间变化而产生的移动变形。

地表残余移动变形：在地表移动稳定（连续6个月累计下沉不超过30 mm）后，还可能产生的地表移动变形。

地表移动参数：反映地表移动变形特征、程度的参数。主要有：下沉系数、水平移动系数、边界角、移动角、裂缝角、最大下沉角、开采影响传播角，充分采动角、超前影响角、最大下沉速度角和移动延续时间等。

充分采动：地表最大下沉值不随采区尺寸增大而增大的临界开采状态。地表最大下沉值不随采区尺寸增大而增大且超出临界开采状态，称为超充分采动，也称充分采动。

非充分采动：未达到临界开采状态，地表最大下沉值随采区尺寸增大而增加的开采状态，亦称有限开采或非充分开采。

下沉系数：充分采动条件下，地表最大下沉值与采厚之比。

水平移动系数：充分采动条件下，地表最大水平移动值与地表最大下沉值之比。

边界角：在充分或接近充分采动条件下，移动盆地主断面上的边界点（下沉 10 mm 点）与采空区边界之间的连线和水平线在煤柱一侧的夹角。

移动角：在充分或接近充分采动条件下，移动盆地主断面上，地表最外的临界变形（水平变形 $\varepsilon = +2$ mm/m，倾斜 $i = \pm3$ mm/m,曲率 $K = +0.2 \times 10^{-3}/m$）点和采空区边界点连线与水平线在煤壁一侧的夹角。

裂缝角：在充分或接近充分采动条件下，移动盆地主断面上，地表最外侧的裂缝和采空区边界点连线与水平线在煤壁一侧的夹角。

最大下沉角：在倾斜主断面上，最大下沉点（或盆地平底中心点）同回采工作面几何中心连线与水平线在下山方向的夹角称为最大下沉角。当松散层厚度 $h \geq 0.1H$（开采深度）时，先将最大下沉点垂直投影到基岩面上，然后再与采空区中央连线。

充分采动角：在充分采动条件下，地表移动盆地主断面上的最大下沉点（或盆地平底边缘点）至采空区边界的连线与煤层在采空区一侧的夹角。

超前影响角：工作面推进过程中，在走向主断面实测下沉曲线上，位于工作面前方地表下沉 10 mm 的点至当时工作面位置的连线与水平线在煤柱一侧的夹角。

最大下沉速度角：地表达到或接近充分采动时，在走向主断面实测下沉曲线上，具有最大下沉速度的点至当时工作面位置的连线与水平线在采空区一侧的夹角，也称最大下沉速度滞后角。

地表移动延续时间：从地表移动期开始到结束的持续时间（以下沉 10 mm 时为地表移动期开始，以连续 6 个月下沉值不超过 30 mm 为地表移动期结束）。一般分初始期、活跃期和衰退期。

初始期：从地表最大下沉点累计下沉 10 mm 时算起到地表下沉速度达 50 mm/月止，这段时间称为初始期。

活跃期：在地表移动延续时间内，下沉速度超过 50 mm/月的时间称为活跃期。

衰退期：从活跃期后到连续 6 个月观测下沉小于 30 mm 的这段时间称为衰退期。

主要影响角正切：走向（倾向）主断面上走向（倾面）边界采深与其主要

影响半径之比。

拐点偏移距：充分采动条件下，下沉曲线拐点在地面上的投影点，在倾向主断面上按开采影响传播角（在走向主断面按 90°角）作直线与煤层层位相交，该交点沿煤层方向至采空区边界的距离。

开采影响传播角：在充分采动或接近充分采动时，倾斜主断面上开采边界（考虑了拐点偏移距后）和下沉曲线拐点的连线与水平线之间在下山方向的夹角。

岩性评价系数：根据上覆岩层的组成及其岩性（强度）进行评价的参数。

条带开采：为了长期支撑上覆岩层和一定程度地减少地表和岩层移动与变形而采取的采一条、留一条的开采方法，一般有充填条带法和垮落条带法。

充填开采：把废弃的矸石、粉煤灰等充填材料充填到工作面采空区，用以支撑围岩，减少围岩垮落和变形的一种顶板管理方法，同时也可达到矿区环境保护和井下防灭火目的的。

受护对象：为避免煤矿开采影响破坏而需要保护的对象。

围护带：设计保护煤柱划定地面受护对象范围时，为安全起见沿受护对象四周所增加的带形面积。

允许地表变形值：受护对象不需维修能保持正常使用所允许的地表最大变形值。

采动滑坡：地下开采引起的山坡整体性大面积滑动或者坍塌。

采动滑移：地下开采引起的山区地表附加移动。

建筑物荷载影响深度：建筑物荷载产生的附加应力与地基自重应力之比，一般为 10% 位置的深度。

等效采高：是指实际采高与充分压实后的充填体厚度之差。

垮落带：由采煤引起的上覆岩层破裂并向采空区垮落的岩层范围。

导水裂缝带：垮落带上方一定范围内的岩层产生断裂，且裂缝具有导水性，能使其范围内覆岩层中的地下水流向采空区，这部分岩层范围称裂缝带。在水体下采煤中，把垮落带和裂缝带合称为导水裂缝带。

弯曲下沉带：指导水裂缝带顶界到地表的那部分上覆岩层。该带又称整体移动带或弯曲带。

离层带：导水裂缝带上方覆岩由于软、硬岩层沉降变形不均匀形成离层空间的岩层范围。正常情况离层带水体不增加采煤工作面涌水量。

"两带"：煤层开采引起的覆岩破坏中垮落带和导水裂缝带。

垮落带高度：指从开采煤层顶面算起至垮落带最高点的垂向高度。

导水裂缝带高度：指从开采煤层顶面算起至导水裂缝带最高点的垂向高度。

导水裂隙带高度含垮落带高度。

防水安全煤（岩）柱：为确保近水体安全采煤而留设的煤层开采上（下）限至水体底（顶）界面之间的煤（岩）层区段，简称防水煤（岩）柱。

防砂安全煤（岩）柱：在松散弱含水层或固结程度差的基岩弱含水层底界面至煤层开采上限之间设计的用于防止水、砂溃入井巷的煤（岩）层区段，简称防砂煤（岩）柱。

防塌安全煤（岩）柱：在松散黏土层或者已疏干的松散含水层底界面至煤层开采上限之间设计的用于防止泥砂塌入采空区的煤（岩）层区段，简称防塌煤（岩）柱。

底板阻水带：煤层底板采动导水破坏带以下、底部含水体以上具有阻水能力的岩层范围。

底板采动导水破坏带：煤层底板岩层受采动影响而产生的采动导水裂隙的范围，其深度为自煤层底板至采动破坏带最深处的法线距离。

底板承压水导升带：煤层底板承压含水层的水在水压力和矿压作用下上升到其顶板岩层中的范围。

综合开采厚度：对于近距离煤层组（群），当下层煤的垮落带接触到或完全进入上层煤范围内时，为计算导水裂缝带最大高度，求得的开采厚度。

顶板保护层：设计水体下采煤的安全煤（岩）柱时，为了安全起见所增加的岩层区段。它位于导水裂缝带与水体底界面之间。

水体顶界面：地表水体或者地下含水体（层）的顶部界面。

水体底界面：地表水体或者地下含水体（层）的底部界面。

含水层顶部充填带：岩溶石灰岩含水层顶部被泥砂等沉积物充填了的岩层区段。

带压开采：在具有承压水压力的含水层附近进行的采煤。

防滑煤柱：在可能发生岩层沿弱面滑移的地区，为了防止或者减缓井筒、地面建筑物（构筑物）滑移而在正常保护煤柱外侧增加留设的煤层区段。

防偏煤柱：回采立井井筒煤柱时为了防止或者减少井筒偏斜而留设的煤柱。

开采上限：水体下采煤时用安全煤（岩）柱设计方法确定的煤层最高开采标高。

开采下限：承压水体上采煤时用安全煤（岩）柱设计方法确定的煤层最低开采标高。

松散层：指第四纪、新第三纪未成岩的沉积物，如冲积层、洪积层、残积层等。

近水体：对采掘工作面涌水量可能有直接影响的水体。

抽冒：在浅部厚煤层、急倾斜煤层及断层破碎带和基岩风化带附近采煤或者掘巷时，顶板岩层或者煤层本身在较小范围内垮落超过正常高度的现象。

切冒：当厚层极硬岩层下方采空区达到一定面积后，发生直达地表的岩层一次性突然垮落和地表塌陷的现象。

地表移动计算概率积分法：把岩层移动看作服从统计规律的随机过程，从而将开采引起的地表下沉剖面表示成概率密度函数积分公式的预计方法。该法由波兰克诺特（St. Knothe）等人于 20 世纪 50 年代提出。

垂直剖面法：留设保护煤柱的一种图解方法。通过在平面图上确定受护对象的受护范围边界，过受护范围几何中心点作沿煤层走向方向和倾斜方向的垂直剖面，在剖面图上确定保护煤柱的边界位置并投影至平面图上，从而确定保护煤柱边界。

垂线法：留设保护煤柱的一种解析方法。通过作受护范围边界的垂线，利用公式计算垂线长度，并在平面图上量出垂线长度，从而确定保护煤柱边界。

数字标高投影法：留设保护煤柱的一种方法。用于设计延伸形建（构）筑物或基岩面标高变化较大情况下的保护煤柱。方法要求保护煤柱空间体的侧平面上等高线的等高距应与煤层等高线（或基岩面等高线）的等高距相同，连接保护煤柱侧平面与煤层层面（或基岩面）上同值等高线的交点，确定保护煤柱边界。

煤矿开采沉陷区：煤矿开采过程中出现地表下沉与塌陷的区域，也称采煤沉陷区。

附2 建筑物、水体、铁路及主要井巷煤柱留设与压煤开采规范

第一章 总 则

第一条 为了合理开采煤炭资源，保护建筑物（构筑物）、水体、铁路、主要井巷和地面生态环境，根据《煤炭法》《矿产资源法》《土地管理法》《铁路法》《水法》《物权法》《环境保护法》《公路法》《铁路安全管理条例》《煤矿安全规程》等制定本规范。

第二条 本规范适用于中华人民共和国领域内所有生产和在建的煤矿。

本规范主要内容包括煤矿区建筑物（构筑物）、水体、铁路和主要井巷保护煤柱或者安全煤（岩）柱的留设原则与设计方法，压煤开采原则与方法，开采沉陷对矿区生态环境影响评价原则与治理途径，沉陷区稳定性评价原则与治理途径，煤柱留设与压煤开采的管理办法等。

煤矿矿区总体设计、矿井设计和矿井建设与生产等工作中涉及上列问题时，应当按照本规范执行。矿区内工农业建设与生产涉及压煤与开采影响问题时，均应当参照本规范执行。

第三条 煤矿企业应当根据矿区生产、建设发展需要，由企业技术负责人组织制定有关建筑物（构筑物）、水体、铁路压煤及主要井巷煤柱的合理开采、受护对象保护及治理的规划，并组织实施。

第四条 建筑物（构筑物）、水体、铁路及主要井巷所压覆煤炭资源，应当遵循煤炭资源优化利用、受护对象安全、生态环境保护和企业经济与社会效益良好等原则，除特级保护煤柱严禁开采（不包括巷道开拓）外，凡技术上可行、经济上合理的，均应当进行开采；技术条件可能，但本矿区尚无成熟经验的，必须进行试采；在目前开采技术条件下难以实现保护要求，但采用搬迁、就地重建、就地维修、改道（河流）和疏干或者改造（地下含水层）等措施，在经济上合理时，也应当进行开采。鼓励开展新方法、新技术、新工艺的研究与实践。

第五条 矿区受采动影响的土地，应当本着谁损坏、谁修复，因地制宜、综合治理与利用的原则，按照《土地管理法》《环境保护法》的规定执行。

第六条　根据《煤炭法》《矿产资源法》的规定，在煤矿矿区范围内需要建设公用工程或者其他工程的，有关单位或者个人应当事先与煤矿企业协商，选择适宜位置，并按本规范要求，采取相应技术措施，达成协议后方可实施。否则，煤矿企业对开采损害不承担责任。

第七条　矿区内现有建筑物（构筑物）及水利和铁路等工程设施搬迁的新址，由矿区所在地人民政府责成有关部门主持与煤炭企业协商选定，防止重复压煤，应当尽量利用已经稳定的采煤沉陷地作为搬迁新址。

第八条　在勘探受水体威胁的矿区或井田时，地质勘探部门应当根据勘探区的具体条件和矿井设计实际需要，安排水文地质勘探工作，获得设计开采水体压煤所必需的水文地质资料，并编入报告。

第九条　在矿区总体规划和矿井设计中，应当根据矿区（井）的自然、经济、技术、管理条件和受护对象的特性，对建筑物（构筑物）、水体、铁路及主要井巷的压煤开采，以及保护地面生态环境可行性进行技术论证和经济评价。因采取专门措施所发生的附加费用，应当分别计入基建投资和生产成本。

第十条　各矿区应当开展围岩破坏和地表移动现场监测，综合分析，求取参数，总结规律，为本矿区的煤柱留设与压煤开采提供技术支撑。

第二章　建筑物保护煤柱留设与压煤开采

第一节　建筑物保护煤柱的留设

第十一条　按建筑物的重要性、用途以及受开采影响引起的不同后果，将矿区范围内的建筑物保护等级分为五级（见表1）。

表1　矿区建筑物保护等级划分

保护等级	主　要　建　筑　物
特	国家珍贵文物建筑物、高度超过100 m的超高层建筑、核电站等特别重要工业建筑物等
I	国家一般文物建筑物、在同一跨度内有两台重型桥式吊车的大型厂房及高层建筑等
II	办公楼、医院、剧院、学校、长度大于20 m的二层楼房和二层以上多层住宅楼，钢筋混凝土框架结构的工业厂房、设有桥式吊车的工业厂房、总机修厂等较重要的大型工业建筑物，城镇建筑群或者居民区等
III	砖木、砖混结构平房或者变形缝区段小于20 m的两层楼房，村庄民房等

表1(续)

保护等级	主 要 建 筑 物
Ⅳ	村庄木结构承重房屋等

注:凡未列入表1的建筑物,可以依据其重要性、用途等类比其等级归属。对于不易确定者,可以组织专门论证审定。

第十二条 在矿井、水平、采区设计时,对建筑物应当划定保护煤柱。保护等级为特级、Ⅰ级、Ⅱ级建筑物必须划定保护煤柱。

第十三条 建筑物受护范围应当包括受护对象及其围护带。围护带宽度必须根据受护对象的保护等级确定,可以按表2规定的数值选用。

表2 建筑物各保护等级的围护带宽度

保护等级	特	Ⅰ	Ⅱ	Ⅲ	Ⅳ
围护带宽度/m	50	20	15	10	5

第十四条 建筑物受护范围边界用下列方法确定:

(一)在平面图上通过受护对象角点作矩形,使矩形各边分别平行于煤层倾斜方向和走向方向;在矩形四周作围护带,该围护带外边界即为受护范围边界。

(二)在平面图上作各边平行于受护对象总轮廓的多边形;在多边形各边外侧作围护带,该围护带外边界即为受护范围边界。

第十五条 对于必须留设保护煤柱的建筑物,其保护煤柱边界可以采用垂直剖面法、垂线法或者数字标高投影法设计。

特级建筑物保护煤柱按边界角留设,其他建筑物保护煤柱按移动角留设。

第十六条 地表移动边界角按实测下沉值10 mm的点确定。移动角按下列变形值的点确定:水平变形$\varepsilon = +2$ mm/m,倾斜$i = \pm 3$ mm/m,曲率$K = +0.2 \times 10^{-3}$/m。

第十七条 当煤层为向斜、背斜构造时,应当根据建筑物与向斜、背斜构造的空间位置关系,用垂直剖面法设计保护煤柱。

第十八条 在设计山区建筑物保护煤柱时,为防止采动引起山体滑坡和滑移的附加影响,应当采取下列措施:

(一)位于可能发生采动滑坡和古滑坡地基上的或者可能受采动引起陡崖峭壁崩塌危害的建筑物,应当首先考虑采取搬迁措施,否则应当将可能发生采动滑坡的坡体划入受护范围,或者采取防治采动滑坡的技术措施。坡体受采动影响后是否会产生滑坡,可以用采动坡体稳定性分析方法结合本矿区积累的实践经验判定。

（二）为防止山体采动滑移附加变形对受护建筑物的影响,当受护边界至煤柱边界范围内地表平均坡角大于15°时,应当采用本矿区求得的山区移动角留设保护煤柱。如无本矿区实测资料而采用移动角留设保护煤柱时,建筑物上坡方向移动角应当减小5°~10°;下坡方向移动角应当减小2°~3°。

第十九条　矿井在设计各类保护煤（岩）柱时,应当有相应的图纸和文字说明,其内容包括地质、开采技术条件、受护对象概况、留设煤柱的必要性、选取的参数及压煤量计算等。

第二节　建筑物压煤的开采

第二十条　建筑物保护煤柱开采应当进行专门开采方案设计。

建筑物受开采影响的损坏程度取决于地表变形值的大小和建筑物本身抵抗采动变形的能力。对于长度或者变形缝区段内长度不大于20 m的砖混结构建筑物,其损坏等级按表3划分,允许地表变形值一般为水平变形 $\varepsilon = \pm 2$ mm/m,倾斜 $i = \pm 3$ mm/m,曲率 $K = \pm 0.2 \times 10^{-3}$/m。其他结构类型的建筑物可以参照表3的规定执行。

表3　砖混结构建筑物损坏等级

损坏等级	建筑物损坏程度	地表变形值			损坏分类	结构处理
		水平变形 ε/（mm·m^{-1}）	倾斜 i/（mm·m^{-1}）	曲率 K/（10^{-3}·m^{-1}）		
I	自然间砖墙上出现宽度 1~2 mm 的裂缝	≤2.0	≤3.0	≤0.2	极轻微损坏	不修或者简单维修
	自然间砖墙上出现宽度小于 4 mm 的裂缝,多条裂缝总宽度小于10 mm				轻微损坏	简单维修
II	自然间砖墙上出现宽度小于 15 mm 的裂缝,多条裂缝总宽度小于 30 mm;钢筋混凝土梁、柱上裂缝长度小于 1/3 截面高度;梁端抽出小于 20 mm;砖柱上出现水平裂缝,缝长大于 1/2 截面边长;门窗略有歪斜	≤4.0	≤6.0	≤0.4	轻度损坏	小修

表3（续）

| 损坏等级 | 建筑物损坏程度 | 地表变形值 | | | 损坏分类 | 结构处理 |
		水平变形 ε/ (mm·m⁻¹)	倾斜 i/ (mm·m⁻¹)	曲率 K/ (10⁻³·m⁻¹)		
Ⅲ	自然间砖墙上出现宽度小于30 mm的裂缝，多条裂缝总宽度小于50 mm；钢筋混凝土梁、柱上裂缝长度小于1/2截面高度；梁端抽出小于50 mm；砖柱上出现小于5 mm的水平错动；门窗严重变形	≤6.0	≤10.0	≤0.6	中度损坏	中修
Ⅳ	自然间砖墙上出现宽度大于30 mm的裂缝，多条裂缝总宽度大于50 mm；梁端抽出小于60 mm；砖柱出现小于25 mm的水平错动	>6.0	>10.0	>0.6	严重损坏	大修
	自然间砖墙上出现严重交叉裂缝、上下贯通裂缝，以及墙体严重外鼓、歪斜；钢筋混凝土梁、柱裂缝沿截面贯通；梁端抽出大于60 mm；砖柱出现大于25 mm的水平错动；有倒塌的危险				极度严重损坏	拆建

注：建筑物的损坏等级按自然间为评判对象，根据各自然间的损坏情况按表3分别进行。本表砖混结构建筑物主要指矿区农村自建砖石和砖混结构的低层房屋。

第二十一条 符合下列条件之一者，建筑物压煤允许开采：

（一）预计的地表变形值小于建筑物允许地表变形值。

（二）预计的地表变形值超过建筑物允许地表变形值，但本矿区已取得试采经验，经维修能够满足安全使用要求。

（三）预计的地表变形值超过建筑物允许地表变形值，但经采取本矿区已有成功经验的开采措施和建筑物加固保护措施后，能满足安全使用要求。

第二十二条 符合下列条件之一者，建筑物压煤允许进行试采：

（一）预计地表变形值虽然超过建筑物允许地表变形值，但在技术上可行、经济上合理的条件下，经过对建筑物采取加固保护措施或者有效的开采措施后，能满足安全使用要求。

（二）预计的地表变形值虽然超过建筑物允许地表变形值，但国内外已有类似的建筑物和地质、开采技术条件下的成功开采经验。

（三）开采的技术难度虽然较大，但试验研究成功后对于煤矿企业或者当地的工农业生产建设有较大的现实意义和指导意义。

第二十三条 编制建筑物下压煤开采方案时，对于地表下沉造成的地表积水问题，应当采取有效控制地表沉降的井下开采措施或者地面疏排水措施。

第二十四条 在已有的采煤沉陷区或者未来的采动影响区新建建筑物时，应当进行采动影响下的场地稳定性、拟建建筑物的适宜性评价，并对建筑物采取相应的抗采动影响技术措施。

第二十五条 新建抗采动变形建筑物的场地宜选择地表移动与变形值相对较小的地段，应当避开可能会产生塌陷坑、台阶、裂缝等非连续变形或者长期积水的地带。有滑坡等潜在危险的地段，不得用作建筑场地。

第二十六条 新建抗采动变形建筑物的地基土要求均匀一致。当地基为承载力高的坚硬岩石时，应当在基础底面下设置一定厚度的碎石、砂或者灰土垫层。当地基承载力差异较大时，建筑物应当设置变形缝使其成为各自独立的单体。回填地基必须进行密实处理。

第二十七条 新建抗采动变形建筑物设计应当遵守下列原则：

（一）在条件允许的情况下，建筑物长轴应当平行于地表下沉等值线。

（二）建筑物体型应当力求简单，单体长度不宜过长，平面形状以矩形为宜，避免立面高低起伏，必要时用变形缝分开。

（三）建筑物承重墙体纵、横方向宜分别对称布置，尽量减小横墙间距。

（四）砖混结构建筑物应当设置钢筋混凝土基础、层间、檐口圈梁和立柱。墙体转角、丁字和十字连接处应当沿高度增设拉结钢筋，门窗洞口上、下应当增设拉结钢筋。不允许采用砖拱过梁。

（五）楼板和屋顶不应当采用易产生横向推力的砖拱或者混凝土拱形结构。

（六）建筑物附属管网应当采取适当保护措施。

第二十八条 在地震设防地区，建筑物既要考虑抗采动变形设计，又要考虑抗震设计，可在抗采动变形设计基础上，进行抗震设计验算。

第二十九条 在建筑物受采动影响期间，除加强监测工作外，可以选用下列措施减少开采对建筑物及配套设施的破坏影响：

（一）在地表变形活跃期内，暂时改变建筑物的使用性质。

（二）对建筑物和设备及时进行检修和调整。

（三）切断管线，消除附加应力后重新安装。

第三十条 建筑物下采煤方案设计应当包括下列基本内容：

（一）建筑物特征及其压煤开采的必要性、可能性和安全可靠性。

（二）实现建筑物下采煤的各种技术方案，主要包括采煤方法和顶板管理方法的选择与论证，地表移动和变形预计，建筑物采动影响分析与评价，建筑物加固和保护措施。地表移动和变形值预计应当阐明选用的计算方法和参数选取依据，并提供建筑物所在处地表移动和变形值的计算结果及必要的图表。

（三）方案的技术、经济评价及费用概算。

（四）方案的综合分析对比和选定。

（五）地表移动及建筑物变形观测站设计。

（六）安全技术措施。

第三十一条 进行建筑物下采煤设计应当具备下列主要技术资料和工程图：

（一）技术资料

（1）地质、开采技术条件。煤层的层数、层间距、厚度、倾角、埋藏深度、压煤量、岩石物理力学性质、地质构造、地下潜水位，现有的开采方法、巷道布置、生产系统以及邻区开采情况。

（2）建筑物及其地基概况。建筑物的体型、面积、长度、宽度、高度、层数、结构类型、基础形式及其埋置深度，松散层的厚度和地基的工程地质及水文地质参数；建筑时间和现有状况，使用要求，周围地形情况；建筑物原设计的有关资料。

（3）配套的主要管线和重要设备的技术特征、技术要求及其支承或者基础埋置方式。

（4）有关的地表移动参数，老采区活化的可能性及其对地表和建筑物的影响。

（二）工程图

（1）井上下对照图。

（2）采掘工程平面图。

（3）地质剖面图和钻孔柱状图。

（4）建筑物的竣工图（或者施工图）。

第三十二条 在建筑物下开采时，必须进行地表及建筑物移动变形观测研究工作。在建筑物下试采时的观测研究工作应当符合下列要求：

（一）开采前设置地表和建筑物移动变形观测站。观测站设置及观测内容参照《煤矿测量规程》的有关规定执行。

（二）在开采前和采动期间对地表裂缝和建筑物的损坏情况应当进行素描、摄影和摄像记录。

（三）准确测定实际开采厚度、开采面积、采出煤量、采空区内残留煤柱的位置和尺寸、工作面推进速度及其他有关技术指标。

试采结束后，对各项观测资料进行系统分析和总结，提出成果，上报原审批单位。

符合本规范第二十一条规定进行建筑物下压煤开采或者在本矿区已进行过建

筑物下采煤时，可根据需要简化观测研究内容，只进行局部或单项观测。

第三章　构筑物保护煤柱留设与压煤开采

第一节　构筑物保护煤柱的留设

第三十三条　按构筑物的重要性、用途以及受开采影响引起的不同后果，将矿区范围内的构筑物保护等级分为五级（见表4）。

表4　矿区构筑物保护等级划分

保护等级	主 要 构 筑 物
特	高速公路特大型桥梁、落差超过100 m的水电站坝体、大型电厂主厂房、机场跑道、重要港口、国防工程重要设施、大型水库大坝等
Ⅰ	高速公路、特高压输电线塔、大型隧道、输油（气）管道干线、矿井主要通风机房等
Ⅱ	一级公路、220 kV及以上高压线塔、架空索道塔架、输水管道干线、重要河（湖、海）堤、库（河）坝、船闸等
Ⅲ	二级公路、110 kV高压输电杆（塔）、移动通信基站等
Ⅳ	三级及以下公路等

注：凡未列入表4的构筑物，可以依据其重要性、用途类比确定。对于不易确定者，可以进行专门论证审定。

第三十四条　在矿井、水平、采区设计时，对构筑物应当划定保护煤柱。保护等级为特级、Ⅰ级、Ⅱ级构筑物必须划定保护煤柱。

第三十五条　构筑物受护范围应当包括受护对象及其围护带。围护带宽度必须根据受护对象的保护等级确定，可以按表5规定的数值选用。

表5　构筑物各保护等级的围护带宽度

保护等级	特	Ⅰ	Ⅱ	Ⅲ	Ⅳ
围护带宽度/m	50	20	15	10	5

第三十六条　构筑物保护煤柱设计宜采用垂线法或者垂直剖面法。特级构筑物保护煤柱应当采用边界角留设，其他保护煤柱按移动角留设。

第三十七条 留设高速公路保护煤柱时，受护对象边界按下列要求确定：

（一）路基路面：路堤以两侧排水沟外边缘（无排水沟时以路堤或者护坡道坡脚）为界，路堑以坡顶截水沟外边缘（无截水沟以坡顶）为界。

（二）桥梁及涵洞：桥台、桥墩和涵洞以各自基础最外边缘为界。

（三）隧道：以建筑界线为界。

第三十八条 留设高压输电线路保护煤柱时，受护对象边界以线塔基础外边缘为界。

第三十九条 留设水工构筑物保护煤柱时，受护对象边界按下列要求确定：

（一）河堤堤防：以堤基两侧的外边缘为界。

（二）各级坝、泵站和水闸等：以其基础的外边缘为界。

第四十条 留设长输管线保护煤柱时，受护对象边界按下列要求确定：

（一）地埋管线：以埋线开挖沟外边缘为界。

（二）架空管线：以架空管线基础的外边缘为界。

第二节 构筑物压煤的开采

第四十一条 构筑物保护煤柱开采应当进行专门开采方案设计，各类构筑物地表允许变形值依据构筑物抗变形能力确定。

第四十二条 构筑物压煤符合本规范第二十一条的相应要求时，允许开采。

第四十三条 构筑物压煤符合本规范第二十二条的相应要求时，允许进行试采。

第四十四条 编制构筑物压煤开采方案时，对于地表下沉造成的地表积水问题，应当采取有效控制地表沉降的井下开采措施或者地面疏排水措施，保证安全。

第四十五条 高速公路下采煤，除了满足其压煤开采或者试采相应要求外，还应当满足下列条件：

（一）路面采后不积水，不形成非连续变形，预计地表变形值符合《公路工程技术标准》（中华人民共和国交通运输部公告第51号）有关规定。

（二）高速公路隧道、桥梁与涵洞的预计地表变形值小于允许变形值，或者预计的地表变形值大于允许变形值，但经过维修加固能够实现高速公路安全使用要求的。

第四十六条 开采影响区新建高速公路抗采动变形设计应当采用下列措施：

（一）路基路面尽量采用柔性基层路面。

（二）桥梁尽量选用简支梁，其跨度不宜大于 30 m。

（三）涵洞应当采用箱涵或者圆管涵，不宜采用拱涵。

（四）隧道需对二次衬砌切割变形缝，并对二次衬砌进行配筋。

第四十七条　高压输电线路下采煤，除了满足其压煤开采或者试采相应要求外，还应当满足下列条件：

（一）塔基不出现非连续移动变形。

（二）高压输电线的采后弧垂高度、张力、对地距离达到高压线运行安全要求，或者采取措施能够实现安全使用要求。

（三）塔基、杆塔的预计地表变形值小于允许变形值，或者预计的地表变形值大于允许变形值，但经过维修加固能够实现安全使用要求。

第四十八条　高压输电线路下采煤设计宜采用塔、线调整和减少地表变形相结合的技术措施。

第四十九条　水工构筑物下采煤，除了满足其压煤开采或者试采相应要求外，还应当满足下列条件：

（一）水工构筑物满足防洪工程安全的有关规定和要求。

（二）水工构筑物的预计地表变形值小于允许变形值，或者预计的地表变形值大于允许变形值，但经过维修加固能够实现安全使用要求。

第五十条　长输管线下采煤，除了满足其压煤开采或者试采相应要求外，还应当满足下列条件：

（一）长输管线满足安全运行的有关规定和要求。

（二）长输管线的预计地表变形值小于允许变形值，或者预计的地表变形值大于允许变形值，但经采前开挖、采后维修加固能够实现安全使用要求。

第五十一条　高速公路、高压输电线路、水工构筑物、长输管线等构筑物下压煤开采方案设计内容应当满足本规范第三十条的相应要求。

水工构筑物下压煤开采方案设计还应当包括防洪评价、受开采影响的河道治理和应急预案。

第五十二条　高速公路、输电线路、水工构筑物及长输管线下压煤开采方案设计应当具备下列技术资料和工程图：

（一）地质采矿资料和图纸：煤层的层数、层间距、厚度、倾角、埋藏深度、压煤量、岩石物理力学性质、地质构造、地下潜水位，现有的开采方法、巷道布置、生产系统以及邻区开采情况，有关的地表移动参数，老采区活化的可能性及其对地表和建筑物的影响；井上下对照图、采掘工程平面图、地质剖面图和钻孔柱状图。

（二）高速公路技术资料和图纸：行车速度、路基宽度及组成、行车道宽度、坡度、防洪标高、线路标高、桥梁型式、基础、结构、隧道长度、隧道宽度、衬砌结构、围岩等级等；高速公路平面图、纵断面图、路基路面横断面图，隧道衬砌轮廓图，桥梁平、立面图，桥梁、墩、台的结构图等。

（三）输电线路技术资料和图纸：输电电压、线塔形式和高度、高压线离地高度、塔基宽度、基础结构等；输电线路平面图、线塔位置图、线塔基础剖面图、线塔结构图等。

（四）水工构筑物技术资料和图纸：区域水文、气象资料，最高洪水位、流量、水库容量、堤坝结构形式、基础结构等；流域地形图、水工构筑结构图、基础剖面图、河流断面图等。

（五）长输管线技术资料和图纸：管线直径、管壁厚度、管道材质、连接方式、敷设方式、埋设深度、填埋材料和方式、变形要求等；长输管线位置图、敷设结构剖面图等。

第五十三条 在构筑物下开采时必须进行地表及构筑物移动变形观测研究工作。在构筑物下试采时的观测研究工作应当符合本规范第三十二条相应的要求。

第四章 铁路保护煤柱留设与压煤开采

第一节 铁路保护煤柱的留设

第五十四条 铁路的保护等级分为五级（表6）。

表6 铁路保护等级划分

保护等级	铁 路 等 级
特	国家高速铁路、设计速度200 km/h的城际铁路和客货共线铁路等
I	国家I级铁路、设计速度160 km/h及以下的城际铁路等
II	国家II级铁路等
III	III级铁路等
IV	IV级铁路等

注：为某一地区或者企业服务具有地方运输性质、近期年客货运量小于10 Mt且大于或等于5 Mt的铁路属于III级铁路；为某一地区或者企业服务具有地方运输性质、近期年客货运量小于5 Mt者的铁路属于IV级铁路。铁路车站按其相应铁路保护等级保护。其他铁路配套建筑物（构筑物），可以参照第二章和第三章，依据其重要性、用途等划分其保护等级；对于不易确定者，可以组织专门论证审定。

第五十五条 在矿井、水平、采区设计时，对铁路及其主要配套建筑物（构筑物）应当划定保护煤柱。对矿井排水易引发地表沉降区域的铁路线路，应当评估排水等因素对保护煤柱的影响。

第五十六条　铁路保护煤柱受护范围按下列要求确定：

（一）路堤应当以两侧路堤坡脚外 1 m 为界加围护带。

（二）路堑应当以两侧堑顶边缘外 1 m 为界加围护带。

（三）桥梁应当以基础外边缘外 1 m 为界加围护带。

（四）隧道应当以建筑界线外 1 m 为界加围护带。

围护带宽度根据受护对象的保护等级确定，按表 7 规定的数值选用。

表 7　铁路各保护等级的围护带宽度

保护等级	特	I	II	III	IV
围护带宽度/m	50	20	15	10	5

注：对于特级保护等级的有砟轨道铁路，特殊情况下围护带宽度可适当减少，但不得小于 30 m。

第五十七条　特级铁路保护煤柱按边界角留设，其他铁路保护煤柱按移动角留设。煤柱留设后预计地表移动变形值应当符合铁路技术标准的相关规定。保护煤柱宜采用垂线法或者垂直剖面法设计。

第五十八条　为了减少压煤量，在设计矿区专用铁路线时，应当充分考虑铁路线路与煤层的位置关系，必要时可使线路局部绕道。

第二节　铁路压煤的开采

第五十九条　取得试采成功经验的矿区，符合下列条件之一者，铁路压煤允许采用全部垮落法进行开采：

（一）III 级铁路：

薄及中厚单一煤层的采深与单层采厚比大于或者等于 60；

厚煤层及煤层群的采深与分层采厚比大于或者等于 80。

（二）IV 级铁路：

薄及中厚单一煤层的采深与单层采厚比大于或者等于 40；

厚煤层及煤层群的采深与分层采厚比大于或者等于 60。

（三）不满足上述条件但本矿井在铁路下采煤有成功经验和可靠数据的铁路。

第六十条　符合下列条件之一者，铁路（指有缝线路）压煤允许采用全部垮落法进行试采。

（一）国家 I 级铁路：

薄及中厚单一煤层的采深与单层采厚比大于或者等于 150；

厚煤层及煤层群的采深与分层采厚比大于或者等于 200。

（二）国家Ⅱ级铁路：

薄及中厚单一煤层的采深与单层采厚比大于或者等于100；

厚煤层及煤层群的采深与分层采厚比大于或者等于150。

（三）Ⅲ级铁路：

薄及中厚单一煤层的采深与单层采厚比大于或者等于40，小于60；

厚煤层及煤层群的采深与分层采厚比大于或者等于60，小于80。

（四）Ⅳ级铁路：

薄及中厚单一煤层的采深与单层采厚比大于或者等于20，小于40；

厚煤层及煤层群的采深与分层采厚比大于或者等于40，小于60。

（五）不满足上述条件但本矿井在铁路下采煤有一定经验和数据的铁路。

铁路压煤试采，除自营线路外，应当事先征得铁路运输企业和铁路行业监督管理部门同意。

第六十一条　铁路下采煤应当采取相应的减少开采影响的技术措施，对采深采厚比小于本规范第五十九条、第六十条要求的缓倾斜、倾斜煤层，在技术上可能和经济上合理的条件下，可以进行开采或者试采；对急倾斜煤层，必须根据煤层顶底板岩性、覆岩破坏规律，采取相应的采煤方法和顶板管理方法，保证地表不出现突然下沉。

第六十二条　铁路下采煤时，应当及时维修受采动影响的铁路。铁路线的维修标准和要求应当按照铁路管理部门有关规定执行，并满足铁路安全运营要求。

第六十三条　铁路压煤开采应当有开采方案设计，在征得铁路运输企业同意，方案得到批准后实施。方案设计应当包含下列基本内容：

（一）铁路特征及其压煤开采的必要性、可能性和安全可靠性。

（二）实现铁路下采煤的各种技术方案，其中包括采煤方法和顶板管理方法的选择与论证，开采技术措施、行车安全措施及铁路的维修方法。

（三）地表移动与变形值预计，包括选用的计算公式和参数，铁路所在处地表的下沉、下沉速度、纵向和横向移动及水平变形值计算结果及曲线图。

（四）铁路路基及其上部建筑的维修方法与维修周期。

（五）开采技术方案及维修方案的技术、经济评价和费用概算。

（六）方案的综合分析对比和选定。

（七）铁路及地表移动观测站设计。

第六十四条　铁路压煤开采方案设计应当具备下列技术资料和工程图：

（一）地质开采技术条件。煤层的层数、层间距、倾角、埋藏深度、开采范围、压煤量、上覆岩层性质、地质断裂构造位置及落差、流砂、溶洞、老采空区的空间位置、活化的可能性及其对地表和线路的影响等。工程图有井上下对照图、采掘工程平面图、地质地形图、地质剖面图及钻孔柱状图等。

（二）受采动影响铁路的技术特征。铁路等级、股道数量、运输量、每昼夜列车通过对数、最高行车速度、最小行车间隔时间、线路路基及上部建筑物（构筑物）的构成，线路标高、变坡点、坡度以及线路直线段、曲线段和缓和曲线段的位置。曲率半径、曲线长度、道岔、信号和通信设备及线路周围地形等。工程图有线路平面图和纵、横剖面图等。

（三）铁路其他建筑物（构筑物）的技术特征。对于铁路桥，应当标明桥梁及桥墩、台的结构、材质、建筑年月、过水断面、桥下最高洪水位及流量等。工程图有桥梁的平面位置图，桥梁、墩、台的结构图，支座构造图等。

第六十五条　在铁路下试采时，必须对线路进行相应的巡视及观测研究工作，观测数据及分析报告应当及时抄送铁路运输企业。试采结束后，对各项观测资料进行系统分析和总结，提出成果，上报原审批单位，并抄送铁路运输企业。

在符合本规范第五十九条规定进行铁路下采煤时，或者本矿井已进行过铁路下采煤时，可根据具体情况只作局部或单项观测。观测数据及分析报告应当及时抄送铁路运输企业。

铁路线路观测的主要内容有线路下沉量、下沉速度及纵、横向水平移动等。其他各项观测研究工作及铁路车站建筑物（构筑物）的观测研究工作按本规范第三十二条和第五十三条的有关规定执行。

第五章　水体安全煤(岩)柱留设与压煤开采

第一节　水体安全煤(岩)柱的留设

第六十六条　近水体采煤时，必须严格控制对水体的采动影响程度。按水体的类型、含水层富水性、规模、赋存条件及允许采动影响程度，将受开采影响的水体分为不同的采动等级（表8）。对不同采动等级的水体，必须留设相应的安全煤（岩）柱。

第六十七条　在矿井、水平、采区设计时必须划定安全煤（岩）柱的水体主要有：

（一）水体与设计开采界限之间的最小距离，既不符合本规范第六十六条表8中各采动等级水体要求的相应安全煤（岩）柱尺寸，又不能采用可靠的开采技术措施以保证安全生产的。

（二）在目前技术条件下，只能采用河流改道、水库放空、含水层疏干改造或者堵截水源等办法处理，但在经济上又属严重不合理的水体。

表8 矿区的水体采动等级及允许采动程度

煤层位置	水体采动等级	水 体 类 型	允许采动程度	要求留设的安全煤(岩)柱类型
水体下	I	1. 直接位于基岩上方或底界面下无稳定的黏性土隔水层的各类地表水体 2. 直接位于基岩上方或底界面下无稳定的黏性土隔水层的松散孔隙强、中含水层水体 3. 底界面下无稳定的泥质岩类隔水层的基岩强、中含水层水体 4. 急倾斜煤层上方的各类地表水体和松散中强、中含水层水体 5. 要求作为重要水源和旅游地保护的水体	不允许导水裂缝带波及水体	顶板防水安全煤(岩)柱
	II	1. 松散层底部为具有多层结构、厚度大、弱含水的松散层或松散层中、上部为强含水层，下部为弱含水层的地表中、小型水体 2. 松散层底部为稳定的厚黏性土水层或松散弱含水层的松散层中、上部孔隙强、中含水层水体 3. 有疏降条件的松散层和基岩弱含水层水体	允许导水裂缝带波及松散孔隙弱含水层水体，但不允许垮落带波及该水体	顶板防砂安全煤(岩)柱
	III	1. 松散层底部为稳定的厚黏性土隔水层的松散层中、上部孔隙弱含水层水体 2. 已经或者接近疏干的松散层或基岩水体	允许导水裂缝带进入松散孔隙弱含水层，同时允许垮落带波及该弱含水层	顶板防塌安全煤(岩)柱
水体上	I	1. 位于煤系地层之下的灰岩强含水体 2. 位于煤层之下的薄层灰岩具有强水源补给的含水体 3. 位于煤层之下的作为重要水源或旅游资源保护的水体	不允许底板采动导水破坏带波及水体，或与承压水导升带沟通，并有能起到强阻水作用的有效保护层	底板强防水安全煤(岩)柱
	II	1. 位于煤系地层之下的弱含水体，或已疏降的强含水体 2. 位于煤层之下的无强水源补给的薄层灰岩含水体 3. 位于煤系地层或煤系地层底部其他岩层中的中、弱含水体	允许采取安全措施后底板采动导水破坏带波及水体，或与承压水导升带沟通，但防水安全煤(岩)柱仍能起到安全阻水作用	底板弱防水安全煤(岩)柱

（三）位于预计顶板导水裂缝带内，且无疏放水条件的松散地层强含水层，采空区积水，砂岩裂隙、石灰岩岩溶强含水层，岩溶地下暗河，有突水危险的含水断层与陷落柱等水体。

（四）位于预计底板采动导水破坏带内，或者底板采动导水破坏带与承压水导升带联通，且无疏放、改造条件和可能产生突水灾害的水体。

（五）预计采后矿井涌水量会急剧增加，超过矿井正常排水能力，或者水量长期稳定不变，增加排水能力难以实现，排水费用不经济的。

（六）煤层开采后，地表和岩层有可能产生抽冒、切冒型塌陷，地质弱面活化和突然下沉而引起溃砂、突水灾害的。

（七）对国民经济、人民生活和环境有重大影响的河流、湖泊、水库及旅游景点的水体。

第六十八条　水体的边界应当区分平面边界和深度边界。如果地表水体底界面直接与隔水层接触，最高洪水位线应当为水体的平面边界，而水体底界面即为水体的深度边界。如果地表水体底界面直接与含水层接触或者二者有水力联系，则最高洪水位线或者上述含水层边界应当为水体的平面边界，含水层底界面为水体的深度边界。如果仅为地下含水层水体，则含水层边界应当为水体的平面边界，含水层的底界面为水体的深度边界。在确定水体边界时，必须考虑由于受开采引起的岩层破坏和地表下沉或者受水压力作用以及地质构造等影响而导致水体边界变化的因素。

第六十九条　水体下安全煤（岩）柱水平方向按裂缝角留设，垂直方向按水体采动等级（表8）要求的安全煤（岩）柱类型留设。裂缝角应当根据本矿区取得的参数选取，如无本矿区裂缝角资料时，可以在本矿区移动角基础上加大5°代替。

第七十条　在水体下采煤时，当同一水体的底界面至煤层间距、基岩厚度、各煤层采厚、倾角及煤层之间岩性差别悬殊时，安全煤（岩）柱可以分别在倾斜剖面上按不同煤层分组，在走向剖面上按不同采区或者工作面分段予以留设。

第七十一条　在水体下开采近距离煤层群时，如果煤层间距大于下一层煤的垮落带高度，可以按上、下层煤的厚度分别设计安全煤（岩）柱，取其中标高最高者作为两层煤的安全煤（岩）柱。如果煤层间距等于或者小于下一层煤的垮落带高度，则以其累计厚度或者综合开采厚度设计安全煤（岩）柱。

第二节　水体压煤的开采

第七十二条　符合下列条件之一者，水体的压煤允许开采：

（一）水体与设计开采界限之间的最小距离符合本规范第六十六条表8中各水体采动等级要求留设的相应类型安全煤（岩）柱尺寸的。

（二）在技术可能、经济合理的条件下，能够实现河流改道，水库或者采空区积水放空，松散孔隙含水层或者基岩孔隙－裂隙、岩溶－裂隙含水层水体疏干、改造及堵截住水源补给通道的。

（三）地质、开采技术条件较好，并在有条件采用开采技术措施及其他措施后，水体与设计开采界限之间的最小距离能满足本规范第六十六条表8中各水体采动等级要求留设的相应类型安全煤（岩）柱尺寸的。

第七十三条　符合下列条件之一者，水体的压煤允许进行试采：

（一）大型地表水体与设计开采界限之间的最小距离符合本规范第六十六条表 8 中各水体采动等级要求留设的相应类型安全煤（岩）柱尺寸，首次开采的。

（二）水体与设计开采界限之间的最小距离小于本规范第六十六条表 8 中各水体采动等级要求留设的相应类型安全煤（岩）柱尺寸，但水体与煤层之间有良好隔水层，或者通过对岩性、地层组合结构及顶板垮落带、导水裂缝带高度或者底板采动导水破坏带深度、承压水导升带高度等分析，经技术论证确认无突水溃砂可能的。

（三）水体与设计开采界限之间的最小距离，虽略小于本规范第六十六条表 8 中各水体采动等级要求的相应类型安全煤（岩）柱尺寸，但技术经论证确认具有安全可能的。

（四）水体与设计开采界限之间无足够厚度的良好隔水层，但采取充填法或者条带法等开采技术措施后可使顶板导水裂缝带高度或者底板采动导水破坏带深度达不到水体的。

（五）水体与设计开采界限之间的最小距离虽符合本规范第六十六条表 8 中要求留设的相应类型安全煤（岩）柱尺寸，但水体压煤地区地质构造比较发育的。

（六）水体与设计开采界限之间的最小距离虽符合本规范第六十六条表 8 中要求留设的相应类型安全煤（岩）柱尺寸，但本矿区煤层为大采深和高水压且首次开采的。

（七）地质、采矿条件允许，可以在枯水季节进行开采的季节性水体压煤的。

第七十四条　近水体采煤时，必须采用相应的开采技术措施和安全措施。根据水体的类型、地质、水文地质和开采技术条件，可以选用下列开采技术措施和安全措施：

（一）保留防砂煤（岩）柱和防塌煤（岩）柱在水体下开采缓倾斜（0°～35°）及中倾斜（36°～54°）厚煤层时，宜采用倾斜分层长壁开采方法，并尽量减少第一、二分层的采厚，增加分层之间的间歇时间，上、下分层同一位置的回采间隔时间应当不小于 6 个月，如果岩性坚硬，间隔时间应当适当增加。采用放顶煤开采方法时，必须先试采。

（二）开采急倾斜煤层（55°～90°）时，应当采用河流改道，水库、采空区积水放空，含水层疏干、改造以及堵截住水源补给通道等措施。

（三）当松散含水层或者基岩含水层处于预计顶板导水裂缝带范围内，但煤层顶板与含水层之间有隔水层存在时，应当防止工作面顶板隔水层超前断裂、切顶和抽冒，做好工作面疏排水工作。

（四）如果松散层底部为强含水层，且与基岩含水层有密切的水力联系时，矿井初期应当按防水煤（岩）柱要求确定开采上限和只将总回风巷标高提高，待对底部含水层疏干后再按防砂煤（岩）柱或者防塌煤（岩）柱要求留设后进行开采。

（五）在试采条件困难和地质、水文地质资料不足的情况下，可以先开采远离水体、隔水层较厚且分布稳定、地质和水文地质条件较简单或者易于进行观测试验的煤层或者区域，积累经验后再逐步扩大试采规模与范围。

（六）开采石灰岩强岩溶水体压煤时，应当在开采水平、采区或者煤层之间留设隔离煤柱或者建立防水闸门（墙），计算隔离煤柱尺寸时，必须使煤柱至岩溶水体之间的岩体不受到破坏；或者在受突水威胁的采区建立单独的疏水系统，加大排水能力及水仓容量或者建立备用水仓。在水体上采煤时，可采用底板注浆加固等措施。导水断层两盘和陷落柱周围应当留设煤柱，也可采用注浆加固等措施。

（七）在积水采空区和基岩含水层附近采煤，或者存在充水断层破碎带、陷落柱等时，应当先探放、再疏降、后开采。

（八）可以采取充填开采、条带开采等措施减少垮落带、导水裂缝带高度或者底板采动导水破坏带深度。

（九）近水体采煤时，应当采用钻探或者以钻探为主结合物探的方法详细探明有关的含、隔水层界面和基岩面起伏变化，以保证安全煤（岩）柱的设计尺寸符合规定。

（十）近水体采煤时，应当对受水威胁的工作面和采空区的水情加强监测，对水量、水质、水位动态进行系统观测和及时分析；应当设置排水沟或者专门排（泄）水巷道，定期清理水沟、水仓，正确选择安全避灾路线，配备良好的照明、通信与信号装置；应当对采区周围井巷、采空区及地表积水区范围和可能发生的突水通道作出预计并采取相应措施。

其他安全措施按《煤矿安全规程》（国家安全生产监督管理总局令　第87号）和《煤矿防治水规定》（国家安全生产监督管理总局令　第28号）有关条款执行。

第七十五条　近水体采煤必须进行开采方案设计，经审批后实施。开采方案设计应当包括下列内容：

（一）压煤开采的必要性、可能性和安全可靠性。

（二）近水体采煤的各种技术方案，主要包括水体特征分析，采煤方法和顶板控制方法选择与论证，顶板垮落带、导水裂缝带高度或者底板采动导水破坏带深度、承压水导升带高度及发展特征预计，安全煤（岩）柱设计，开采技术措施和防治水安全措施。水体受采动影响程度分析与涌水量预计，必要时进行地表和岩层移动与变形预计，进行地质构造、大采深、大采高和高水压等特殊条件对安全煤（岩）柱影响的论证。

（三）方案的技术、经济评价及费用概算。

（四）方案的综合分析对比和选定。

（五）井上、下水文地质长期观测网设计。

（六）顶板垮落带、导水裂缝带高度或者底板采动导水破坏带深度观测设计。

（七）必要时进行地表移动观测站设计。

（八）必要时进行井下探放水工程、水文补勘工程设计。

第七十六条 近水体开采方案设计，根据水体的具体情况应当具备下列有关技术资料和工程图。

（一）技术资料

（1）地表水体的水域、水深、水位动态、流量、流速、大气降雨量、补给水源及渗漏途径，地表洪水及防洪、排洪渠道系统。

（2）采空区、旧巷积水区的范围、水量，老采区的开采层数及范围，采空区积水的水源及其动态特征，与大气降水、地表水、地下水及上、下煤层的水力联系；本煤层其他采空区和积水区之间的水力联系。

（3）松散层的成因类型；含水层、隔水层的组合结构及沉积特征；含水层的厚度、富水性（单位涌水量、渗透系数）、颗粒级配，在天然状态下的补给、径流、排泄条件及其在采动影响下可能产生的变化；隔水层的厚度、塑性指数及液性指数。

（4）基岩含水层和隔水层的组合结构和沉积特征，岩层裂隙、岩溶、断层和陷落柱的发育与分布规律，富水性、水质、水量、水位动态及其在天然状态下的补给、径流、排泄条件和在采动影响下可能产生的变化；隔水层的厚度、岩性；岩石物理力学性质，岩石结构特征和矿物成分；地质断裂构造特征，断层、陷落柱的隔水性和导水性；穿透含水层钻孔的封孔质量；基岩面标高，风化带深度及其含水性评价。

（5）成煤时代，煤层稳定性，可采煤层层数、厚度、层间距、倾角、埋深及矿井开拓、采掘、排水系统。

（6）本矿井（区）或者类似条件下的顶板垮落带、导水裂缝带高度，底板采动导水破坏带深度，承压水导升带高度，采掘工作面矿压参数，地表移动与变形参数，地表塌陷、溃砂或者突水等资料。

（7）本矿井（区）的充水性特征，涌水量及其构成。

如果现有资料不能满足上述要求，应当进行补充调查和勘探。

（二）工程图

（1）井上下对照图。

（2）采掘工程平面图。

（3）地质剖面图、钻孔柱状图。

（4）矿井综合水文地质柱状图、矿井水文地质剖面图。

（5）矿井排水系统图。

（6）矿井充水性图。

（7）矿井涌水量与各种相关因素动态曲线图。

第七十七条 进行水体压煤开采时，必须进行相应的观测研究工作。进行水体压煤试采时，观测研究工作应当包括下列内容：

（一）试采区巷道和工作面充水性，全矿井涌水量动态，分煤层、分水平、分采区、分工作面、分涌水点的涌水量定期观测及水质化验分析。

（二）地表水和地下水（包括松散层、基岩和风化带含水层水）动态长期观测。观测工作在采前至少进行一个水文年。地表水的观测内容主要为水位标高、水质化验、流量等；地下水的观测内容主要为各含水层的水位标高、水质化验、流速及水力联系、补给通道等；此外，还应当收集或观测气象资料（降雨量、蒸发量等）。

（三）顶板垮落带高度、导水裂缝带高度、底板采动导水破坏带深度与承压水导升带高度和分布形态及特征观测研究。

（四）采煤工作面矿压、地表移动与变形观测，地表裂缝的素描与摄影、录像记录。

（五）开采厚度、开采面积、工作面顶板垮落高度与特征、推进速度、基本顶初次与周期来压、顶板及煤柱稳定性和各项开采技术经济指标的计算与分析。

（六）岩溶地区可溶岩层上方地表塌陷范围、塌陷坑分布状况和可能的塌陷监测；岩溶陷落柱分布范围、含水情况等。

（七）地表下沉盆地积水区范围、水深及水量观测。

（八）采空区积水的水位、水量及补给、排泄情况观测。

（九）采煤工作面地质异常超前探测。

试采结束后，对各项观测资料进行系统分析和总结，提出成果，上报原审批单位。

对多次成功地进行过水体压煤开采且掌握了数据和规律的矿井，上述工作可根据具体情况进行。

第六章　井筒与工业场地及主要巷道
保护煤柱留设与压煤开采

第一节　立井与工业场地保护煤柱的留设

第七十八条　立井按深度、用途、煤层赋存条件及地形特点划分为六类：

第一类　深度大于和等于 400 m 或者穿过煤层群的主、副井。

第二类　深度小于 400 m 的主、副井，各类风井、充填井。

第三类　穿过急倾斜煤层及其顶、底板的立井。

第四类　穿过有滑移危险的软弱岩层、软煤层及高角度断层（断层面延展至基岩面）的立井。

第五类　位于有滑移危险的山区斜坡处的立井。

第六类　各类暗立井。

第七十九条　必须在矿井、水平、采区设计时划定立井（含暗立井）和工业场地保护煤柱。

第八十条　立井和工业场地保护煤柱受护范围按下列要求确定：

（一）立井地面受护范围应当包括井架（井塔）、提升机房和围护带。立井围护带宽度为 20 m。

（二）暗立井井口水平的受护范围应当包括井口、提升机房、车场及硐室护巷煤柱和围护带。暗立井围护带宽度为 20 m。

（三）留设工业场地受护范围应当包括受护对象和围护带。工业场地受护对象是指工业场地内为煤炭生产直接服务的工业厂房和服务设施。工业场地围护带宽度为 15 m。

第八十一条　立井保护煤柱应当采用垂直剖面法设计。

第一类立井　保护煤柱按边界角设计。当立井包括在工业场地以内时，按本规范第八十条要求以工业场地受护范围设计其保护煤柱。如果前者大于后者，应当以前者为保护煤柱的最终边界。

第二类立井　保护煤柱按移动角设计。

第三类立井　保护煤柱按移动角设计，保护煤柱的下山方向边界以底板移动角设计。

第四类立井　除应当按本条前三类规定设计保护煤柱外，还应当留设立井防滑煤柱（见本规范第八十二条）。

第五类立井　除应当按本条前三类规定设计保护煤柱外，为了防止滑坡引起井筒破坏，一般应当在井筒所在斜坡的上、下坡两侧加大煤柱尺寸（见本规范第十八条）。

　　第六类立井　保护煤柱应当将暗立井井口水平的受护范围边界投影到天轮硐室顶板标高水平，然后按移动角设计（见图1）。

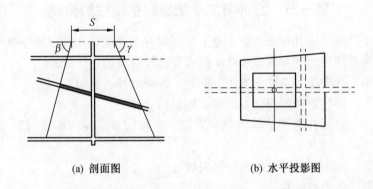

(a) 剖面图　　　　　　　　　(b) 水平投影图

γ—上山移动角；β—下山移动角；S—暗立井受护范围

图1　暗立井保护煤柱设计方法

　　第八十二条　设计立井防滑煤柱时，防滑煤柱的下边界应当根据煤层埋藏条件按式（1）计算确定（见图2）：

$$H_B = H_s \sqrt[3]{n} + H_{\perp} \tag{1}$$

式中　　H_B——开采多个煤层时应当留设防滑煤柱的深度，m；

　　　　H_s——发生滑移的临界深度，m（H_s值参照本矿区经验选取）；

　　　　n——开采煤层层数；

　　　　$H_s \sqrt[3]{n}$——开采多个煤层时发生滑移的临界深度（从保护煤柱的上边界算起），m；

　　　　$H_{\perp}$——按一般方法设计保护煤柱的上边界垂深，m。

　　当立井穿过煤层群时，第一煤层防滑煤柱按上述原则确定留设深度。其余各煤层的防滑煤柱下边界设计方法是：过上层煤防滑煤柱下边界点（在煤层倾斜剖面上），以上山移动角作直线，该直线与各煤层底板的交线即为其防滑煤柱的下边界。

　　第八十三条　立井保护煤柱附近有落差大于20 m的高角度断层穿过时，或者立井井筒受断层切割时，应当考虑采煤引起断层滑移的可能性。此时应当根据具体条件加大煤柱尺寸，使断层与煤层的交面包括在保护煤柱范围内（见图3）。

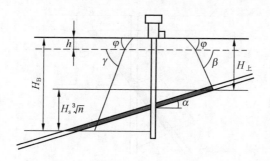

γ—上山移动角；β—下山移动角；φ—松散层移动角；

h—松散层厚度；α—煤层倾角

图2　立井防滑煤柱设计方法

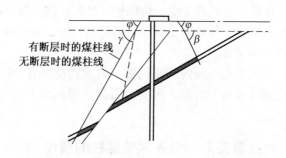

γ—上山移动角；β—下山移动角；φ—松散层移动角

图3　受断层影响的立井保护煤柱设计方法

第八十四条　设计立井保护煤柱时，如果煤层倾角为45°~65°，为保护井筒免受煤层底板的采动影响，井筒至煤柱下边界的距离 L（沿煤层倾向）不应当小于按式（2）计算的长度（见图4）。

$$L = A_3 H_T \tag{2}$$

式中　A_3——与煤层倾角有关的系数，按表9选取；

　　　H_T——井筒与煤层交点处的垂深，m。

表9　系　数　A_3　值

煤层倾角/(°)	45	55	60	65
A_3	0.25	0.40	0.55	0.70

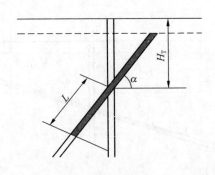

α—煤层倾角

图 4　井筒免受煤层底板采动影响示意图

第八十五条　工业场地保护煤柱按移动角设计。

第八十六条　在设计新矿井工业场地保护煤柱时，除依据移动角值外，还可以根据工业场地平面形状、场地内建筑物和构筑物布局，对部分建筑物和构筑物采取加固措施，减少压煤量。

第八十七条　如果工业场地内的建筑物、构筑物位于有松散含水层的地区，则应当根据松散层因排水疏干后发生压缩而引起的附加地表沉降值，对建筑物、构筑物采取加固措施。

第二节　斜井保护煤柱的留设

第八十八条　斜井保护煤柱根据受护范围按移动角留设。斜井受护范围应当包括井口（含井口绞车房或者暗斜井绞车硐室）及其围护带、斜井井筒和井底车场护巷煤柱。井口围护带在井筒的底板一侧留设 10 m。车场护巷煤柱是指为斜井井底巷道所留的巷道两侧煤柱（斜井保护煤柱宽度 S 的计算见本规范第九十条）。

第八十九条　对位于单一煤层底板或者煤层群底板岩层中，并且与煤层倾角相同的斜井，应当根据斜井至煤层的法线距离（见图 5）、煤层厚度及其间的岩性（参照表 10）确定是否留设保护煤柱。当该法线距离大于或者等于表 10 中的数值时，斜井上方的煤层中可以不留设保护煤柱；当该法线距离小于表 10 中的数值时，斜井上方的煤层中应当留设保护煤柱。该保护煤柱的宽度可以参照本规范第九十条第一款的设计。

第九十条　对位于单一煤层或者煤层群的最上一层煤中，并且与煤层倾角相同的斜井，在斜井两侧的各个煤层中都应当留设保护煤柱。保护煤柱宽度可以按下述方法设计：

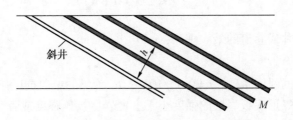

h—斜井至各煤层的法线距离；M—斜井上方各煤层的厚度

图 5　斜井上方保护煤柱的设计

表 10　斜井上方煤层中留设保护煤柱的临界法线距离

岩性	岩 石 名 称	临界法线距离 h/m	
		薄、中厚煤层	厚　煤　层
坚硬	石英砂岩、砾岩、石灰岩、砂质页岩	$(6\sim10)M$	$(6\sim8)M$
中硬	砂岩、砂质页岩、泥质灰岩、页岩	$(10\sim15)M$	$(8\sim10)M$
软弱	泥岩、铝土页岩、铝土岩、泥质砂岩	$(15\sim25)M$	$(10\sim15)M$

注：M 表示斜井上方各煤层的厚度，m。

（一）煤层中的斜井保护煤柱宽度按实测资料取煤层中的铅垂应力增压区与减压区宽度之和设计或者按式（3）计算（见图 6）。

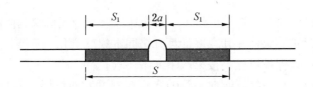

图 6　斜井或巷道保护煤柱设计方法

煤层（倾角小于 35°时）中的斜井保护煤柱宽度 S 为

$$S = 2S_1 + 2a \qquad (3)$$

式中　　a——受护斜井或巷道宽度的一半，m；

S_1——斜井或巷道护巷煤柱的水平宽度，m，可以按式（4）计算；

$$S_1 = \sqrt{\frac{H(2.5 + 0.6M)}{f}} \tag{4}$$

式中　H——斜井或巷道的最大垂深，m；

　　　M——煤厚，m；

　　　f——煤的强度系数，$f = 0.1\sqrt{10R_c}$；R_c 为煤的单向抗压强度，MPa。

（二）如果煤层底板岩层的强度小于上覆岩层抗压强度或者其内摩擦角小于25°时，应当加大按上述方法设计的斜井煤柱宽度的50%。

（三）当煤层倾角大于35°时，斜井或者巷道保护煤柱宽度可以参照本矿井（区）经验数据或者用类比法设计。

（四）斜井或者巷道下方煤层中的保护煤柱从护巷煤柱边界起，按移动角设计（见图7）。

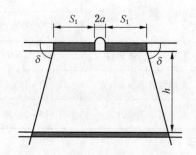

δ—走向移动角

图7　斜井或者巷道下方煤层中保护煤柱的设计方法

第九十一条　对位于煤层群最下一层煤中，且与煤层倾角相同的斜井，应当在斜井两侧留设护巷煤柱，其宽度计算方法同本规范第九十条第一款要求，其上部煤层中是否留设保护煤柱，按第八十九条要求执行。

第九十二条　对与煤层倾向一致的穿煤层斜井和与煤层倾向相反的反斜井，其保护煤柱可以根据斜井与煤层的上、下位置关系设计。当斜井位于煤层下方时，按本规范第八十九条要求执行；当斜井位于煤层上方时，按第九十条第四款要求执行。斜井穿煤层部分的护巷煤柱设计方法，则按第九十条第一款要求执行。

第三节 平硐、石门、大巷及上、下山保护煤柱的留设

第九十三条 当平硐、石门穿过煤层时，平硐、石门保护煤柱可以按下述方法留设（见图8）。

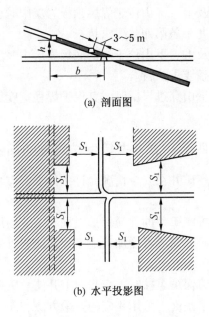

(a) 剖面图

(b) 水平投影图

S_1—平硐及石门和巷道煤柱宽度

图8 平硐及石门保护煤柱设计方法

（一）对倾角小于或者等于35°的煤层，穿煤点上方的平硐、石门保护煤柱的水平投影长度 b（见图8a）按式（5）计算确定：

$$b = \frac{h}{\tan\alpha} \tag{5}$$

式中 h——穿煤点上方保护煤柱的相对垂高，m，$h = 30 - 25\dfrac{\alpha}{\rho}$；

α——煤层倾角，（°）；

ρ——常数，$\rho = 57.3°$。

（二）对倾角大于35°的煤层，平硐、石门上方煤柱相对垂高一般取 10 m。

（三）对于煤层底板为厚度大于 20 m 的坚硬岩层（如石英砂岩等），平硐、石门上方可以只留设 3~5 m 煤柱作为护巷煤柱，而不留设平硐、石门保护煤柱（见图8a）。

（四）穿煤点下方的平硐及石门保护煤柱设计方法可以按本规范第九十条第四款要求执行（见图8b）。

第九十四条　大巷及上、下山位于煤层中时，其护巷煤柱宽度可以按本规范第九十条第一款要求执行。

第九十五条　大巷及上、下山位于煤层顶板岩层中时，其保护煤柱设计方法及宽度可以按本规范第九十条第四款要求执行。

第九十六条　大巷及上、下山位于煤层底板岩层中时，其保护煤柱设计方法可以按本规范第八十九条要求执行。

第九十七条　上、下山穿过煤层时，其保护煤柱宽度可以按本规范第八十条和第九十三条要求执行。

第四节　立井井筒保护煤柱的回收

第九十八条　各生产矿井在安全情况允许条件下，应当回收即将报废立井的保护煤柱。

第九十九条　即将报废矿井的井筒保护煤柱和工业场地保护煤柱，可以利用本井筒回收；需要另建新井筒或者增加其他工程才能回收的，必须在专门设计中论证。

第一百条　回收井筒保护煤柱时，应当根据井筒与所采煤层的空间关系，地质、水文地质及开采技术条件，采用相应的开采方法和安全措施。

第一百零一条　井筒保护煤柱回收应当进行开采方案设计，经审批后实施。开采方案设计应当包括下列基本内容：

（一）回收井筒保护煤柱的必要性、可能性和安全可靠性。

（二）回收井筒保护煤柱的各种技术方案。其中包括采煤方法和顶板控制方法的选择与论证、开采技术措施、井筒变形影响预计与评估、井筒安全措施及维修方法。

（三）方案的技术、经济评价和费用概算。

（四）方案的综合分析对比和选定。

（五）地表与井筒移动观测方案设计。

第一百零二条　井筒保护煤柱回收设计应当具备下列主要技术资料和工程图。

（一）技术资料

（1）地质及开采技术条件。煤层的层数、层间距、厚度、倾角、埋藏深度，压煤量，所采煤层与井筒的空间关系，所采煤层中及其上、下的巷道、硐室分布情况，岩性、断裂构造、岩层含水性，井筒保护煤柱外已开采情况。

（2）井筒及其装备概况。井深、井径，井壁、罐道、罐道梁、提升设备、井筒内管路、电缆、梯子间、井架（井塔）及井口房的技术特征，安装布置方式、使用现状及必要的设计说明书、施工总结。

（3）井筒周边建筑物、构筑物概况。

（二）工程图

（1）井上、下对照图，采掘工程平面图，地质剖面图。

（2）含井壁结构的井筒剖面图。

（3）通过井筒及工业场地的地质剖面图。

（4）井筒横断面图及井筒装备布置图。

（5）井筒及周边建筑物、构筑物竣工图。

第一百零三条 回收井筒保护煤柱时，应当在地面、井筒内及巷道内进行观测，并在井筒保护煤柱开采结束后对资料进行系统分析与总结。

地面、井筒内及巷道内进行观测工作包括：

（一）地表及其建筑物、构筑物的移动与变形观测。

（二）井筒保护煤柱范围内的各种巷道移动与变形观测。

（三）井筒及其装备的移动与变形观测。应当包括井筒的水平位移和垂直变形、井壁应力和变形、罐道水平间距和垂直变形、罐道梁变形、管道垂直变形等。

（四）各种构筑物、重要设备及其基础的移动与变形观测。应当包括井架偏斜、天轮中心线水平移动、绞车与电动机大轴及基础的移动与变形观测。

第五节 斜井保护煤柱的回收

第一百零四条 各生产矿井在安全情况允许条件下，应当回收即将报废斜井的保护煤柱。

第一百零五条 斜井保护煤柱回收，应当进行专门开采方案设计，经审批后实施。开采方案设计应当根据斜井井筒与所采煤层的空间关系、地质及开采技术条件，采用相应的开采方法和安全措施，并应当在地面和井筒内进行相关观测工作。

第六节 平硐、石门、大巷及上、下山保护煤柱的回收

第一百零六条 各生产矿井在安全情况允许条件下，应当回收即将报废的平硐、石门、大巷及上、下山保护煤柱和护巷煤柱。

第一百零七条 回收平硐、石门、大巷及上、下山保护煤柱时，应当根据其所在位置，实行跨采（巷道在煤层下面）或者巷下采煤，一般采用由远而近、逐段回收、逐段报废的方法。

第七章 煤柱留设与压煤开采工作的管理

第一百零八条 煤柱留设与变更、压煤开采设计应当由煤矿企业组织专业技术人员或者委托专业机构完成，并由煤矿企业组织论证、审批。

压煤开采设计涉及煤矿企业以外其他方受护对象安全问题时，应当由煤矿企业组织专业技术人员或者委托专业机构完成，并与受护对象产权单位协商一致后，报省级及以上煤炭行业管理部门。

第一百零九条 压煤开采设计未经审批，不得进行回采，压煤开采（试采）结束后必须编制技术总结报告并报送原审批部门存档。

第一百一十条 受采动影响的建筑物（构筑物）、水体、铁路为非煤矿企业产权的，在本规范第一百零八条基础上应当在开采前告知其产权单位，并根据开采结束后的损害程度给予合理补偿。在已经合法批准的矿区范围内受采动影响的各类违章建筑物（构筑物）等，煤矿企业不承担任何维修、补偿责任。

第一百一十一条 鼓励煤矿企业采用新技术、新工艺、新装备提高压煤采出率，由于压煤开采而增加的生产、维修、防护、补偿及科研试验经费，由专项费用解决或者计入煤炭生产成本。

第八章 沉陷区环境影响评价与土地治理、利用

第一节 开采沉陷的环境影响评价

第一百一十二条 开采沉陷的环境影响评价主要内容应当包括分析和评价开采沉陷对土地、水资源、生态环境、地面建筑物（构筑物）等环境因子的影响程度，针对影响情况提出防护和治理措施。

第一百一十三条 在新建、改建及扩建矿井的环境影响评价中，必须包括开采沉陷对环境的影响评价。

开采沉陷对环境的影响评价内容包括：

（一）开采沉陷对耕地的影响评价。

（二）开采沉陷对地表水体的影响评价。

（三）开采沉陷对含水层的影响评价。

（四）开采沉陷对地面建筑物的影响评价。

（五）开采沉陷对构筑物的影响评价。

（六）开采沉陷对铁路的影响评价。

第二节 沉陷区的土地治理与利用

第一百一十四条 在地质勘探和矿区规划、矿井设计阶段,应当对矿区范围内的土地利用类型、土壤质地及植被覆盖情况进行调查与统计,并在设计文件中提出矿区土地复垦规划。

第一百一十五条 在矿井建设与生产过程中,应当对开采影响范围内的土地损毁情况作出预测与评价,进行土地复垦适宜性分析,根据相关法规和规范编制土地复垦方案。

第一百一十六条 土地复垦规划和方案的编制应当在土地资源调查和煤炭开采对环境等的影响评价的基础上进行,并与矿井建设、煤炭生产、生态保护、土地利用总体规划、城镇(村)建设规划和固体废弃物处置与利用规划相协调。

第一百一十七条 土地复垦应当遵循"因地制宜"的原则进行规划,优先复垦耕地或者其他农业用地,并积极发展生态农业。对原荒芜的土地等可以因地制宜确定复垦后土地的用途。

在井田范围内复垦规划中存在大规模积水区时,应当对井下开采进行安全影响评价。

第一百一十八条 土地复垦应当遵守相关标准,保护土壤质量与生态环境,避免污染土壤和地下水。应当首先对拟损毁的耕地、林地、牧草地进行表土剥离堆存,剥离的表土用于被损毁土地的复垦。

第一百一十九条 矸石回填采煤沉陷区的复垦方案应当根据排矸工艺、矸石回填后的土地用途等综合确定。复垦地用于建筑场地时,要根据建筑物的类型选择合理的地基处理方法和施工工艺;用于种植时,应当构造合理的土壤剖面,覆土厚度应当满足土地复垦技术标准的要求。

第一百二十条 沉陷区用矸石回填复垦时,充填物含碳量不宜大于12%,含硫量不宜大于1.5%。当两者之一大于上述值时,应当采取防自燃措施。

第一百二十一条 土地复垦工程完成后,应当经测量部门,会同有关部门对复垦工程等进行验收测量,提交验收图纸与验收报告并报审批单位与煤矿企业存档,申请土地管理等部门进行验收。

第一百二十二条 煤矿应当进行开采沉陷、土地损毁与复垦的监测统计工作,并定期计算土地破坏率及土地复垦率等指标。

第三节 煤矿开采沉陷区建设场地稳定性评价

第一百二十三条 在煤矿开采沉陷区进行各类工程建设时,必须进行建设场地稳定性评价。

第一百二十四条　煤矿开采沉陷区拟建设场地稳定性评价分为稳定、基本稳定、不稳定三种程度。对于稳定的建设场地，可以采取简易抗变形结构措施；对于基本稳定的建设场地，可以选用抗变形结构措施、采空区治理措施或者两者的结合；对于不稳定的建设场地，应当避免进行建设，或者采用采空区处理措施，保障建设场地稳定性。

第一百二十五条　进行开采沉陷区建设场地稳定性评价时，应当收集下列资料：

（一）煤层开采的范围、层数、时间、采煤方法和开采煤层的地质、水文地质、采矿条件等。

（二）矿区地表移动、覆岩破坏观测资料。

（三）建设场地自然地理资料。

（四）拟建建筑物（构筑物）的建筑结构特征、拟采取的基础类型、允许变形指标及建设规划总平面图。

第一百二十六条　对于开采范围内采煤方法不清楚的采空区，应当进行开采范围及采空区现状的勘查。

第一百二十七条　进行开采沉陷区建设场地稳定性评价时，应当进行下列工作：

（一）开采沉陷区采动影响和地表残余影响的移动变形计算。

（二）覆岩破坏高度与建设工程影响深度的安全性分析。

（三）地质构造稳定性及邻近开采、未来开采对其影响的分析。

（四）建设工程荷载及动荷载对采空区稳定性的影响分析。

（五）对于部分开采的采空区，还应当分析煤柱的长期稳定性、覆岩的突陷可能性及地面载荷对其稳定性的影响。

（六）对于山区地形，应当进行采动坡体的稳定性分析。

（七）其他（如地表裂缝、塌陷坑、煤柱风化等）对建设场地稳定性的影响分析。

第一百二十八条　对需要进行采空区处置的建设场地，需编制单独的采空区治理设计，设计应当包括地质采矿条件、工程概况、治理的目的和范围、治理方案、工艺流程、治理标准及控制、变形监测方案等内容，治理方案需经论证后实施。

第一百二十九条　对采空区治理必须进行质量检测，各项指标达到设计标准时，方可以进行工程建设。

第一百三十条　对开采沉陷区的建设场地，应当在建设中和建设后进行场地的变形监测。

第九章　压煤开采的经济评价

第一百三十一条　为了分析压煤开采的经济效果，应当在压煤开采方案技术论证的基础上进行经济和社会效益评价。

第一百三十二条　压煤开采企业经济评价使用"采"与"不采"对比分析法评价压煤资源开采的经济合理性。压煤开采的经济评价应当选择多个可行的技术方案进行比较，以确定最佳方案。

第一百三十三条　压煤开采的社会效益评价应当包括下列内容：

（一）因开采压煤而多采出的煤量和试采成功后可以解放的煤量对提高煤炭资源回收率和支撑社会经济发展的影响。

（二）因增加煤炭资源储量而延长矿井（采区）服务年限，增加就业岗位所带来的社会效益。

第十章　附　　　则

第一百三十四条　本规范由国家安全监管总局、国家煤矿安监局、国家能源局和国家铁路局负责解释。

第一百三十五条　本规范自 2017 年 7 月 1 日起执行。2000 年 5 月 26 日原国家煤炭工业局《关于颁发〈建筑物、水体、铁路及主要井巷煤柱留设与压煤开采规程〉的通知》（煤行管字〔2000〕第 81 号）同时废止。

附录 1　本规范专用名词解释

受护对象：为避免煤矿开采影响破坏而需要保护的对象。

围护带：设计保护煤柱划定地面受护对象范围时，为安全起见沿受护对象四周所增加的带形面积。

边界角：在充分或接近充分采动条件下，移动盆地主断面上的边界点（下沉 10 mm 点）与采空区边界之间的连线和水平线在煤柱一侧的夹角。

移动角：在充分或接近充分采动条件下，移动盆地主断面上，地表最外的临界变形（水平变形 $\varepsilon = +2$ mm/m，倾斜 $i = \pm 3$ mm/m，曲率 $K = +0.2 \times 10^{-3}$/m）点和采空区边界点连线与水平线在煤壁一侧的夹角。

采动滑坡：地下开采引起的山坡整体性大面积滑动或者坍塌。

采动滑移：地下开采引起的山区地表附加移动。

允许地表变形值：受护对象不需维修能保持正常使用所允许的地表最大变形值。

地表移动与变形：一般指在采煤影响下地表产生的下沉、水平移动、倾斜、水平变形和曲率。

松散层：指第四纪、新第三纪未成岩的沉积物，如冲积层、洪积层、残积层等。

地表移动参数：反映地表移动与变形特征、程度的参数和角值。主要是：下沉系数、水平移动系数、边界角、移动角、裂缝角、最大下沉角、开采影响传播角，充分采动角、超前影响角、最大下沉速度角和移动延续时间等。

近水体：对采掘工作面涌水量可能有直接影响的水体。

垮落带：由采煤引起的上覆岩层破裂并向采空区垮落的岩层范围。

导水裂缝带：垮落带上方一定范围内的岩层产生断裂，且裂缝具有导水性，能使其范围内覆岩层中的地下水流向采空区，这部分岩层范围称导水裂缝带。

防水安全煤（岩）柱：为确保近水体安全采煤而留设的煤层开采上（下）限至水体底（顶）界面之间的煤岩层区段，简称防水煤（岩）柱。

防砂安全煤（岩）柱：在松散弱含水层或固结程度差的基岩弱含水层底界面至煤层开采上限之间设计的用于防止水、砂溃入井巷的煤岩层区段，简称防砂煤（岩）柱。

防塌安全煤（岩）柱：在松散黏土层或者已疏干的松散含水层底界面至煤层开采上限之间设计的用于防止泥砂塌入采空区的煤（岩）层区段，简称防塌煤（岩）柱。

抽冒：在浅部厚煤层、急倾斜煤层及断层破碎带和基岩风化带附近采煤或者掘巷时，顶板岩层或者煤层本身在较小范围内垮落超过正常高度的现象。

切冒：当厚层极硬岩层下方采空区达到一定面积后，发生直达地表的岩层一次性突然垮落和地表塌陷的现象。

水体底界面：地表水体或者地下含水体（层）的底部界面。

裂缝角：在充分或接近充分采动条件下，移动盆地主断面上，地表最外侧的裂缝和采空区边界点连线与水平线在煤壁一侧的夹角。

开采上限：水体下采煤时用安全煤（岩）柱设计方法确定的煤层最高开采标高。

岩层移动：因采矿引起围岩的移动、变形和破坏的现象和过程。

地表下沉盆地：由采煤引起的采空区上方地表移动的范围，通常称地表移动盆地或地表塌陷盆地。一般按边界角或者下沉 10 mm 点划定其范围。

防滑煤柱：在可能发生岩层沿弱面滑移的地区，为了防止或者减缓井筒、地面建筑物（构筑物）滑移而在正常保护煤柱外侧增加留设的煤层区段。

附录2　本规范用词说明

1. 执行本规范条文时，对要求严格程度的用词，作如下说明，以便在执行中区别对待。

（1）表示很严格，非这样不可的用词：

正面词一般用"必须"；

反面词一般用"严禁"。

（2）表示严格，在正常情况下均应当这样做的用词：

正面词一般用"应当"；

反面词一般采用"不应当"或者"不得"。

（3）表示允许有选择，在一定条件下可以这样做的，采用"可以"。

2. 条文中必须按指定的规程或者其他有关规定执行的写法为：

"按……执行"或者"符合……"。

非必须按所指的规程或者其他规定执行的写法为：

"参照……"。

附录3　地表移动影响计算

1. 地表移动影响范围与量值

（1）地表移动影响范围可以通过移动角量参数或者移动变形计算值确定。

（2）地表移动变形量值包括下沉、水平移动、倾斜、水平变形、曲率。

2. 地表移动与变形的计算

地表移动计算方法可以采用典型曲线法、负指数函数法、概率积分法和数值计算分析法等，最为常用的方法为概率积分法。

3. 地表移动延续时间的确定

（1）地表点下沉10 mm时为地表移动期开始的时间。

（2）地表点连续6个月下沉值不超过30 mm时，可以认为地表移动期结束。

（3）地表移动延续时间可以根据最大下沉点的下沉与时间关系分为初始期、活跃期和衰退期。

① 初始期：从移动开始（下沉10 mm）至移动活跃期时的持续时间；

② 活跃期：地表下沉速度每天大于1.7 mm的持续时间；

③ 衰退期：从活跃期结束到移动稳定（连续6个月下沉不超过30 mm）的

持续时间。

（4）地表移动延续时间：从地表移动（下沉 10 mm）开始到地表移动稳定（连续 6 个月下沉不超过 30 mm）结束的持续时间。

4. 地表移动计算参数的确定

（1）地表移动计算参数需依据开采区域的地质采矿条件确定。对已有实测资料的矿区，应当首先参考本矿区的计算参数；无实测资料的矿区，可以参考类似地质采矿条件矿区或者依据岩性条件按附表 3 - 1 选定。

（2）当采动程度较小时，地表移动计算参数中下沉系数和主要影响角正切应当进行调整。

（3）条带开采、充填开采和地表残余变形计算需要调整计算参数。

附表 3 - 1　岩性与预测参数相关关系表

| 覆岩类型 | 覆岩性质 | | 下沉系数 | 水平移动系数 | 主要影响角正切 | 拐点偏移距/m | 开采影响传播角/(°) |
	主要岩性	单向抗压强度/MPa					
坚硬	大部分以中生代地层硬砂岩、硬石灰岩为主，其他为砂质页岩、页岩、辉绿岩	>60	0.27 ~ 0.54	0.2 ~ 0.3	1.20 ~ 1.91	(0.31 ~ 0.43)H	90° - (0.7 ~ 0.8)α
中硬	大部分以中生代地层中硬砂岩、石灰岩、砂质页岩为主，其他为软砾岩、致密泥灰岩、铁矿石	30 ~ 60	0.55 ~ 0.84	0.2 ~ 0.3	1.92 ~ 2.40	(0.08 ~ 0.30)H	90° - (0.6 ~ 0.7)α
软弱	大部分为新生代地层砂质页岩、页岩、泥灰岩及黏土、砂质黏土等松散层	<30	0.85 ~ 1.00	0.2 ~ 0.3	2.41 ~ 3.54	(0 ~ 0.07)H	90° - (0.5 ~ 0.6)α

附录 4　近水体采煤的安全煤（岩）柱设计方法

一、水体下采煤的安全煤（岩）柱设计方法

1. 水体下采煤的安全煤（岩）柱留设与设计

（1）防水安全煤（岩）柱。留设防水安全煤（岩）柱的目的是不允许导水裂缝带波及水体。防水安全煤（岩）柱的垂高（H_{sh}）应当大于或者等于导水裂缝带的最大高度（H_{li}）加上保护层厚度（H_b），如附图 4 - 1 所示，即

$$H_{sh} \geqslant H_{li} + H_b$$

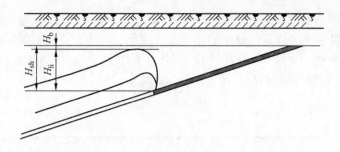

附图 4-1 防水安全煤（岩）柱设计

如果煤系地层无松散层覆盖和采深较小时，还应当考虑地表裂缝深度（H_{dili}），如附图 4-2 所示，此时

$$H_{\text{sh}} \geqslant H_{\text{li}} + H_{\text{b}} + H_{\text{dili}}$$

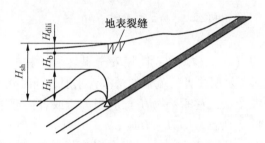

附图 4-2 煤系地层无松散层覆盖时防水安全煤（岩）柱设计

如果松散含水层富水性为强或者中等，且直接与基岩接触，而基岩风化带亦含水，则应当考虑基岩风化含水层带深度（H_{fe}），如附图 4-3 所示，此时

$$H_{\text{sh}} \geqslant H_{\text{li}} + H_{\text{b}} + H_{\text{fe}}$$

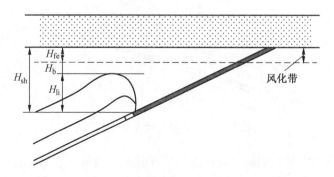

附图 4-3 基岩风化带含水时防水安全煤（岩）柱设计

（2）防砂安全煤（岩）柱。留设防砂安全煤（岩）柱的目的是允许导水裂缝带波及松散弱含水层或者已疏干的松散强含水层，但不允许垮落带接近松散层底部。防砂安全煤（岩）柱垂高（H_s）应当大于或者等于垮落带的最大高度（H_k）加上保护层厚度（H_b），如附图 4 - 4 所示，即

$$H_s \geqslant H_k + H_b$$

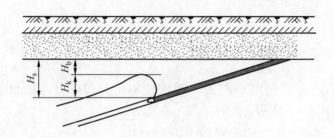

附图 4 - 4　防砂安全煤（岩）柱设计

（3）防塌安全煤（岩）柱。留设防塌安全煤（岩）柱的目的是不仅允许导水裂缝带波及松散含水层或者已疏干的松散含水层，同时允许垮落带接近松散层底部。防塌安全煤（岩）柱垂高（H_t）应当等于或者接近于垮落带的最大高度（H_k），如附图 4 - 5 所示，即 $H_t \approx H_k$。

对于急倾斜煤层（55°～90°），由于安全煤（岩）柱不稳定，上述留设方法不适用。

2. 垮落带和导水裂缝带高度的计算

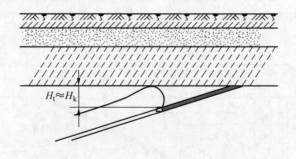

附图 4 - 5　防塌安全煤（岩）柱设计

覆岩垮落带和导水裂缝带高度应当依据开采区域的地质采矿条件和实测数据分析确定；对无实测数据的矿区，可以参考类似地质采矿条件矿区的实测数据、

水体下开采成功经验或者依据覆岩类型按附表 4 - 1、附表 4 - 2 中的公式计算。近距离煤层垮落带和导水裂缝带高度的计算，必须考虑上、下煤层开采的综合影响。

附表 4 - 1 厚煤层分层开采的垮落带高度计算公式

覆岩岩性（单向抗压强度及主要岩石名称）/MPa	计算公式/m
坚硬（40 ~ 80，石英砂岩、石灰岩、砾岩）	$H_k = \dfrac{100 \sum M}{2.1 \sum M + 16} \pm 2.5$
中硬（20 ~ 40，砂岩、泥质灰岩、砂质页岩、页岩）	$H_k = \dfrac{100 \sum M}{4.7 \sum M + 19} \pm 2.2$
软弱（10 ~ 20，泥岩、泥质砂岩）	$H_k = \dfrac{100 \sum M}{6.2 \sum M + 32} \pm 1.5$
极软弱（<10，铝土岩、风化泥岩、黏土、砂质黏土）	$H_k = \dfrac{100 \sum M}{7.0 \sum M + 63} \pm 1.2$

注：1. $\sum M$ 为累计采厚。

2. 公式应用范围：单层采厚 1 ~ 3 m，累计采厚不超过 15 m。

3. 计算公式中 ± 号项为中误差。

附表 4 - 2 厚煤层分层开采的导水裂缝带高度计算公式

岩　　性	计算公式之一 /m	计算公式之二 /m
坚硬	$H_{li} = \dfrac{100 \sum M}{1.2 \sum M + 2.0} \pm 8.9$	$H_{li} = 30 \sqrt{\sum M} + 10$
中硬	$H_{li} = \dfrac{100 \sum M}{1.6 \sum M + 3.6} \pm 5.6$	$H_{li} = 20 \sqrt{\sum M} + 10$
软弱	$H_{li} = \dfrac{100 \sum M}{3.1 \sum M + 5.0} \pm 4.0$	$H_{li} = 10 \sqrt{\sum M} + 5$
极软弱	$H_{li} = \dfrac{100 \sum M}{5.0 \sum M + 8.0} \pm 3.0$	

注：1. $\sum M$ 为累计采厚。

2. 公式应用范围：单层采厚 1 ~ 3 m，累计采厚不超过 15 m。

3. 计算公式中 ± 号项为中误差。

3. 保护层厚度的选取

保护层厚度应当依据开采区域的地质采矿条件及保护层的隔水性综合确定。

对已有水体下开采成功经验的矿区，应当首先参考本矿区的成功经验；无水体下开采成功经验的矿区，可以参考类似地质采矿条件矿区的成功经验或者按附表4-3、附表4-4中的数值选取。

附表4-3　防水安全煤（岩）柱保护层厚度（不适用于综放开采）

覆岩岩性	松散层底部黏性土层厚度大于累计采厚/m	松散层底部黏性土层厚度小于累计采厚/m	松散层全厚小于累计采厚/m	松散层底部无黏性土层/m
坚硬	$4A$	$5A$	$6A$	$7A$
中硬	$3A$	$4A$	$5A$	$6A$
软弱	$2A$	$3A$	$4A$	$5A$
极软弱	$2A$	$2A$	$3A$	$4A$

注：1. $A = \dfrac{\sum M}{n}$，$\sum M$ 为累计采厚，n 为分层层数。

　　2. 适用于缓倾斜（0°~35°）、中倾斜（36°~54°）煤层。

附表4-4　防砂安全煤（岩）柱保护层厚度

覆岩岩性	松散层底部黏性土层或弱含水层厚度大于累计采厚/m	松散层全厚大于累计采厚/m
坚硬	$4A$	$2A$
中硬	$3A$	$2A$
软弱	$2A$	$2A$
极软弱	$2A$	$2A$

注：1. $A = \dfrac{\sum M}{n}$，$\sum M$ 为累计采厚，n 为分层层数。

　　2. 适用于缓倾斜（0°~35°）、中倾斜（36°~54°）煤层。

二、水体上采煤的防水安全煤（岩）柱设计方法

设计防水安全煤（岩）柱的原则是：不允许底板采动导水破坏带波及水体，或者与承压水导升带沟通。因此，设计的底板防水安全煤（岩）柱厚度（h_s）应当大于或者等于导水破坏带（h_1）和阻水带厚度（h_2）之和，如附图4-6a所示，即

$$h_s \geqslant h_1 + h_2$$

如果底板含水层上部存在承压水导升带（h_3）时，则底板安全煤（岩）柱

厚度（h_s）应当大于或者等于导水破坏带（h_1）、阻水带厚度（h_2）及承压水导升带（h_3）之和，如附图4-6b所示，即

$$h_s \geq h_1 + h_2 + h_3$$

如果底板含水层顶部存在被泥质物充填的厚度稳定的隔水带时，则充填隔水带厚度（h_4）可以作为底板防水安全煤（岩）柱厚度（h_s）的组成部分，如附图4-6c所示，则

$$h_s \geq h_1 + h_2 + h_4$$

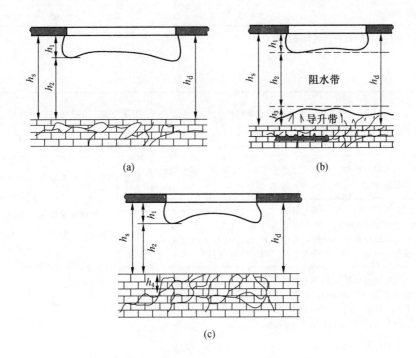

附图4-6 底板防水安全煤（岩）柱设计示意图

附录5 煤矿开采损坏建筑物补偿办法

建筑物补偿费计算公式：

$$A = \sum_{i=1}^{n} B(1 - C)D_i E_i$$

式中 A——建筑物的补偿费，元；

B——计算基数，指与当地有关部门协商确定的建筑物补偿单价，元/m^2；

C——建筑物折旧率，按附表5-1确定；

D_i——建筑物受损自然间的补偿比例，按附表5-2确定；

E_i——受损自然间的建筑面积，m^2；

n——建筑物受损自然间数。

附表5-1 建 筑 物 折 旧 率

建筑物年限/年	<5	5~10	11~15	16~20	21~40	>40
折旧率/%	0	5~15	16~25	26~35	36~65	>65

注：当地有具体规定，按当地标准选用。

附表5-2 砖混结构建筑物补偿比例

损坏等级	建筑物可能达到的破坏程度	损坏分类	结构处理	补偿比例/%
I	自然间砖墙壁上出现宽度1~2 mm的裂缝	极轻微损坏	粉刷	1~5
	自然间砖墙壁上出现宽度小于4 mm的裂缝，多条裂缝总宽度小于10 mm	轻微损坏	简单维修	6~15
II	自然间砖墙壁上出现宽度小于15 mm的裂缝，多条裂缝总宽度小于30 mm；钢筋混凝土梁、柱上裂缝长度小于1/3截面高度；梁端抽出小于20 mm；砖柱上出现水平裂缝，缝长大于1/2截面边长；门窗略有歪斜	轻度损坏	小修	16~30
III	自然间砖墙壁上出现宽度小于30 mm的裂缝，多条裂缝总宽度小于50 mm；钢筋混凝土梁、柱上裂缝长度小于1/2截面高度；梁端抽出小于50 mm；砖柱上出现小于5 mm的水平错动；门窗严重变形	中度损坏	中修	31~65
IV	自然间砖墙壁上出现宽度大于30 mm的裂缝，多条裂缝总宽度大于50 mm；梁端抽出小于60 mm；砖柱上出现小于25 mm的水平错动	严重损坏	大修	66~85
	自然间砖墙壁上出现严重交叉裂缝、上下贯通裂缝，以及墙体严重外鼓、歪斜；钢筋混凝土梁、柱裂缝沿截面贯通；梁端抽出大于60 mm；砖柱出现大于25 mm的水平错动；有倒塌的危险	极严重损坏	拆除	86~100

注：当地有具体补偿比例规定，按当地标准选用。

附3 《建筑物、水体、铁路及主要 井巷煤柱留设与压煤开采规范》涉及 不可移动文物事项补充说明的通知

国家安全监管总局 国家煤矿安监局 国家文物局 关于印发《建筑物、水体、铁路及主要井巷煤柱 留设与压煤开采规范》涉及不可移动文物事项 补充说明的通知

安监总煤装〔2017〕135号

各产煤省、自治区、直辖市及新疆生产建设兵团煤矿安全监管部门、煤炭行业管理部门，各省级煤矿安全监察局，各省级文物局，司法部直属煤矿管理局，有关中央企业：

现就《建筑物、构筑物、水体及主要井巷煤柱留设与压煤开采规范》（安监总煤装〔2017〕66号）第十一条中的"国家珍贵文物建筑物"和"国家一般文物建筑物"补充说明如下，请遵照执行：

一、国家珍贵文物建筑物系指全国重点文物保护单位和省级文物保护单位。

二、国家一般文物建筑物系指市、县级文物保护单位和一般不可移动文物。

国家安全监管总局 国家煤矿安监局 国家文物局
2017年12月7日

参 考 文 献

[1] 国家安全监管总局，国家煤矿安监局，国家能源局，国家铁路局. 建筑物、水体、铁路及主要井巷煤柱留设与压煤开采规范［M］. 北京：煤炭工业出版社，2017.

[2] 煤炭科学研究院北京开采研究所. 煤矿地表移动与覆岩破坏规律及其应用［M］. 北京：煤炭工业出版社，1981.

[3] 周国铨，崔继宪，刘广容，等. 建筑物下采煤［M］. 北京：煤炭工业出版社，1983.

[4] 刘宝琛，廖国华. 煤矿地表移动的基本规律［M］. 北京：中国工业出版社，1965.

[5] 王金庄，邢安仕，吴立新. 矿山开采沉陷及其损害防治［M］. 北京：煤炭工业出版社，1995.

[6] 康建荣，何万龙，胡海峰. 山区采动地表坡体变形及稳定性预测［M］. 北京：中国科学技术出版社，2002.

[7] 吴张中，刘锴，韩冰，等. Q/SY 1487—2012 采空区油气管道安全设计与防护技术规范［S］. 北京：石油工业出版社，2012.

[8] 山西省交通规划勘察设计院. 采空区公路设计与施工技术细则［M］. 北京：人民交通出版社，2011.

[9] 戴华阳，王金庄. 急倾斜煤层开采沉陷［M］. 北京：中国科学技术出版社，2005.

[10] 滕永海，高德福，朱伟，等. 水体下采煤［M］. 北京：煤炭工业出版社，2012.

[11] 国家安全生产监督管理总局，国家煤矿安全监察局. 煤矿安全规程［M］. 北京：煤炭工业出版社，2016.

[12] 刘天泉. 露头煤柱优化设计理论与技术［M］. 北京：煤炭工业出版社，1998.

[13] 祁和刚，许延春，吴继忠. 水体下薄基岩近距离厚煤层组安全采煤技术［M］. 北京：煤炭工业出版社，2015.

[14] 郭文兵. 煤矿开采损害与保护［M］. 北京：煤炭工业出版社，2013.

[15] 何国清，杨伦，凌赓娣，等. 矿山开采沉陷学［M］. 徐州：中国矿业大学出版社，1991.

[16] 王作宇，刘鸿泉. 承压水上采煤［M］. 北京：煤炭工业出版社，1993.

[17] 沈光寒，李白英，吴戈. 矿井特殊开采的理论与实践［M］. 北京：煤炭工业出版社，1992.

[18] 张金才，张玉卓，刘天泉. 岩体渗流与煤层底板突水［M］. 北京：地质出版社，1997.

[19] 虎维岳. 矿山水害防治理论与方法［M］. 北京：煤炭工业出版社，2005.

[20] 高延法，施龙青，娄华君，等. 底板突水规律与突水优势面［M］. 徐州：中国矿业大学出版社，1999.

[21] 施龙青，韩进. 底板突水机理及预测预报［M］. 徐州：中国矿业大学出版社，2004.

[22] 施龙青，卜昌森，魏久传，等. 华北型煤田奥灰岩溶水防治理论与技术［M］. 北京：煤炭工业出版社，2015.

[23] 李白英. 预防采掘工作面底板突水的理论与实践［M］. 北京：煤炭工业出版社，1989.

[24] 彭苏萍，王金安. 承压水体上安全采煤［M］. 北京：煤炭工业出版社，2001.

［25］煤炭科学技术研究院有限公司. GB/T 43215—2023 采空区地表建设地基稳定性评估方法
　　　［S］. 北京：中国标准出版社，2023.

［26］胡炳南. 岩层移动理论研究与工程实践应用［M］. 北京：应急管理出版社，2022.

［27］电力规划设计总院. NB/T 10115—2018 光伏支架结构设计规程［S］. 北京：中国计划
　　　出版社，2018.

［28］徐乃忠，张玉卓. 采动离层充填减沉理论与实践［M］. 北京：煤炭工业出版社，2001.

图书在版编目（CIP）数据

建筑物、水体、铁路及主要井巷煤柱留设与压煤开采指南 / 煤炭科学研究总院，中国煤炭学会煤矿开采损害技术鉴定委员会组织编写；胡炳南，张华兴，申宝宏主编. -- 2版. -- 北京：应急管理出版社，2024.

ISBN 978-7-5237-0768-5

Ⅰ. TD82-62

中国国家版本馆 CIP 数据核字第 20249FV003 号

建筑物、水体、铁路及主要井巷煤柱留设与压煤开采指南(第二版)

组织编写	煤炭科学研究总院 中国煤炭学会煤矿开采损害技术鉴定委员会
主　　编	胡炳南　张华兴　申宝宏
责任编辑	武鸿儒
编　　辑	房伟奇
责任校对	孔青青
封面设计	尚乃茹

出版发行	应急管理出版社（北京市朝阳区芍药居 35 号　100029）
电　　话	010 - 84657898（总编室）　010 - 84657880（读者服务部）
网　　址	www. cciph. com. cn
印　　刷	北京旺都印务有限公司
经　　销	全国新华书店

开　　本	710mm×1000mm$^1/_{16}$　印张　15$^3/_4$　字数　295 千字
版　　次	2024 年 11 月第 2 版　2024 年 11 月第 1 次印刷
社内编号	20240822　　　　定价　45.00 元